U0151536

后浪

HOPE JAHREN

LAB GIRL

实验室女孩

[美] 霍普·洁伦 ———— 著
蒋青 ———— 译

北京联合出版公司
Beijing United Publishing Co.,Ltd.

谨献给我的母亲

目　录

我触摸到的东西越多、知道它们的名字和用途越多，我和周围世界紧密相连的那种感觉就愈加强烈和确定。

——海伦·凯勒

推荐序　蚂蚁搬山的乐趣

《实验室女孩》，曾是荣获2016年度多项图书奖的畅销书；一般而言，我对畅销书持有“敬而远之”的偏见。直到我在《卫报》的书评中读到把它与海伦·麦克唐纳（Helen MacDonald）的《海伦的苍鹰》（*H is for Hawk*）相提并论，才引起我的充分注意。诚然，在很大程度上，这是因为我读过且十分喜欢《海伦的苍鹰》，而当我看到《实验室女孩》的作者是生物地质学家并且是成长于明尼苏达州的挪威裔美国人时，我转而对本书产生了浓厚的兴趣。个中原因至少有二：1. 作者是我的大同行，而且我的博士学位导师也是挪威裔明尼苏达人；2. 由于漫长且寒冷的冬天，明尼苏达人普遍爱读书，而且我所喜欢的好几位当代美国作家都来自明尼苏达州，比如菲茨杰拉德（F. Scott Fitzgerald）、辛克莱·刘易斯（Sinclair Lewis）、盖瑞森·凯勒（Garrison Keillor）、比尔·霍尔姆（Bill Holm）等。美国文艺圈中流传着这样一句话：来自明尼苏达州的作家，无论其目前有名或无名，都不可小觑。《实验室女孩》的作者再次证实了这一点，她本人也毫不掩饰地在个人网页的域名上写着，“霍普洁伦确实能写 .com（hopejahrensurecanwrite.com）”。

和《海伦的苍鹰》一样，本书也是少见的、别具一格的文学自传。尽管前一本书的作者是剑桥大学的历史学者，而本书作者是自然科学家，但两人的写作风格颇为相似。她们都把自传部分与其专业研究内容巧妙地糅合在一起，运用两条线交叉叙述，并使两部分内容达到了有效的平衡，收到了交相辉映的奇妙效果。

本书主要分三部分。第一部分“根与叶”从作者的童年回忆起，记述她自身如何在父亲的实验室里播下了热爱科学的种子。她父亲是本地社区学院的物理与地学讲师，在那里执教 40 余年，是本地唯一可以称作“科学家”的人。他晚上带着女儿在实验室里备课，使霍普小小年纪就不仅熟悉了各种实验设备和材料——像玩玩具那样开心，而且了解到实验室的各项规则、程序以及注重细节的重要性。另一方面，霍普的母亲有英美文学学位，打小就培养霍普广泛阅读英美文学，尤其是狄更斯、莎士比亚等经典著作。从某种意义上说，霍普十分幸运，她从父亲那里熟悉了烧瓶、显微镜等实验仪器，又从母亲那里继承了阅读与写作的灵气，C. P. 斯诺先生（C. P. Snow）所说的“两种文化”，在她身上发生了罕见的融通。这一背景对本书的写作也至关重要，读者可以在阅读中发现，她对植物学科学内容有许多充满诗意的描述，以至于《纽约时报》书评引用了纳博科夫名言来盛赞《实验室女孩》，“作家应该有诗人的精准和科学家的想象力”，霍普·洁伦则二者兼备。她堪比神经科学科普大师奥利弗·萨克斯（Oliver Sacks）以及古生物学科普名家斯蒂芬·古尔德（Stephen Jay Gould）。这一评价出自一向苛责的《纽约时报》书评，不能不说是对本书异乎寻常的赞美。

过去从我导师李力葛瑞文教授口中得知，明尼苏达州的挪威裔移民，大多是在大饥荒年代背井离乡，来到了气候条件与其祖国相近的明尼苏达州，他们的吃苦耐劳精神、经受磨难的韧性和积极上进的毅力，都是可歌可泣的。在我看来，这在霍普·洁伦身上，一如在我导师身上，得以完美体现。因此，本书读来令我格外动容：

> 虽然我年纪尚幼，但是已经坚定地走上了崎岖难行的独木桥——做别人眼中“知道得太多”的人。

霍普在明尼苏达大学求学时在医院药房打工的经历，读来十分励志。大学毕业后，她到加州大学伯克利分校攻读博士学位，倘若她早去几年的话，或许我们会在那里相识。作为一个冷门专业的博士，年仅26岁就拿到了佐治亚理工学院的助理教授位置，她在同辈人中应算是相当成功的了。谈及她的择业动机，除了父亲对她的影响外，她在书中坦言：

> 植物会向光生长，人也一样。我选择科学是因为它供我以需，给了我一个家。说白了，那就是一个令我心安的地方。

霍普·洁伦在书中巧妙地运用植物生长的隐喻来记述她自身的成长，因此使两条线皆为丰满且并行不悖。她意识到，自己在学术生涯中，一如自然界的植物，无时无刻不在为生存而斗争：

> 植物的敌人多到数不清。一片绿叶几乎可以作为地球上所有生物的食物。吃掉种子和幼苗就相当于吃掉了整棵树。植物逃不开一波接一波的攻击者，躲不开它们永不停歇的威胁。

同样，对于一个初出茅庐的女性青年科学家，霍普·洁伦在美国学术界的打拼，也历经艰辛。所幸她在读博时就遇上了一位蓝颜知己——比尔，此人虽然性情有点儿怪异，却能“为朋友两肋插刀”，终生支持和帮助霍普。可以说，没有比尔的帮助，霍普的学术生涯会更加艰辛。

本书第二部分“木与节”，便记述了在科研经费十分拮据的情况下，作者如何在比尔帮助下建立了自己的第一个实验室，如何做野外工作，并自驾一周去参加学术会议等有趣经历。作者对个中的艰辛，虽然看似轻描淡写，然而霍普与比尔的百折不挠精神却跃然纸上：

> 我非常清楚，如果一件事能不经历失败就获得成功，那么早就有人达成了，我们也没必要费这力气。然而，到目前为止，我都找不到一份学术杂志，能让我说说科研背

后的努力和艰辛。

这本文学自传显然给她提供了宣泄这种情感的渠道。

在佐治亚理工大学的科研经费枯竭之后，她接受了约翰·霍普金斯大学的职位，并在那里为比尔也谋得了职位——继续做她的实验室主管，她也着实离不开比尔的鼎力相助。这就进入了本书第三部分“花与实”：她结了婚并怀孕生子——就个人生活而言，这确实算是开花结果了。但她的丈夫并不是比尔！比尔始终是她兄弟般的好友。怀孕期间，她被迫停止服用控制狂躁-抑郁症的药，因而旧病复发，十分难受。雪上加霜的是，她在此间还遭遇了来自系领导的性别歧视；后来她愤然决意离开，和丈夫一起去了夏威夷大学——也是撰写本书的地方。此时人到中年，她的事业也已取得了巨大成功。回首走过的路，她在书中不无感慨地写道：

> 时光也改变了我，改变了我对我的树的看法……科学告诉我，世间万物都比我们最初设想的复杂，从发现中获得快乐的能力是过上美妙生活的诀窍。这也让我确信，如果不想遗忘曾经有过而现在又不复存在的一切，把它们仔细地记录下来就是唯一有效的抵御手段。
>
> ……
>
> 身为一名科学家，我确实只是一只小小的蚂蚁——力微任重，籍籍无名。但是我比我的外表更加强大，我还是一个庞然大物的一部分。我正和这巨物里的其他人一起，

修建着让子子孙孙为之敬畏的工程，而在修建它的日日夜夜，我们都需要求助于先人前辈留下的拙朴说明。我是科学共同体的一部分，是其中微小鲜活的一部分。我在数不清的夜晚独坐到天明，燃烧钢铁之烛，强忍心痛，洞见未知的幽冥。如同经年追寻后终悉秘密的人一样，我渴望把它说与你听。

大概这就是作者写本书的初衷吧？作为她的同行，我对书中下面这段话尤其感同身受：

> 科学研究是一份工作，既没那么好，也没那么差。所以，我们会坚持做下去，迎来一次次日月交替、斗转星移。我能感受到灿烂阳光给予绿色大地的热度，但在我内心深处，我知道自己不是一棵植物。我更像一只蚂蚁，在天性的驱使下寻找凋落的松针，扛起来穿过整片森林，一趟趟地搬运，一根根地送到巨大的松针堆上。这堆松针如此庞大，以至于我只能想象出它的一角。

是啊，在浩瀚的未知世界面前，我们都是一只只小小的蚂蚁，努力往前人堆筑的蚁丘上，添加一星半点儿。也正像牛顿所说的那样：未知世界依然犹如一望无际的海洋，令我们常怀卑微谦恭之心。

最后，我要郑重向大家推荐本书的译者蒋青博士，她不仅是我的同行，而且是我相识多年的忘年小友。作为本书作者的古植物学同行，她比其他人具备更好的专业背景来应对翻译中涉及的科学内容的挑战；同为女性青年科学家，她与作者之间有着极大的相互理解与共情。更难能可贵的是，蒋青也是一位文艺青年，其译笔优美流畅，堪与原著媲美。平心而论，我极少遇到过在阅读中译本时，竟有着与阅读原著时相同的愉悦。读者朋友们，你们是幸运的！希望你们的阅读体验将证实我的倾情推荐所言不虚。

苗德岁

堪萨斯大学生物多样性研究所研究员，古生物学家，科普作家

于美国堪萨斯大学

2019年7月2日

序 言

人们喜爱海洋。他们总是问我，为什么不研究海洋呢？毕竟我住在夏威夷啊[1]。我告诉他们，因为海洋太孤寂，太空旷。陆地上的生命总量是海洋的600倍，而能达到这个数量又大部分是拜植物所赐。海洋中的植物常常只有一个细胞，只能活20天；陆地上的植物却往往是重达两吨的百年大树。海洋中的植物动物质量之比接近4，陆地上的这个比率则近于1 000。陆地植物之多，足以令人瞠目：仅在美国西部的森林保护区，就有800亿棵树。美国的树与人之比竟然远超200。通常，人们生活在植物之间却对它们视而不见。但我注意到了那些关于植物的数字，因此眼中再难容下他物。

现在，请给我个面子，抽出两分钟看看窗外吧。

你看到了什么？可能会看到由人类创造出的一切：别的人、

1 作者现已移居挪威。

汽车、大楼、人行道。只消短短几年时间，历经构思、设计、采矿、冶炼、挖掘、焊接、砌墙、粉刷、打窗框、填灰泥、埋水管、接电线，人们就能建起百层高的摩天大楼，令它垂下百米长的阴影。这真令人叹服。

现在，请再看一眼。

你看到一些绿色了吗？要是看见了，那就意味着你看到了这世上仅存不多的人力所无法创造的事物之一：这是于4亿多年前出现在赤道上的生命。幸运的话，你可能会看到一棵树。这棵树的雏形于3亿年前形成。耗时数月，历经采集大气中的“矿藏”、用细胞搭建身体、以蜡质覆盖表面、铺设导管汲取水分、给枝叶刷上颜色等种种“工事”，这棵树终于造出一片完美的叶片。你能长出多少根头发，一棵树就会生出多少片树叶。这真是令人叹服。

现在，请凝神注视一片叶子。

人类不知道怎样造出叶片，却知道如何毁掉它。在过去的十年间，我们砍伐的树木已经超过500亿棵。地球曾有1/3的陆地为森林所覆盖。而我们每十年就会砍掉这个总量的百分之一，并且无法再生。砍伐面积相当于法国国土大小的土地。几十年来，人类从这个星球上抹去了一片又一片法国大小的森林面积。每天都有一万亿片叶片被切断养分供给。这些事情仿佛没人在乎，但我们却应该在乎。这其中的理由，与我们一直以来都有义务关心的一样：不该死的死了。

死了？

也许我接下来能说服你。我看着繁多的叶片，一边看一边不断发问。开始我会看它们的颜色：这呈现出的到底是哪种绿色？叶片前端绿得不同于后端吗？中心和边缘的颜色有所不同吗？叶片边缘如何？是平滑的？有齿的？叶片中含有多少水分？蔫了？皱了？挺括？叶片与茎之间的夹角是多少？叶片有多大？比我的手掌还大？比我的指甲盖还小？能吃吗？有毒吗？它能获得多少阳光？多久受一次雨淋？有病害？很健康？它重要吗？还是无关紧要？还活着？为什么？

现在，请你就你的叶片提出一个问题。

你猜怎么着？你现在就是一名科学家了。别人可能会告诉你，当一名科学家必须懂数学、物理，或者化学。但他们错了。这就好比在说，当一名家庭主妇必须得会打毛衣，要研究《圣经》就必须懂拉丁语一样。当然，这些知识都很有用，不过未来你有的是时间去学。问题才是一切的开端，而这条你已经做到了。它并不像人们想象的那么复杂艰深。促成这一转向的原动力，并不那么仰赖于人们所设想的必需的知识。

那么，就让我来讲一些故事，由我这个科学家讲给你这个科学家听。

第一部

根与叶

1

这世上再没有比计算尺更完美的东西了。你用嘴唇接触它时，会感受到经过抛光的冰凉铝材。你举起它迎着光观察时，能在计算尺的每一个拐角处看到世界上最完美的直角。你把它侧向一面，它就能优雅地变身为华丽的细剑，伸缩自如，隐蔽无声。小女孩也能驾驭它，因为握着游标就如手执剑柄。在我的记忆里，这个小游戏和童年听到的故事难分彼此。我的头脑中总是残留着这样的画面：痛苦的亚伯拉罕差一点献祭无助的以撒时，他手里握着的正是一把可怕的计算尺。[1]

我在父亲的实验室长大，个子较小的时候常在实验凳下玩耍，长高一点后就坐在凳子上玩。这个实验室位于明尼苏达州

1 典出《圣经·创世纪》，上帝之民、以色列先祖亚伯拉罕接受试炼，遵上帝之命，牺牲自己的独子以撒，献祭给上帝。亚伯拉罕欲举刀杀子时，上帝派天使阻止，肯定了他的忠诚。

偏僻乡下的社区学院[1]，父亲就在那里教授物理学导论和地球科学两门课，教了整整42年。他热爱他的实验室，我和兄长们也热爱那里。

煤渣砖砌成的墙面上刷着厚厚的乳白色半光漆。但如果闭目凝神，你还是能在伸手触摸墙壁的时候感受到粉刷层下水泥的质感。我还记得当初搞清楚黑色橡胶护墙板是用胶水粘贴到墙上的事，因为我用30米黄卷尺测量它的全长时，没在它身上发现一个钉子留下的洞眼。长长的实验操作台容得下5个大学男生肩并肩、面朝同一个方向而坐，黑色的台面如墓碑般冰冷，铸造它的材料仿佛能抵御时间的侵扰、不受酸灼锤敲（但别试图这么做）的影响。操作台结实稳固，你可以放心地站在它的边缘，岩石也无法刮伤它的表面（但别试图这么做）。

一排排操作台等距排列，上面整齐地分布着一组组银光锃亮的喷嘴。它们亮得不可思议，你得使尽全力才能将把手拧开90度。当你拧开标有“煤气”字样的喷嘴后，什么都不会发生，因为它们还没通煤气。但如果拧开“空气”喷嘴，一股轻快的气流就会喷出来，惹得你想直接用嘴吸取（但别试图这么做）。这个地方洁净、空旷，但每个抽屉里都摆放着磁铁、电线、玻璃、金属，琳琅满目。它们各有各的用处，你必须理清楚。门边的柜子里有pH试纸，它类似魔术但更胜一筹，因为它能在展示奇妙现象的同时解开其中的谜团。卫生间里的液体是一口痰、

1　社区学院为美国高等教育中一种特有形式，不同于标准的大学教育，它提供两年制的大学课程教育，完成学业后颁发副学士学位（Associate Degree）。从社区学院毕业后，学生可直接就业或申请正式的大学，在社区学院所修学分可带入大学学习。

一滴水、一滴沙士[1]，还是一点尿液？你会发现，pH试纸会因为其酸碱度不同而显示出不同的颜色。但血液不行，因为血的颜色会盖住试纸（所以别试图这么做）。这些不是孩子的玩具，它们是成年人的正经工具。可是，我父亲拥有一大串实验室的钥匙，所以我是个享有特别待遇的孩子，只要跟着他去实验室，就可以在任何时候玩这些设备。因为我向父亲提出请求时，他永远不会，也从来没有说过不。

在我记忆中那些黑暗的冬夜，父亲和我仿佛拥有了整幢科学大楼。我们就像国王和他尊贵的王子，信步其中。这座城堡占据了我们的全部心神，再无暇顾及冰封的王国。当父亲准备第二天的实验课时，我会跟在后头检查每一组预备好的实验用具，保证每个大学男生都能轻松地按照设定好的步骤完成实验。我们全神贯注地放置设备、维修故障，父亲教我如何有所准备地把东西拆开，观察内部的运作机理，这样它们坏掉的时候我就能修好它们。他教导我说，弄坏东西没关系，不会修才丢脸。

八点钟的时候我们开始走回家，这样能确保我九点前上床睡觉。我们会先在他那间没有窗户的小办公室停留一会儿。父亲的办公室朴实无华，我为他做的陶土笔筒算是唯一的装饰。我们在这里取下大衣，戴好帽子和围巾，还有母亲为我织的那些她年少时没有机会拥有的穿戴。因为父亲会把我们写秃的铅笔一一削尖，所以当我把穿了两层袜子的脚塞进厚实的靴子时，我会闻到温暖、潮湿的毛线混合着刨花的味道。他会利索地系

---

1 沙士亦称根啤、根汁汽水，是主要用北美檫木（sassafras）的树根树皮或墨西哥菝葜（sarsaparilla）的根制成的可乐色甜味饮料，风行于美洲。

好大外套，戴上鹿皮手套，并让我自己确认头上的帽子是否捂严实了两只耳朵。

父亲总是一天中最晚离开大楼的人。他要在过道里走两遍，一遍确保所有通向外面的门都已锁上，一遍关掉所有的灯。灯一盏盏地熄灭，我小跑着跟在他身后，逃离紧随而至的黑暗。最终走到后门口，父亲会让我伸长手拉下最后一排灯闸。我们走出去，他拉上身后的门，检查两遍，确保门已落锁。

于是，我们被门隔绝于外，一头扎入严寒。我们会站在卸货码头，仰视冰冻的苍穹，极目宇宙寒冷的尽头。我们会看到那些许多年前射出的光，它们来自热得无法想象的烈焰，今天仍在星河的另一端燃烧。人们曾以星座命名我头顶的星星，但我全部不认识，而且从未问起过它们的名字，尽管我敢肯定：父亲知道每一颗星星的名字和它们背后的故事。从很久以前开始，我们就形成了这样的习惯：3 公里的归途，我们不发一言。沉默相伴是所有北欧[1]家庭自然而然的相处模式，也许是他们最擅长的。

父亲工作的社区学院位于我们家乡小镇的西端，小镇横

1　原文作“斯堪的纳维亚”，可以有多种解读，地理上是指斯堪的纳维亚半岛的挪威和瑞典，文化与政治上包含丹麦，有时因相近的历史文化背景还会把芬兰和冰岛囊括在内。以上提及的五国如今统称北欧五国，因此本书统一把“斯堪的纳维亚”译为“北欧”。

跨6千米，两头各有一个货车站[1]。我、三位兄长和父母一起住在主街南段的一座砖房里。20世纪20年代，父亲就在此以东4个街区的地方出生；到了30年代，母亲也在此以西8个街区的地方长大。从这里往北走160千米才能到达明尼阿波利斯市（Minneapolis）[2]，向南走8千米就可抵达艾奥瓦州（Iowa）的州界。

回家的路穿镇而过，途中会经过一家诊所。正是这里的医生帮母亲接生，把我带到这个世界，也正是这位医生时不时地为我做咽拭子测试[3]，检查链球菌感染。继续沿着这条路走，还会经过水蓝色的水塔，这是全镇最高的建筑；接着会经过一所高中，这里的老师曾经是我父亲的学生。我们还会从长老会[4]教堂的屋檐下走过。就在这里，1949年的主日学[5]野餐会上，我的父母开始了第一次约会，之后于1953年结为夫妇，1969年带我施洗。每一个周日上午，我们一家都在这里度过，周周如此。而那些冬夜，父亲会把我高高举起，让我掰下粗壮的冰凌。我们

---

1 从20世纪40年代起，为配合美国州际高速公路的快速发展及随之而来的大宗货物运输量的飞增，以“美国货车站”（Truckstops of America，简称T/A）为代表的一些公路服务公司开始修建大量类似于高速服务区的公路服务站点，为货车供应普通加油站所没有的柴油，预留适用于重型货车的宽敞停车区域，有些还自带休闲娱乐区。从90年代起，“美国货车站”更名为“美国运输中心”（Travel Center of America），因此货车站现在也被称为“运输中心”。

2 美国明尼苏达州最大的城市。

3 一种医学检测方法，是用医用棉签，从人体咽部蘸取少量分泌物，接种于特制培养皿内一段时间后，分析其中的致病菌株，帮助医生诊断病人的呼吸道疾病。

4 西方基督教新教的一个流派，起源于16世纪的苏格兰宗教改革，在美国有较大影响。

5 某些基督教教会在礼拜日上午在教堂以及周边举办的宗教教育活动，主要针对儿童和青年。活动形式多样，除了讲经之外也有野餐会等世俗形式。

继续走着，我会把冰凌当冰球踢，每走十步，它都会“叮”的一声撞上路边夯实的雪堆。

我们走上铲过雪的步道，走过保暖条件良好的私宅。住在里面的人家毫无疑问也共享着一种沉默，就如我们。每幢房子里住的都是我们认识的人。从还坐在婴儿车里到参加学校舞会，我和那些男孩女孩一起长大，而他们的父母也是我父母的儿时玩伴。我们已记不清何时相识，即使家教使然的寡言让我们对彼此知之甚少。一直到我 17 岁去外地求学，才发现世界上竟满是陌生人。

一头怪兽在小镇的另一端发出疲惫的叹息。听到它，我就知道时间已指向 8 点 23 分，火车正离开工厂，夜夜不辍。我听到巨大的铁制刹车紧了又松，一列空车皮开始向北曳步，驶往圣保罗市[1]，在那里装满10万升卤水。火车会于第二天上午返回，这头筋疲力尽的怪兽又会长叹着卸下重担，把卤水注入深不见底的盐池，为工厂永不停息的咸肉生产提供原料。

铁轨南北走向，把我们的小镇切出一角，而坐落在这个角落里的，可能是美国中西部地区最大的屠宰场。每天都有近两万头牲畜被扔进这里的屠宰流水线，加工成食用肉类。

我家是少有的不直接受雇于这家工厂的家庭，但祖上却有很多人在那里工作过。我的曾祖父母和外曾祖父母加入了 19 世纪 80 年代兴起的挪威移民潮，他们几乎就像这个小镇上的每个先民一样，从挪威奔赴美国明尼苏达州。而我也像这小镇上的

1　美国明尼苏达州首府。

每个居民一样，对自己祖先的了解仅限于此。我怀疑，如果他们在欧洲那边一直生活得好好的，就不会移民到地球上最冷的地方，还干杀猪这行。但我从来没有想过去追问以前的事。

我从没有见过我的祖母和外婆，她们在我出生前就已去世。我的祖父和外公分别在我 4 岁和 7 岁时过世；我记得他们，却记不起他们可曾直接和我说过话。父亲是家中的独子，但我猜测母亲应该有十个以上的兄弟姐妹，其中一些我从未谋面。我们家和舅舅姨母家几年才走动一次，就算他们有些人和我们住在同一个小镇也是如此。我的三个兄长一个接一个长大、离开，我也未曾留意，因为我们可以好几天都找不到话说，这种状态对我们而言稀松平常。

北欧家庭中的每一位成员，都在自己和家人的情感联系上制造鸿沟。这鸿沟由来已久，而且日益加深。你能想象在这样的文化中长大吗？你不可以过问任何人任何关于他们自己的事。“你好吗”事关个人隐私，你没必要回答。你被教导永远要等着他人先提自己的烦恼，同时不要向他人提及自己的烦恼。这一定是古老维京时代[1]孑遗下来的生存技巧。在那些黑暗的漫漫凛冬，各家临近居住，物资紧缩，长期闭口不言可以避免不必要的流血和牺牲。

当我还是个孩子时，我以为全世界所有人都像我们一样，所以，我走出家乡后曾感到过困惑。我遇到很多人，他们可以

---

1 大约在公元 8 世纪至 11 世纪，欧洲历史上维京人南下入侵的年代，是欧洲中古时期的重要组成部分。维京人常被称为北欧海盗，是诺尔斯人（古北欧人）的一支，精于航海，骁勇善战。在维京时代，他们从斯堪的纳维亚半岛南下，侵扰并殖民欧洲沿海和不列颠群岛，足迹遍布从欧洲大陆至北极的广阔区域。

轻轻松松地嘘寒问暖，可这点滴温情，我却长年求而不得。于是，我不得不学着在另一个世界生存，这里的人是因为不认识才不说话的，而不是因为认识才沉默。

等到我和父亲穿过第四大街（或者我父亲口中的“肯伍德大道”，他在 20 世纪 20 年代的孩提时代就认识这些街道。很久之后，这些马路才被重新编号，所以他从来都不用这些新名字），我们就可以看见自家宽敞砖房的前门。这座房子正符合母亲年少时梦寐以求的模样，父母婚后用了整整 18 年时间才存够钱买下它。我走得很快——要赶上父亲得费些力气——即便如此，我的手指还是冰冷，我知道，等暖和起来，手指一定会疼。一旦气温降到零下某度，世界上再厚实的手套都不能温暖双手，所以我很庆幸马上就快走完这段路。父亲用手压下重重的铁门把，用肩膀顶开橡木制的前门。我们走进家门，走入另一种寒冷。

我在玄关坐下，先褪下靴子，再脱去外套和毛衣。父亲把我们的衣服挂进加热的壁橱，我知道，明天一早出发上学时，等着我的会是温暖、干燥的衣物。我可以听见母亲从洗碗机里拿出餐具的声音，还有她把餐刀扔进抽屉，再一把关上时的那阵“丁零当啷”。她总是在生气，我却从没想通过其中的缘由。小孩子特有的自我中心主义让我确信，她是对我说的或做的什么不满。于是我就对自己发誓：从今往后，我要更加谨言慎行。

我爬上楼，换上绒布睡衣，躺上床。我的卧室朝南，正对着一个结冰的池塘。天气足够暖和的时候，周六一整天我都会在那里溜冰。地上铺着灰蓝色的羊毛地毯，墙上贴着颜色互补的粉红色墙纸。房间最初是为一对双胞胎女孩设计的，所以有两套嵌入式的桌子，两张嵌入式的梳妆台，所有东西都是两套。在难以入眠的夜晚，我会坐在窗边的位置，用手指追索窗玻璃上羽毛状的冰花，我会试着不去看另一扇窗前的空位，那里本该坐着我的姊妹。

我的童年记忆中充斥着寒冷和黑夜，这并不令人惊奇。毕竟在我成长的地方，每年有9个月都能看到积雪。沉入冬海，再浮出冷冬，这构成了我们的生活韵律。当时还是孩子的我，以为夏日逝去的时候，全世界所有人都会瞩目观看，并对其重生充满信心，因为它一次次地通过了冰雪的考验。

每年我都看着：九月新雪初降，冬意未形；十二月白雪吹积，冬寒渐深；二月末冰封雪冻，一片苍茫；四月霰雨刺骨，广袤大地如施清釉，玉琢瓷滑中谱就冬之终章。我们的万圣节和复活节服饰，都被缝制成可以再套一件滑雪衫的式样，圣诞节期间更是穿得里三层外三层。而关于夏天的日常，与母亲一起在园间劳作的场景，最令我记忆犹新。

明尼苏达的春天突如其来。冻土会在某一天忽然向太阳服软，于是冰雪消融，浸湿海绵般的土壤。第一个春日，你只消把手插进地里，就可以轻松抓起大捧大捧松软的土块，就像抓了一手还没烤好的巧克力蛋糕。你能看到胖头胖脑的肉色蚯蚓在土里蠕动翻滚，撒着欢儿地钻进钻出。明尼苏达南部的土壤中没有一点黏土，而是如一整张肥沃的黑色地毯，盖在构成这方水土的石灰岩上；虽然这里不时地被冰川侵蚀，但的确经历了1万年的风霜。它比任何预施肥料的花盆土都更肥沃，而且根本买不到；不用浇水也不用施肥，往明尼苏达的菜园里种什么都能长，雨水和蚯蚓会提供作物所需的一切。只是生长季太短，因此，不能浪费一点时光。

母亲对她的菜园只有两点期望：高速和高产。她偏爱像厚皮菜、大黄这样抗性较好的强健蔬菜。它们的确值得倚赖，产量很高，随收随长。她没有时间也没有心情去照料生菜、修剪番茄。她会种植萝卜和胡萝卜，由它们在地下安静生长、自给自足。她就连种花都要挑那些能吃苦的种类：芍药——高尔夫球大小的花苞辐射出片片花瓣，膨胀成卷心菜尺寸的硕大桃红；卷丹——皮糙肉厚；有髯鸢尾——年年春天都会从地下茎中抽出粗壮的花葶，没有一次失败。

每年五一，母亲和我都会一粒粒地播种，一周后挖出那些没有发芽的种子，换一批新的重新播下。六月底，作物的生长步入正轨，围绕我们的这片小天地绿意盎然，简直让人再难以想象它们还是不毛之地时的模样。到了七月，这些植物的叶片蒸腾水汽，使得空气一片氤氲，头顶的电线哔剥作响。

令我记忆最深的不是菜园的气味，也不是它的样貌，而是它的声音。你也许以为我在说胡话，但在美国中西部，你真的可以听见植物的生长。甜玉米长得最快时，一天能蹿高 2.5 厘米；为了配合长个儿的速度，它的外皮会稍稍移位；因此，如果你在一个静谧的八月天站到一片玉米地的中央，就能不断地听见此起彼伏的“沙沙”轻语。当我们在菜园里锹土时，我能听见蜜蜂懒洋洋的嗡嗡声，它们像醉汉一样摇摇晃晃地在花间穿梭；主红雀叽叽喳喳的，这些小气鬼是在嫌弃我们的喂鸟器；

还有我们把花锹插入土壤时发出的刮擦声；以及，附近工厂每天中午响起的威严汽笛声。

我的母亲相信，每一件事的做法都有对错之分。做错了就从头再来，而且最好再多做几遍。她知道往衬衫上钉纽扣时，如何根据每一粒纽扣的使用率缝得松紧不同。她知道处理接骨木浆果的最佳方式。比如，周一采的果子，要想在周三过滤时不让它们的小树枝堵塞老旧的锡箅子，那就需要在周二先煮上一天。母亲考虑周全，未雨绸缪，从不怀疑自己，我觉得这世上就没有她不会的东西。

她会的东西确实很多。她不仅会亲自动手，而且一如既往地保持着这样的习惯，虽然如今已经没必要这样做了，毕竟大萧条已经结束，战争导致的物资短缺已经过去，福特总统[1]也向我们承诺，一切噩梦不再。母亲把自己白手起家的故事视为击败厄运过程中得之不易的胜利，也因而认定，她的孩子们也必须通过不懈奋斗才能获得成功。所以，母亲狠狠地磨砺我们，为可能的苦难备战，不过苦难最终也没有来临。

每当我看向母亲时，我都无法相信眼前这位说话文雅、衣着时尚的女士曾经是个肮脏、饥饿、心中充满恐惧的孩子。只有她的双手才会透露她的过去：与她现在的生活状态相比，那双手实在粗糙得多。我有一种感觉，如果出现一只破坏我们菜园的野兔，而且它愚蠢到敢于接近母亲，那么她会一把把它抓住，毫不犹豫地拧断它的脖子。

1 杰拉尔德·福特（Gerald Ford），美国第38任总统，在任时间为1974—1977年。

如果你在一群沉默寡言的人中长大，他们的难得之语就会让你无法忘怀。母亲小时候是茅沃县（Mower County）最贫穷但最聪明的女孩。她高三那年获得了第九届全美西屋科学天才探索奖（Westinghouse Science Talent Search）[1]的鼓励奖。这对一个在乡下长大的女孩来说，是一份难得的赞誉。虽然她离最高奖只有一步之遥时惜败，但1950年同期参赛的好几位落选者，之后都成了知名的学者，其中包括后来的诺贝尔物理学奖得主谢尔登·格拉肖（Sheldon Glashow），以及1966年菲尔兹数学奖得主保罗·科恩（Paul Cohen）。

母亲虽然荣幸地获得了鼓励奖，可不走运的是，这只带给她为期一年的明尼苏达科学院荣誉少年会员资格，并没有提供她心心念念的大学奖学金。母亲义无反顾地移居明尼阿波利斯市，试着自己赚钱，供自己在明尼苏达大学学习化学。但是她很快发现，如果参加占用整个下午的实验课程，她就没有足够的时间兼顾看护孩子的零工，也就挣不到足够的学费。1951年的大学是为男人设计的，尤其是有钱的男人，至少得是有其他工作选择的男人，而不是寄居雇主家的保姆。母亲只好返回家乡，嫁给父亲，生下4个孩子，又耗费20年生命养育他们。当最后一个孩子好歹上了学前班后，母亲决心攻读一个学士学位。她再一次被明尼苏达大学录取，可是只能选择函授课程，因此她选择了英语文学。由于我大部分时间都由母亲照顾，她也就

1　美国一项面向高中应届毕业生的科学大赛，于1942创立，每年一次，在美国拥有崇高声誉。获奖者可获高额奖金，有出色表现的参赛者有望获得名牌大学录取资格及奖学金。由于赞助商的变化，从1998年起名为英特尔科学天才探索奖，2017年起改名为再生元（Regeneron）科学天才探索奖。

很自然地带着我一起学习。

我们钻研乔叟[1]，我学着当她的小助手，查阅中古英语词典。有一年，我们一个冬天都在用一张张食谱卡[2]费力地记录《天路历程》（*Pilgrim's Progress*）[3]里的每一处象征手法，后来我高兴地发现，我们的食谱卡已经堆得比这本书还高了。母亲会一边往头发上绑卷发器，一边重复听卡尔·桑德堡[4]的诗歌录音，一边还教我如何每次从不同的角度听诗中的用词。后来她读了苏珊·桑塔格的作品，又解释给我听：就连词义本身都是一个建构出来的概念。我只能点点头，似懂非懂。

母亲教育我，阅读是一种劳作，每一个段落都值得花力气去读。通过这种方式，我学会了怎样消化晦涩的书籍。然而此后不久，去到幼儿园的我却发现，读得了晦涩的书籍也会带来麻烦。我因为比全班读得快而受罚，因为不“乖”而挨训。我对女老师们又怕又爱，我也不清楚为什么会产生这样的心理，但我确实知道，夸我也行骂我也罢，我需要持续得到她们的关注。虽然我年纪尚幼，但是已经坚定地走上了崎岖难行的独木桥——做别人眼中“知道得太多”的人。

而在家里，当我和母亲一起在菜园劳作或一起读书时，我模糊地觉察到，我们不会像寻常的母亲和女儿一样，自然而然地做些温情脉脉的事，但我不清楚到底是什么事，而且我猜测

---

1 乔叟（1343—1400），英国中世纪诗人，著有《坎特伯雷故事集》。

2 欧美人为记录菜肴做法和营养含量而制作的一种统一大小和底纹的空白纸片，类似于画好格子的便笺纸。

3 英格兰作家、布道者约翰·班扬创作的基督教寓言诗，于1678年出版。

4 卡尔·桑德堡（1878—1967），美国著名诗人、作家、编辑，曾三获普利策奖。

我母亲也不知道。我们可能爱着对方，双方都以自己的方式固执地爱着彼此，但我无法百分百肯定，很可能是因为我们从没有开诚布公地讨论过我们之间的关系。一直以来，我们之间的相处都像一场实验，从未迈入正轨。

长到 5 岁时，我开始意识到自己不是男孩子。我那时还不能确定自己是什么，但很明显，无论我是什么，总是比男孩们少些东西。我发现，长我 5 岁、10 岁和 15 岁的兄长能把我们实验室里的把戏拿到外面的世界玩。在幼童军[1]里，他们比赛谁的模型汽车跑得更快，他们制作小火箭、点火升空；学工实习[2]期间，他们用的工具又大又有力，得固定在墙上或吊在天花板上才能工作。当我们看着卡尔·萨根、史波克、神秘博士和教授（the Professor）[3]时，我们从来没有，也根本不会谈论作为陪衬的查普尔护士（Nurse Chapel）和玛丽·安。我越加龟缩进父亲的实验室，只有在那里，我才能自由自在地探索机械世界。

这在一定程度上说明了问题。我才是像父亲的那一个，至少我自己是这么认为的。我们之间的区别仅仅在于装扮：我父

1　世界童子军运动的一种，指在包括美国在内的一些国家和地区，针对 7—12 岁男童进行的户外探索及体能训练，成员比童子军（11—18 岁）年幼，有时也允许女童参加。

2　即工艺美术课（Industrial Arts），美国初等教育课程之一，类似于中国的劳动课。向孩子传授家居设备维修、手工艺、机械安全方面的知识，使他们掌握必要的安全知识和生活技巧。

3　20 世纪 60—80 年代的美国电视明星。其中卡尔·萨根是美国天文学家和伟大的科普作家，他主持的《宇宙》电视系列片风靡世界。其他“明星”都是科幻类电视剧中的虚构角色，史波克及下文的查普尔护士出自《星际迷航》，教授和下文的玛丽·安出自《盖里甘的岛》（*Gilligan's Island*）。

亲长得就像个科学家。他个子很高，皮肤苍白，胡子剃得干干净净。瘦削的他总是穿着卡其间白的衬衫，戴着牛角边框的眼镜，喉结非常明显。我 5 岁时已经认定，虽然自己的外表伪装成了女孩，但其实我长得和父亲一模一样。

假装自己是女孩的时候，我会熟练地打扮，和女孩子们说长道短，聊聊谁爱谁、谁不爱谁。我可以花几小时跳绳、为自己缝衣服，我可以为任何人做任何他想吃的菜，从采买食材到成菜装盘，一手包办，煎炸煮烤样样在行。但是到了夜晚，我会陪着父亲去实验室，待在空旷明亮的大楼里。在那里，我会从女孩变身成科学家，就像彼得·帕克变身成蜘蛛侠，只不过他的变身是“进”，我是“退”。

我有多么渴望变得和父亲一样，我就有多明白自己已被设定好长成母亲那样坚不可摧的人，成为第二个她，像她一样一次次错了重来，最终梦想成真，实至名归。为了获得明尼苏达大学的奖学金，我提前一年高中毕业。而我去的大学，也是我双亲和兄长的母校。

我最初学的是文学专业，但很快发现科学才是我擅长的领域。这两者的区别让我的偏好一目了然：科学课上我们在“做”事情，而不光是坐在一起“聊”事情；我们用双手工作，基本上每天都能收获实实在在的成果。我们实验室里的实验都预先设计过，从而保证它们回回都能准确优雅地运转。你做的实验越多，他们就会允许你使用更大的机器、接触更稀奇的药品。

科学讲座中针对的社会问题有望在未来得到解决，而它面对的不是已经死亡的政体，也不服务于我出生前就已作古的正反两方。科学并不探讨如何写一本书去分析另一本书，也无须处理那些脱胎于某本古书的浩瀚卷帙；科学讨论时下的事态，讨论由今天出发我们将有怎样的未来。我总爱问个不停，面对每一件事都希望刨根问底。因为这个特点，以前所有的老师都觉得我是个麻烦鬼，但科学教授们却非常欣赏我。尽管我是个女孩，他们还是接受了我，并肯定了我长久以来的猜想：真实的我更勇于改变自己的命运，而不是消极地接受今昔的处境。于是我又能安心地待在“父亲的实验室”，我又被允许玩那些玩具，想玩多久都行。

植物会向光生长，人也一样。我选择科学是因为它供我以需，给了我一个家。说白了，那就是一个令我心安的地方。

成长漫长而痛苦，世人皆然。但我知道有一件事是可以确定的，那就是我终有一天会有自己的实验室，因为我父亲就有一个。在我们的小镇，父亲不是“一名科学家”，而是唯一的科学家。科学家的工作不是一个饭碗，而是他的身份标签。我的科学家之梦是生发自内心深处的本能，它没有任何事实基础，因为我从未听说过任何一个关于在世的女科学家的故事，从没遇到过一个女科学家，甚至没在电视上见过。

如今，身为一个女科学家的我仍然与众不同，但我打心眼里没把自己当作过别的什么。这么多年来，我白手起家，一共建起了三座实验室，为这三间空屋子注入温暖舒适的勃勃生机，而且一间比一间大，一间比一间好。我现在的实验室近乎完美，它坐落在温暖宜人、四处飘香的檀香山，置身于雄伟的大楼中。这里飞虹频现、木槿长开、花团锦簇。但不知为何我就是明白，我不会停下来，我要建更多的实验室，我想要更多的实验室。我的实验室不是我们学校建筑图纸上的“T309 房间”。无论位于哪里，它是，而且永远是“洁伦的实验室”。它拥有我的名字，因为它就是我的家。

我的实验室日夜灯火通明。它没有窗，因为不需要。实验室里一应俱全，自成一体。我的实验室既有私人空间，又适合大家共处，在里面熟门熟路、来来回回的只有彼此熟悉的几个人。我的实验室是把自己的想法转化成行动的实干空间。我的实验室是我活动的地方：坐、立、行、取、抬、攀、爬。在实验室里我睡不了觉，因为可做的事太多了，哪里还顾得上睡觉呢？如果我在实验室受伤，那就出大事了。这里立着那么多警告和条例，都是为了保护我。戴上手套和护目镜，穿上实验室专用鞋，这都是为了把我隔绝在灾难性的错误之外。在我的实验室里，我拥有的远比我想要的多。抽屉里塞满了可能派得上用场的工具。我实验室里的每一样东西都不是多余的，无论它有多小、有多怪——甚至它作用不明，尚待启用，也都在这儿拥有一席之地。

进了实验室，我所有因拖延而起的愧疚都会被用力干活的劲头冲散。没给父母打电话、没还信用卡、没洗碗、没除腿毛，这些事在我求索得到的重大进展面前都显得微不足道。我其实一直是当年那个孩子，而进了实验室，我可以继续当个孩子，和最好的朋友玩耍，放声大笑，尽情犯傻。我可以通宵工作，分析一块几亿年前的岩石，只因我想在黎明前知道它的化学成分。只要我进了实验室，像申税啊车险啊宫颈涂片啊，所有这些成年人不得不面对的烦心事就都不重要了。这里也没放电话，所以，即使该来的电话没来，我也不会伤心。大门平常都上着锁，有钥匙的都是熟人。在这实验室里，外面的一切都被隔绝于外，我可以在这里做真正的自己。

我的实验室就像教堂，因为我能在这里想清楚自己信仰什么。机器的嗡鸣声伴着我进门的步伐汇成一曲圣歌。我知道自己最可能遇见谁，也知道他们最可能在干什么。我知道这里有沉默的时刻，我知道这里有乐声飘扬的时刻——有时是欢迎朋友的音乐，有时意味着某个人在沉思，不便打扰。我遵从一些惯例，有的我知其然，有的却不明所以。我把自己提升到最好的状态，拼命完成好每一项任务。我的实验室是我度过神圣日子的地方，就像教堂。每当节假日其他地方都关闭了，我的实验室总是对我敞开大门。它既是救济院也是庇护所，容我从职场归来检视伤口、重整旗鼓。同时它确实像一座教堂，我生于斯长于斯，因此，我永不会弃它不顾。

我在实验室里写东西。我已经能够熟练地撰写特定类型的文章，炉火纯青地把五个人十年以来的辛苦研究提炼成六页论文，用的还是从没有人用过的语言，只有寥寥几人才会仔细阅读。这些文字如激光刀般精准地交代了我工作的细节，一字一句就像特小号（零号）的人体模型，设计之初就是为了极致地展示时装之美，而这些时装穿到任何真人身上都无法达到这样的效果。我的文章隐去了曾有也本该有的注脚：删去的数据表格是我辛苦返工几个月的结果，因为一个研究生退出了，她走的时候还在嗤笑，笑我过的日子，说那不是她想要的生活。其中一个段落是我在飞机上写的，那时我正赶去参加葬礼，心中的震惊、悲痛和难以置信流露笔尖，短短一段写了5小时。这篇文章的初稿还带着打印机的余温时，就被我蹒跚学步的儿子涂上了蜡笔印和苹果酱。

虽然我的文章都是关于真实生长过的树木，会一丝不苟地记录它们生长的细节；虽然文章记录着跑顺的程序，填充着已经被证实的数据，但它却故意忽略了真菌腐食整个园子的惨剧，剔除了不稳定的电信号，还省去了我们大半夜不择手段终于弄到墨盒的插曲。我非常清楚，如果一件事能不经历失败就获得成功，那么早就有人达成了，我们也没必要费这力气。然而，到目前为止，我都找不到一份学术杂志，能让我说说科研背后的努力和艰辛。

最终，早晨8点再次降临，又得进化学药剂，又得缩减工资，又得订机票，又得埋头写另一篇科学报告，而那些层层叠叠的心痛、骄傲、遗憾、恐惧、爱恋和憧憬，则又一次哽在喉头，无处倾吐。我在实验室工作了20年，留给我的就是两种故事：不得不写的故事和我想写的故事。

科学是一个严格界定自身价值的体系，哪怕从中减去一分一厘都不行。这一点，就算在我父亲和他的那些计算尺那里也是一样。这些计算尺被小心地装在盒子里，藏在我童年老宅的地下室中，盒子上标有“标准线性计算尺［25厘米］30 ct”的字样。里面的尺子多达30把，因为学生们必须人手一把，这很重要。科学家要完成很多操作，但是他们不会和其他人共享同一件工具。这些老旧的尺子再也派不上用场，它们已经彻底过时了。取代它们的先是计算器，再是台式电脑，最近的是手机。计算尺的盒子上没有写任何一个人的名字，那张标签不过是为了说明盒子里装了什么。我曾经在看着它时满怀热望，暗暗希望父亲把我的名字写在盒子上。然而这些计算尺从没有过主人。计算尺就是计算尺，它们从不是我的东西。

到 2009 年，我已年满 40 岁，自己的教授生涯也步入了第 14 个年头。那一年，我们在同位素化学上取得重大突破，成功地造出了一台机器，使它能与质谱仪并肩工作。

你可能有一台体重秤，称得出 65 千克和 70 千克的区别。而我有一台科学秤，能称得出一个原子里的中子数到底是 12 还是 13。实际上我有两台这种秤，它们就是质谱仪，每台价值 50 万美元。学校为我购置了这两台设备，因为我们已经心照不宣地达成一致：我会通过质谱仪获得精彩绝伦、别人尚未实现的成果，进一步提高学校在科学界的声誉。

按照简单的成本效益分析，要让学校不赔本，我每年都需要产出 4 项精彩绝伦、别人尚未实现的成果，一直干到我进坟墓为止。更麻烦的是，其他针头线脑的东西，比如化学药品、烧杯、便笺贴、擦质谱仪的抹布等，都得靠我通过书面申请或口头请求才能获得，而我申请的这些国家基金和私人资助却在全国范围内迅速缩减。这还不是最让人倍感压力的问题。实验室里除我以外，每个人上涨的薪水也需要通过类似的申请流程获得。如果能向一个为科学牺牲所有、一年内超过 6 个月每周工作 80 小时的员工保证他永远不会丢掉饭碗，那该多好。可是，这个世界不是科学研究者能掌控的。如果你读到这段话后想帮我们一把，请给我打电话吧。不把这句话说出来，我才是真的疯了。

2009 年也标志着我们团队研制一种装置的工作已进入第三个年头，它可以滤除土制炸弹爆炸时释放出的气体中的一氧化二氮。该装置一旦运行成功，我们就会把它连到一台质谱仪的前部端口进行测量。当时，我们意在发明一种新型刑侦方法，分析恐怖袭击后留下的化学痕迹，因为任一给定物质中的中子数都能起到化学指纹[1]的作用。我们计划把已知爆炸余烬中的化学指纹，与从可能发生爆炸的现场表面（比如厨灶上）收集到的化学痕迹进行对照，并试图在两者之间建立联系。

2007 年，我们碰巧把这个点子“卖”给了美国国家科学基金会（National Science Foundation，简称 NSF）。在那之前，媒体恰好报道说，简易爆炸装置（即土制炸弹）需要对驻阿富汗联军半数以上的死亡事件负责。我们不仅得到了经费，而且我这辈子从没在经费数字后面看到过那么多“0”。我想一直研究植物生长，但是以战备需求为导向的科学研究，永远比纯粹的理论知识研究报酬丰厚。这就是我的“曲线救国”计划：每周花 40 小时研究这个炸弹项目，再披星戴月 40 小时继续我们的植物学实验。

这个方案不但令人筋疲力尽，还让我们深陷在零碎的失败

---

1 利用一种能从样本中识别出某特定化合物的技术手段，便可以从化学分析结果中得到特定且唯一的化合物组合。这是一种特殊的刑侦手段，能够指示分析样本中某类特殊化学物质存在与否。

与挫折之中。我们要促成的化学反应很难实现，它总和我们对着干：把氮元素从爆炸余烬中提取出来不难，但要让氧和它反应却比我们设想的棘手，另外，记录中子数也不是什么容易的操作。其实，那时无论我们分析什么东西，只要连上质谱仪，读出来的差不多都是同一个结果。这简直让人发疯，就好比让一个人区分红灯和绿灯，结果无论你给他看什么，他每次都回答“绿灯”。

要是一件事令你头昏脑涨，那你要撑到什么地步才会把它架出门外，重新开始一项全新的议题？如果你是和我一样的老顽固，那么答案就是“永远不”。我们慢了下来，做事也越发细心，期望从一个更可靠的实验中排除可能包含其中的所有因毛躁而起的偏差。于是，原定两小时的实验室任务，我们耗费了4天才完成，8天才彻底正常运转。而这些时间，都是我们从为几百棵植物浇水、施肥、记录生长过程的空隙中挤出来的。

我永远不会忘记，我们的炸弹排查器最终和质谱仪成功同步的那个夜晚：机器终于开始给出合乎标准的数值——这些数值本应如此，完全符合我们的预期——尽管这个夜晚和我生命中的其他一些夜晚非常相似。这是一个周日的晚上，夜已深，你会蓦然发现周一快要开始。我和往常一样为预算发愁。项目临近结题，我可以精确计算出实验室经费告罄的日期。我正坐在办公室里死盯着化学药品的价格，对着一堆钢镚儿念咒，指望它们变成大钞。但我只能把破产的日子推迟两三个月，不可能再多了。

实验室的门突然开了，我的实验室伙伴比尔跳了进来。他

“咣”的一声坐进一把坏掉的椅子，把几页纸扔到我桌上，激动地向我宣布：“行了，我要说了啊。这狗娘养的机器能用了！它跑得很漂亮！”

我开始快速翻阅他的那沓读数，不出意外地看到，现在各种气体样本的数值不仅各不相同，而且非常准确。比起比尔，我总是更早地准备好宣布某事获得成功。而他总要多跑一套标准样，再多做一遍校准才会承认我们真的扭转了失败的局面。

我和比尔相视而笑，知道我们又攀过了一座高峰。这个项目很好地代表了我们的共事模式：我炮制一个白日梦，给它贴金，直到它看上去像那么回事，再向政府兜售这个点子，申请到经费补充一批设备，再把事情倒到比尔桌上。从那一刻开始，比尔会造出第一、第二、第三台样机，并且抱怨这个点子就是个异想天开的白日梦。但当他设计的第五台样机有了些希望、第七台机器能用（除非你启动它的时候身着蓝色衣物，并面向东边而立）时，我俩便都会嗅到成功的气息。

自那时起，我们会进入一个日夜轮值的工作周期。只要出一个数据，我们就会互相发推特、发短信、发脸书，直到亲手打造的机器准确可靠得像我奶奶的胜家牌缝纫机[1]。接着，比尔会再做一组测试——或者两组，或者，可能还要做上第三组——接着我们就成功了。这时就轮到我来回顾历史，撰写总结，叙述那份释然，就像我们终于教会孩子站立、走路；我还会向我们的捐助人罗列要点，告诉他们这次投资是多么英明。再到下一

1　美国老牌缝纫机品牌，创立于 1851 年。

次募集经费的年份，我们会从头再来一遍，并设置更远大的目标。而我们所筹集到的经费往往只能支持到计划中段，前提还是我们必须足够节约。

一套完整且没有水分的数据集是世界上最纯洁的东西。然而每当做出这样一套数据时，我和比尔却感觉像是电影《雌雄大盗》里的邦妮和克莱德，仿佛又完成了一次胜利大逃亡，高喊着："老天爷，看你能把我怎么着！"

那天晚上，我伸了伸懒腰，把手指插进头发，希望通过按摩头皮给大脑提供更多氧气——这是我从研究生时代就养成的习惯。"你懂的，我们俩年纪都大了，熬不了夜。"我瞥了一眼钟，意识到我儿子几小时前就睡下了。

"可我们给机器取什么名字呢？"成功令比尔兴致颇高，急于起个有意思的名字，再捣鼓出一个更有意思的简称，"我在想，可以叫它'CAT'，也就是'镍催化歧化反应'（nickel-catalyzed disproportion reaction）的缩写。"

这世上很少有作家会像科学家那样为精确用词而绞尽脑汁。术语就是一切：我们按照确定好的名字辨认事物，用通用的术语加以描述，用特有的方式开展研究，再用耗费数年才掌握的一套"密码"把与该事物有关的东西化为文字。记述自己的工作时，我们提出"假设"却从不"猜测"，我们得出"结论"而非下定"断论"。"重大"在我们眼里是个无用且模糊的字眼，但我们知道，在它前面加一个"非常"就意味着可以多拿 50 万美元（约为 300 多万人民币）的资金。

有权命名新物种、新矿物、新粒子、新化合物和新星系，是每个科学家都渴望得到的最高殊荣和最庄严的任务。在每一个科学领域，命名法则都需要依照严格的规范和惯例。你必须把你知道的一切结合到一起，无论它是你发现的，还是周遭世界所固有的；你必须读取你的记忆，想出让你会心一笑的词汇；你必须创造出既属于当下又能永恒流传的典故；最后你还得尽己所能，给这篇宝贝文章拟下标题，并妄图自己留下的笨拙印迹可以一直流传下去。但那天晚上，我的大脑已经停摆，无法赴一场语义学的盛宴，只想回家睡觉。

“我们可以叫它‘纳税人的48万美元’，因为我们在这鬼东西上就砸了这么多钱。”我一边说，一边咒骂着那些不听话的预算表格，要捋顺这些家伙可真折磨人。这个项目就要结题了，我不知道还能向谁再申请点儿经费。我们去年的所有开销都超支了，但是资助我们的每一项政府预算都在缩减。就算我喜欢当科学家也不得不承认：事到如今，我厌倦了这些复杂的事情，它们本应该很简单。

比尔盯着我看了一会儿，站起身拍了拍双腿：“也不是非得起个名字。我把你的姓拆开了拟进去，这样就行了。”我们的眼神交汇了一下，意识到15年来的患难与共全映射在对方的眼中。我点了点头。而就在我拼命想找出一句话来感谢他时，比尔已经转身走出了我的办公室。

我软弱的时候他很坚强，所以我加上他才是一个完整的人，我们俩身上的一半来自这世界，一半来自对方。我向自己发誓，让我做什么都可以，我一定要让他赚得更多，一定要让我们继续前行。就像多年前那样，我只要找到一条路就好。我和他的办公室互不相通，却彼此相邻。我们在各自的房间打开各自的收音机，调到不同的电台。我们继续工作，再一次令对方心安，明白我们并不孤单。

2

和大多数人一样，我拥有一棵特别的树，我对它的记忆可以追溯到童年时期。它是一棵美国蓝杉（*Picea pungens*），四季常青，在漫漫严冬中傲然挺立。我还记得它尖利的针叶钻出白雪，怒指阴云。我接受的教育是要坚忍克己，而蓝杉极好地体现了这一品质。我会在夏日里拥抱它，爬上枝头和它说话，幻想它认得出我，幻想自己站到树下就能隐身，可以悄悄观察蚂蚁忙前忙后地搬运凋零的针叶——如果昆虫也有地狱，它们恐怕被罚进了底层。等年纪渐长我才意识到，这棵树其实不在乎我，我也学到，它凭借水和空气就可以自给自足。我明白了，我在它身上爬上爬下（最多）也就是让它晃晃树枝，根本无法引起它的注意；我为了搭建堡垒而掰下它的树枝，这种行为也和人拔根头发差不多。那些年，我每天晚上都睡在距离它 3 米开外的地方，与它只有一窗之隔。后来我去上大学，踏上背井离乡的漫漫征途，故乡和童年都被我抛在了身后。

从那时起，我才终于意识到，我的树也曾经是个孩子。长成大树之前，胚胎会在地面静卧多年，它没有操之过急地发芽，也没有因为等待过久而失去活力，只是抓准了时机。稍有偏差它就会死去，旋即被这个无情的世界吞噬，毕竟这个世界充斥着各类酷刑，能在几天内就让最强韧的树叶化为腐土。我的树也一度青春年少，它曾用十年时间野蛮生长，丝毫不考虑未来。从 10 岁到 20 岁，它的身形膨胀了一倍，却经常不能完美应对伴随身高增长而来的新挑战和新责任。它拼命赶上它的同辈，有时还敢于长得比它们高，即使厚着脸皮也要争取更充足的阳光。它一心长高，却因为只能断断续续地调配某些必要的激素而无法结出种子。一年年过去，它就像其他树龄十几年的同类那样：春日抽条，夏日生叶，秋日展根，冬日不情不愿地沉沉睡去。

在十几岁的树看来，成年的树代表着它们看不到尽头的枯燥未来。它们无所事事，只是五十年、八十年，甚至一百年如一日地不让自己倒下：每个白天不辞辛劳，这一点那一块地补齐凋零的针叶，每天晚上再关闭酶的开关。它们再也不必因为征服了新的地下领土就急匆匆地汲取营养，只要把可靠的老旧主根垂入去年冬天产生的新地缝就行。每一年，成年的树木会长得更粗一点，但仅此而已，之后几十年间都没什么新奇可看的。它们很吝啬，把得之不易的养料高高地集中在枝条上，身下是饥饿不已的年轻一代。这些良好的居住环境，包括好的水土，还有最重要的——充足的阳光，都能让树发挥出最大的生长潜能。相反，如果生长在不友好的生境中，它们连正常高度的一半都长不到，没法儿像一棵正常的十几岁树苗一样以冲刺的速度生长；它们只有活下去的念头，成长速度还不及那些幸运儿的一半。

我的树在八十多岁时病了几次。一些小动物和昆虫恨不得拆它入腹、占其为居，一直对它进行狂轰滥炸。它躲不开，只能提前用利刺、毒素和不宜食用的树脂武装自己。它的根系最容易遭到觊觎，因为其表面只捂着一层腐殖质，非常脆弱。维持这套武装会消耗树本身已经很贫乏的储备，而这些储备本该有更令人欣喜的去处——每一滴树脂都本该是一颗种子，每一根利刺都本该是一片叶子。

2013 年，我的树犯了一个可怕的错误。它以为冬天已经过去，于是怀着对夏天的憧憬，伸展枝条，长出新叶。谁知，异常的五月袭来一场罕见的暴风雪，一周内就降下了厚重的春雪。针叶树一般不怕雪压，但如果算上新增的嫩叶，重负就变得不可承受。蓝杉的树枝被压弯、压断，最后只剩下一根光秃的主干。我的父母为它实行了安乐死。他们砍断了它，并挖出它的根。几个月后，他们再次提起它时，我正站在耀眼的阳光下——在一个距离故乡 6 000 多千米的从来不会下雪的地方。真是讽刺，听到它的死讯我才真心意识到，我的树曾存活在这个世界上。但这件事的意义远不止于此。我的蓝杉不仅存活过，它还有过自己的生活：类似但又不同于我的生活。我的树走过它自己生命中的里程碑。它有过自己的时光，而时光也改变了它。

时光也改变了我，改变了我对我的树的看法；而我的树也有对它自己的看法，时光还改变了我对这些看法的看法。科学告诉我，世间万物都比我们最初设想的复杂，从发现中获得快乐的能力是过上美妙生活的诀窍。这也让我确信，如果不想遗忘曾经有过而现在又不复存在的一切，把它们仔细地记录下来就是唯一有效的抵御手段。这其中就包括那棵蓝杉，它本该比我长寿，却先我而去。

3

种子知道如何等待。大多数种子都要等上至少一年才会萌发，樱桃种子可以足足等上一百年。而每颗种子在等待什么，只有它自己才知道。当温度、湿度、光照以及其他一些因素同时符合条件时，种子才愿意萌发，才会让自己从深深的地下破土而出，抓住一生中唯一的一次机会。

等待中的种子是活着的。躺在地上的每一颗橡实都和头顶那棵活了 300 年的老橡树一样，是活生生的存在。种子和老橡树都不处在生长状态中，它们都在等待。然而它们等待的东西不同：种子等着走向繁荣，老树却在静候死亡。当你走进一片森林，你可能更喜欢抬头看，看植物长到你无法企及的高度。你恐怕不会低头看。其实，你的每一个脚印下都躺着成百上千粒种子，每一粒都是活生生的，每一粒都在等待。哪怕机会永远不会到来，它们也抱有一丝希望。一大半种子都会在它们等候的时机来临前死去，碰上坏年景则一粒都无法存活。而所有这些死亡又无足轻重，因为你头顶的每一棵桦树每年都能新结出至少 25 万粒种子。你在森林里看到的每一棵树，都对应着至少 100 棵未来的新苗，尽管它们此时还只是种子——在土壤中等待着的活生生的种子。

椰子是一类种子，它的大小和人的脑袋相仿。它可以从非洲海岸开始，漂过整片大西洋，最后到达加勒比海岛屿生根发芽。与之相反，兰科植物的种子异常微小，100 万粒的总重才抵得上一枚回形针。大也好，小也罢，每粒种子的绝大部分组成，其实都是为了给等待中的胚胎提供营养。虽然胚胎只由几百个细胞组成，但它却是一株根叶俱全的真实植物的蓝本。

种子内的胚胎刚开始萌发时，一般会伸展躯体，把自己从折叠的等候姿态伸展成许多年前就已经设计好的标准样貌。桃核、芝麻、芥子、核桃，这些种子之所以拥有坚硬的外壳，几乎都是为了阻止胚胎的伸展和膨胀。在实验室里，我们只要简单地剥去外壳，加上一点水，就足以让任何种子发芽。这么多年来，经我手敲开的种子肯定有上千个，而每一次敲开后的次日，那一片新绿都会如约而至，令我惊喜不已。如果别人略施援手，一桩难事也会变得非常容易。找到合适的土壤，设置正确的条件，你最终会成长为自己设想的模样。

一批科学家剥开一颗莲子（*Nelumbo nucifera*），悉心照料里面的胚胎，让它发芽，同时保留下空壳。他们用放射性碳同位素探测手段检查这具即将丢弃的空壳，竟发现这株新荷已经在中国的一处泥沼下等待了一千余年。在这颗小小的种子坚守自己未来梦想的岁月里，整部人类文明史已经起起落落一千载。突然有一天，这株细小的植物终于梦想成真，在实验室里萌芽了。我很想知道它现在在哪里。

每一次开始都是一场等待的终结。上天只给每个人一次存活于世的机会。每个人身上都是“失败”和“成功”并存。

4

19 岁那年，我第一次不再生搬硬套课堂习题册做实验，而那么做是因为我需要钱。

我在明尼阿波利斯市的明尼苏达大学念本科时，应该打过十种不同的工。在那儿的整整四年里，我每周都工作二十小时，放假时会工作更长时间，只为了在奖学金以外再多挣些钱。我给大学出版社做审校，给农学院院长当秘书，为远程教育项目摄像，还做过专擦玻片的技工。我教人游泳，整理图书馆的书籍，在诺思罗普大礼堂（Northrop Auditorium）为富人当引座员。但是，没一项工作比得上我在医院药房度过的那段时光。

与我一同上化学课的女孩向我推荐了大学医院的工作，她当时就在那里打工。她说酬劳很丰厚，有两趟排班可以选择，每班 8 小时，前后相接，而且第二班的报酬比第一班高一半。女孩向老板推荐了我，他甚至都没有检查我的资格和能力，就潦草地录用了我。不过自那之后，我就自豪地拥有了两套崭新的绿色无菌服。

第二天下午两点半，我一上完课就去工作地点报到，我准备选择三点至十一点那趟班。上班地点在医院地下室的大药房。人们在大药房里存放和分类药品，并且跟踪记录医院患者用过的每一服药剂。大药房是一个自成一体的庞大设施，由一个问询处、一个发药柜台和几间储藏室组成，储藏室里还有一些保持一定低温条件的冷冻柜。人们在一间约莫仓库大小的无隔断开放式实验室的基础上，修建了这个大药房。这里人头攒动，大家都在调配预定好的药方——对医院里的各种复杂治疗流程而言，这些药方必不可少。副主管药师告诉我，我要从“送药员”做起，即亲自给有需求的护士站运送挂静脉点滴用的止痛药。

那个年代，医生想要获得药品就得手写一张纸质的处方单，然后由专人送到医院的药房。而在药房的实验室里，人们会往软趴趴的输液袋里注射微量的高纯止痛药，然后在袋子外面绑上厚厚的纸片；医院里的每一位工作人员在层层交接时都必须签上自己的名字，并标注交接时间。最先经手这袋药剂的是一位拥有药学博士学位（Pharm. D. degree）的执业药师，他必须反复检查输液袋中的药物配方和含量，并且在标签纸上签字。接着，输液袋就被传到送药员手里，他也要在上面签字，并穿过医院把它直接交给责任护士。责任护士也还是要签字，然后按照预定方案开始治疗。

送完输液袋后，送药员有义务检查护士站的处方盒，查找里面是否还有另外的处方，哪怕只有一张也要把它拿回药房。令我激动不已的是，如果某个治疗流程在我眼中是一场生死赛跑，那就需要我的签名来加速推进。它为我开启了一段丰富多彩的人生之旅，让我日复一日地纾人苦痛，救人灵魂，为周围的人保住生命的尊严。就像面对每一个能在理科课程上得A的女孩一样，大家劝我学医，我也开始考虑这个提议，同时对拿到高额奖学金抱有一丝希望。

送药的工作让我能够在医院的每一条走廊里漫步，让我能够了解每一个护士站的工作特质——尽管我大多数时间来往于药房和临终关怀病房之间。我学会了不被任何社交活动打断地长时间工作，除了仔细检查或签个字。虽然我身处人群之中，虽然身边灯火长明、机器隆隆，但我工作起来就像张开了屏蔽罩，如同我不会被自己的呼吸打扰一样，任何事情都打扰不到我。

我还发现自己可以在工作时间一边有意识地处理例行公事，一边把自己的潜意识用于某项特别的任务。求职面试时，我满怀渴望地看着主实验室。有那么多的技术人员在那里辛勤工作：摆弄针管，吸入液体，注射药剂，检查药瓶，打开无菌管。我问过药剂师他们在做什么。她回答说："大多数是抗心律失常的药物，对付心脏病发作的。"

第二天上午，我告诉我的英文课教授，想把期末论文的题目定为"《大卫·科波菲尔》中'心'一词的用法及意义"。我埋头书中，可是没干多久，最初确定论文选题时的那阵兴奋就消退了。因为我得来来回回地翻书，为"心""衷心""诚心"以及一切带"心"的词语分门别类，可是它们在书的前十章就已经出现过几百次了。我决定缩小范围，只讨论那些最具象征意义的实例。但我看到第38章里的一句话时，却发现选择这个论文题目有些事与愿违了：我无法形容潜伏于内心最深处的嫉妒，我是多么嫉妒，甚至嫉妒死亡。我想啊想，但想不出所以然。最终，时针又指向两点，我得去工作了。

那天晚上，我在医院的临终关怀病房进进出出，也许进出了十次，也许二十次。我的眼和手都为了完成必需的任务而运动着。夜深了，我脑中的思绪沉得更深。我突然明白，作为医院的工作人员，我们领这份薪水就是为了追上死神的脚步，在他护送虚弱憔悴的病体踏上崎岖的最后一程时，拉病人的爱人、亲人一把，让他们不至于跟丢。我的工作就是在命定之路的休息站里与这些旅人相遇，给他们的征程提供新鲜的补给。当一群身心俱疲的人消失在地平线上时，我们就回头，因为另一个饱经磨难的家庭即将抵达。

我和医生、护士都不哭泣，因为不知所措的丈夫和不堪重负的女儿已经哭得够多了，连我们那份都一并哭了。尽管我们在死亡那令人战栗的魔力面前既无助亦无能，但还是低下头，在药房里把20毫升救赎注入一袋泪水中，一遍又一遍地祝福它，像手抱婴儿一样把这袋药物抱进病房，再双手奉上。药物会流入静脉，家人会凑近了看，他们的悲痛之海可能就会暂时少一瓢泪水。结束医院轮班回到家中，我发现自己可以一页页地写个不停，而上班前我却在电脑边枯坐几小时而毫无所得。我记住了书里难懂的章节，然后在医院工作时，我会让自己在潜意识里思索它们的意义。

医院的每个员工在 8 小时的工作时间里都有 3 次休息机会，每次 20 分钟。但是送药员需要错开各自的休息时间，以便与其他人协调安排。这样即使在很忙的时候，我们也只会少一个人手。这条规矩迫使我掐准神游的时间，控制好分寸，也让我具备了良好的召回思绪的能力。我可以把脑子放在手头的工作上数小时；再把它移回脑壳，思考储存在脑中的议题大约20分钟，再一下子调回指尖——就像把半桶水摇过来再晃过去。

我在医院楼群间的小院子里度过休息时光，尽情享受自然光和室外空气。一天上午，我正躺在草地上，一边抬着腿，一边数着地上的烟蒂，试着让血液倒流回上半身。朝阳撞上山墙和格子窗的边缘，轻抚着留下金色的痕迹；几束光带着古老的安宁气息，触动我的心弦。我背诵起第52章的片段。我看见我的上司注视着院墙，招招手让我进去。有那么一刻我有些害怕，以为自己忘记了时间，直到看了眼手表，发现距离休息时间结束还有5分钟，我才放心。当我们走回药房的实验室，我的上司和药学博士都很严肃地看着我。“你在递送一只装有管制药品的输液袋时为什么不从前门走？”其中一人问我。

“因为我去到后面，用了后面的楼梯。”

“但是步道在临终关怀塔楼的那一头，你走这个楼梯到不了那儿。”我的上司振振有词道。

“可以的，抄餐厅货梯的近道就行。”

“所以你从来不坐客梯？”药学博士看起来很困惑。

“那是条近道，而且还不用等，”我回答道，“走这边确实更快些，我计过时。而且我想说，有人正备受痛苦煎熬，等着药品到来不是吗？”我的两个上司面面相觑，翻了翻白眼就回去做他们的事了。

缩短时间其实只是我设计这条路径的一部分理由。我要强迫自己不停地运动，因为我得用掉那个年纪过剩的精力，免得它不断爆发，让我好几天都合不上眼。医院的工作给了我一个可去的地方和一项待完成的任务。这项任务由重复的小目标组成，可以约束住我奔腾的思维。

每次中班快结束时，总有送药员请病假。如果我怎么都不想睡，就可以选择接替那个人来加晚班。这样一来，即使我在回家的路上仍无睡意，也至少已经筋疲力尽。夜晚轻微的失眠抚慰了我的心，额外拿一份更丰厚的薪水让我心安；海滩上的贝壳和卵石……让我心中一片安宁，我记起了第10章中的这句话。况且我做的事还很重要，或者说，我就是这么说服自己的。

在我说明自己送药路线的一个月后，我一走进药房就听到药学博士转身大喊："莉迪亚，她在这儿！"然后她又转过来对我说："莉迪亚要训练你往输液袋里打药。"就这样，我的送药员生涯结束了。莉迪亚从她的座位上站起来，瞥了一眼自己的老板。她脸上的表情并不像在庆祝我晋升，但我明白，莉迪亚的特训是我获得大幅加薪前必须跨越的障碍。

"到后面来卸货！"莉迪亚吼道。她的声音粗哑，与其说是欢迎我，还不如说是想惹恼药学博士。我很兴奋，我的心因为有希望尝试新的快乐而雀跃，这是第20章里的句子。我不再只是运送静脉输液袋，而是制作它们，再交给其他人，由他们反复确认后递送。我想象坐在自己的工作站中，把凳子调到合适的高度；想象自己像大人物一样走来走去，正确地从摆满药品的桌子上拾起装着浓缩药品的小瓶，有如贵妇在美甲前信心满满地选中最完美色号的指甲油。我看见自己坐下、挺直、展肩，冷静地施展工作的魔法。我做得很快，毕竟人命关天。

“嘿，把你的头发扎起来，”莉迪亚打断了我的白日梦，拎着一根最简单的牛皮筋在我面前晃荡，“你最好习惯不化妆。我敢打赌，你以为我一直都是这么一副鬼样子。”她露出沉思的表情，脸上很阴郁，似笑非笑。放下长发、涂上指甲油、戴上首饰——药房里禁止所有这些行为，因为这会使人体表面更容易携带病菌。所以，我开始颓唐地以素颜示人，就是那种你在医院员工脸上常见的面容，这个习惯我一直保持至今。

雇员一般由一半打工的学生和一半职业技工组成，而我却两头都不搭。我和学生一样要为上课和考试发愁，但又和技工一样揽了太多的活，只因为我想有个容身之处。莉迪亚被人称为药房实验室的“元老”，她比药房里的任何现役人员都来得更早。在我整理背包时，莉迪亚告诉药学博士，她准备教我识别储藏室里的各种药品，这些药品在架子上的摆放位置和它们的化学配方有关。可是她却径直走过储藏室、走进院子，这让我有些惊讶。

莉迪亚因为两件事出名：一是她的休息方式，二是她邀人搭车。她会在每趟 8 小时班的首个 90 分钟轮值期，就用光所有的休息时间，抽掉三包烟——这可是她在闲时度过 8 小时所消耗的总量。在 60 分钟内抽 60 根烟要求人集中大量精力，尽管这时很容易在院子里找到她，但她完全没空与你说话。在她当班的第二个小时内，莉迪亚很警醒，效率也高，但 5 小时后你最好远离她，因为她那时的脾气可是一点就着。在她当班的最后 20 分钟内，她会僵硬地盯着钟，用颤抖的手攥紧无菌注射器，这种时候连药剂师也要绕着她走。

如果你是女性并且和莉迪亚一起值班到深夜，她会坚持先载你回家。这件事和她的性格还真不相符。偶尔听到的她对“混账强奸犯”一连串断断续续的咒骂，恐怕是我们可以获得的对她慷慨大度送人回家的唯一解释。我想象不出强奸犯在零下6摄氏度的大冷天穿着大棉袄在医院外转悠的情景，想象不出他们会傻等到晚上11点，直到一群筋疲力尽的护理专业学生自动跌进他们的狩猎场。不过，在美国的这个地区，1月太过寒冷，无论出于什么理由你都不会拒绝搭车。

莉迪亚的车里简直是毒气室，一股二手烟的味道。一旦你从她的车里钻出来，就得立即在前厅脱掉工作服，否则你的公寓整整一周都会臭得像矿工的工会大厅。莉迪亚不看到你进屋，不看到你走廊的灯亮起再关掉是不会离开的。“如果有哪个不要自己卵蛋的混账在这附近晃荡，你就把灯多开关几次。”她像母亲一般指导我。她不可能取代我的母亲——没人能取代——但她填补了我心中的空白，这颗心与她贴近了，我记起第4章中的句子，对自己微微一笑。

在药房实验室的第一个小时，我和莉迪亚走进院子，在户外桌子旁的一张铁椅子里落座。她从袜子里掏出一包温斯顿醇柔烟，在掌根上叩了三下，然后手一推，把烟盒滑到我面前。她用拴在小桦树树枝上的公用打火机点烟。这棵树的周围由水泥加固，因此生长得异常艰难。莉迪亚跷起脚，闭上眼深吸一口。我玩着她那包烟，先抖出来再装进去，尽管我不抽烟。

在我看来，莉迪亚很年长，她可能有35岁了。我想她有34

年都过得很艰难，这从她的举手投足间就能看出来。我认为她可能情场失意——如果婚姻幸福的话，她绝对是那种在厨房里端着装满琴酒的咖啡杯、坐等孩子们放学回家的女人。第 36 章说得比我更贴切：*她给我的印象是一头猛兽，锁链曳地，逡巡穷困，心累神疲。*

令我惊讶的是，莉迪亚也对我很感兴趣，她问我从哪里来，并在得知我家乡的名字后说："是的，我听说过那个地方，有一个大型宰猪场。天哪，你是从中西部的胳肢窝里爬出来的不是吗？"我耸了耸肩，她继续说道："话说，只有一个地方比那儿更糟糕，那就是我长大的地方。再往北走，一个冻死人的鬼地方。"她把一个没熄灭的烟蒂扔到地上，看了看表，又点上一支烟。

接下来的 5 分钟我们都没说话。末了，她呼了口气，说道："你准备好回去了吗？"我耸了耸肩表示同意，于是我们一起站起身往回走。"我做什么你就做什么，明白？我会慢慢来，没问题的。"她向我解释道，也算是总结了我之前在药房的表现。我仍然不明白如何把几种药品混成一袋无菌液，让它能够注射到绝望的病人的血管里，不过我猜想，做着做着就上手了。

如果要学习无菌注射的技巧，那么坐在莉迪亚身边仔细模仿她的动作不是个坏主意，比起做手工，这项操作更像是手的舞蹈。无论是在这栋楼的门内还是门外，我们走路穿过的空气中都含有大量微小的生命体，如果它们进入我们的身体，就能有吃有喝、活得开心，但大多数时间无法接近我们体内那些肥美多汁的器官，比如大脑和心脏。我们外层的皮肤是一层厚实无缝的整体，任何开口，比如眼、鼻、口、耳等，都被具有保护作用的黏液或油脂封闭。

这也意味着，医院的每一支针管都像一张彩票，任意一个幸运的细菌都可能从最初的注射急流中恢复神志，快乐地在血液之河中左冲右突，最终抵达某个安静的港湾，比如肾脏。它会在那儿开枝散叶，分泌出一团又一团毒素。这些毒素很难对付，因为它们的产生部位太靠近我们的脏器。细菌只是坏家伙中的一支，病毒和真菌也能以类似的方式伤害人体。为针头消毒是防御这类大屠杀的最佳方式。

当护士给你打针或抽血时，扎针的过程很快，一刺一拔后皮肤自然闭合，重新生成多重防火墙，病菌就不能再进入体内。护士使用的注射器都配有已消毒的针头，外面还盖有塑料保护帽，确保细菌没有可乘之隙。护士还要用外用酒精（异丙醇）擦拭你的皮肤，把最外层的细菌尽数清除，这样它们就不会在注射时挤入你的身体。

静脉输液时的情况有所不同。护士清洁你的皮肤后为你扎针，然后就扎在那里几小时之久，使针头、输液管和上面连接的输液袋变成你血管的延伸部分，如此一来，袋子里的液体也就成了你血液的延伸部分。她会把输液袋高挂过你的头顶，方便袋子里的液体注入你的身体而不回流，如果有医嘱特别要求，她还会启动输液泵，轻柔地加快输液速度。输液袋中的所有内容物都会混进你的血液。只要输入的液体量超过两袋，多余的液体就会贮存进身体的溢流室，也就是膀胱内。

在这样的输液系统结构下，细菌有了更多施展拳脚的地方。

不仅针尖部分会让你面临感染的危险，输液袋和输液管的所有内表面都布满危机——输液系统的内表面面积比一支注射器的大100倍，更不用说输液袋内的全部液体了。这当然意味着整套设备都必须保持无菌状态，也意味着当加入混合药品时——甚至在此之前，即在合成和储存化学物质的过程中，每个步骤都需要经过无菌处理。

静脉输液有一个很大的优点，医生持续地在一段时间内把药物迅速送入你的体内。心脏骤停时，你的大脑需要氧气，但它等不了两小时之久。如果选择口服药片，那么你的心脏必须等药片穿过胃和肠后才能分到一杯羹。所以，如何才能把一升液体和药物的活性成分合而为一，充分结合病人的体重和病情，并同时保持一切无菌？如果接到急诊室和重症监护室的需求，我们就得在十分钟内完成这些工作。病人是幸运的，因为一个睡眠不足的少女学徒和她的老烟枪调“酒”师师傅正在地下室严阵以待。

第一步是创造一个洁净的工作环境。尽管很难具象地加以描述，但是空气中的细菌、真菌和其他小东西可以通过筛子筛除。要做到这一点，就需要让空气通过一张筛网，其中的筛孔直径小至人类头发直径的1/300。制作静脉点滴液时，我必须面墙而坐：气流会从墙内吹出，通过筛网吹向我。这样，我和墙之间就形成了一个干净的空间，可以在此拆开、混合和重新封装无菌物品。

戴上手套后，我首先要用喷壶喷洒异丙醇，不错过工作区域内的任何死角，反复冲淋工作台面和戴着手套的双手，用纸巾一遍遍擦拭。我用异丙醇淋湿所有东西的表面，因为正对着脸吹的无菌气流，最终可以吹干这里的一切。

我走到电传打印机[1]前挑了一张处方，它写在两英寸[2]见方的自粘标签上，上面印有病人的姓名、性别和床位，还有一行编码，具体说明了需要混合哪些药品。我从一堆输液袋里拾起一袋密封的液体，它的形状和质感都酷似一包剔骨大排肉。这堆输液袋是“灌水袋”的技工制作的，他们负责往每个袋子里灌一升生理盐水或林格氏液（Ringer's solution）：这是一种含微量糖分的生理盐水，为纪念悉尼·林格（Sydney Ringer）而以他的名字命名。1882年，林格从已经死亡的青蛙体内取出心脏，持续浸泡在该液体中，他发现青蛙的心脏继续跳动了好一会儿。读过药方后，我拿起袋子，把标签尾部的一层纸撕下，倒着粘贴在袋子上，这样等输液袋高挂过病人时，标签上的文字就是正的。

我手拿袋子走到药品台前，挑选我需要的浓缩药剂，并为自己的个人药品库增补常用药品。这些药品装在盖着橡胶瓶盖的小瓶里，用不同颜色标记，从而可以帮助工作人员快速区分。包在瓶盖外部的铝箔死死地掖在周围的褶子里。瓶子上的玻璃和金属在实验室不灭的灯光下闪闪发亮。一些宝石般的瓶子确实珍贵，装在里面的是寥寥几滴蛋白浓缩液，都来自英勇的遗体捐献者和为实验牺牲的动物。每一个亮晶晶的小瓶子中，都装着生命在无情的肿瘤面前会遭受的挫败。也许相当于一天的

1　一种远程打印机，可以接收其他终端的信息并将内容打印出来。

2　1英寸≈2.54厘米。

份，也许对应着一周的量，也许恰好长到让脑中业已模糊的憎恨化为对痛苦的重要一别。我工作的时候就这么幻想着小瓶子里的故事。

我回到自己的工作站，把这些材料在工作台上一字排开。输液袋放左手边，小心翼翼地让它的注射口朝向除菌气流吹来的方向，让颠倒的标签正面朝上，方便我阅读。药瓶按注射的先后顺序从左到右松散排列，然后在每个瓶子旁都放上一支注射器，其容量与标签上标注的药物用量相匹配。然后，我会从左到右复核这些药品，核对药瓶上的词与对应的标签。读全每个单词太浪费时间，所以我只对每个词的前三个字母。

我深吸一口气，抓起一把酒精棉。它们在已撕开口的袋子里微微卷曲，正合我意。我稳住手，靠近输液袋，撕下远离我那一端的注射口的密封盖。接着，我拿起身前的酒精棉，撕开外包装，放到输液袋前方；再用酒精棉清洁橡胶头上即将扎针的部位，上下擦拭时格外留心，不让自己的手横在橡胶头与无菌气流墙之间。然后，我再换一块酒精棉，用同样的方法清洁第一只药瓶。

我一边用左手倒拿这只药瓶，一边用右手拨开注射器的盖子。我把这些东西紧紧抓在手里，并保证手指都抵在它们后面。这个姿势有些奇怪，好像要让它们都沐浴在圣光下。我严格按照标签上的剂量把药水吸入注射器，保证我的视线与液面齐平，以防自己误读抽取的毫升数。我屈伸左手肌肉，把药瓶喂向注射器后再拔下，同时小心翼翼地放松右手肌肉，确保针尖与药瓶分离时不带出一滴药水。

小心翼翼地放下药瓶，我提起注射器，把针尖移到输液袋上方，把袋子口朝向自己，然后注射药品。拔出针头后，这个针头随即报废。接着，我回抽空注射器的活塞，直至它到达先前注射药量的刻度处，再把注射器放进我工作站外的托盘里。然后，我还是小心翼翼地盖严刚用过的那瓶药，把它紧贴刚才那支空注射器的右侧放入托盘。面对接下来的每一只药瓶，我都依照同一套程序处理，直到注射完处方中的每一种药。最后，我小心翼翼地用塑料盖子把输液袋重新密封好，同样把它放入托盘中远离注射器的地方。

我脱下手套拿起笔，把自己姓名的缩写签在输液袋标签的角落里。签字意味着我要负一部分责任，但具体是怎样的责任我不得而知。我把整个托盘拿去排队，一位资深药学博士要依次复核每一张标签、每一支注射器和每一个药瓶，以确保输液袋的内容物与处方相符。只要找出一点错误，这个袋子就会沦为废品，标签需要重新打印，前述一整套流程也必须赶紧重走一遍，元老会出面调解。

即使这是我来实验室上班的第一天，也并没有因此得到特殊照顾。没有供我练手的输液袋：要么做好，要么搞砸。工作的时候一直有人在一旁监督，这样我们就不能故意从电传打印机里挑拣出容易调配的处方。他们还迫使我们在开一瓶新药前彻底用尽上一瓶药品。一直有人提醒我们，任何一个错误都可能害死一个人。急需药品时，处方的数量远远超出我们能完成的量。我们总是落在需求之后。因病痛求助的人越多，我们实验室就越缺人手，而我们也就越发得加快手脚，可是同时会落后得越来越远。

没有时间讨论这个可怕可怖的系统不起作用，也没有时间宣告我们既不是杀人犯也不是机器人。只有无穷无尽的处方，开处方的人和我们一样筋疲力尽，而且，他们除了倚仗我们之外已经没有更好的选择。

在医院工作的经历会告诉你，这个世界上只有两种人：生病的人和没生病的人。如果你没有生病，那就闭嘴干活。25 年后，我仍无法否认，这不失为一种正确的世界观。

莉迪亚在工作站时特别有魅力，这可能是因为她以每周工作 60 小时的强度生活了近 20 年。看着她挑药、清洁和注射，就仿佛在观赏芭蕾舞演员腾空而起。我盯着她翩飞的手指，想着第 7 章里的话：*完全和玩票儿似的，连书都不用（在我看来他好像什么都记在心里）*。第一天，我亲眼看着她注射了不下 20 个输液袋，有时甚至闭着眼睛也能完成。我没见她犯下一个错误。我敢肯定，她工作时处于某种神游状态，要不然她的大脑供氧不可能充足。最糟糕的事情莫过于在无菌室内打喷嚏或者溅射出其他什么体液，而莉迪亚顶多小咳两声，她在混合药剂时的呼吸控制能力简直超乎常人。

在工作站的头两小时内，我成功配制了几袋简单的电解质溶液，于是主管开始要求我尝试混合难度更大的处方，因为实验室的进度太慢了。我试着选了一个简单的苯二氮䓬[1]处方，但把镇静剂注射到输液袋中后，我却害怕了。我想着，万一注射

1　一种镇静剂，可以治疗焦虑症和失眠，注射过量会引起生命危险。

的剂量过多，我就不是在治疗病人的焦虑症，而是会导致一个谁都不想看到的结果。我恐惧得像一头困兽。我想过就这么装模作样地继续工作，把袋子放到托盘上排队等候，之后该怎么样就怎么样。但我马上意识到，这个想法太过疯狂。于是，我把输液袋拿到水槽边，用刀片划开，把里面的内容物倒进下水道。药学博士狠狠地瞪了我一眼。我回到莉迪亚身边，提议休息一下。

“我觉得我干不了这个，”当我们走进院子时，我向莉迪亚说了真心话，“我从没干过压力这么大的事。”

莉迪亚咯咯地笑了：“你想太多了。要记住，这不是脑科手术。”

“是啊，脑科手术在五楼。”我帮她把笑话补全。这个笑话，送药员们每天至少要互相说上 5 遍。“可是，我要是做不好怎么办？”我嘟囔道，“我有一半时间都记不起来自己是做对了还是做错了。”

莉迪亚向四周看了看，靠近我说：“听着，我要告诉你无菌技术的奥秘。”她接着又站直身子，用低沉的声音补充道：“瞧，别舔针头或者其他什么东西，但是，如果你手上有能杀菌的玩意儿，细菌总会死掉。”我接不了她的话，莉迪亚可能以为她已经把能解释的都解释清楚了。我们一言不发地坐着，莉迪亚抽着烟。

过了一会儿，我揉着太阳穴说道：“天哪，我头疼。莉迪亚，我们一直呼吸着酒精味的空气，你就没有为自己的肺担心过吗？”

莉迪亚正叼着一根烟，看了我一眼，就像在看一个大傻瓜。她深深地吸了一口烟，然后吐着烟圈问道："你觉得呢？"

我们刚休息完，我就让自己投入了"战斗"。我抽了一张麻烦的化疗处方，决心好好收尾自己第一天的实验室工作。我做的输液袋毫无瑕疵，这令我非常骄傲，直到一个气急败坏的药学博士走到我面前，在我鼻子前方两厘米处举起了一小瓶珍贵的干扰素。

"这一整瓶都让你报废了。"她愤怒地呵斥道。几分钟前我注射过免疫促进剂，但把药瓶拿出工作站时忘了盖瓶盖，结果瓶子里剩余的药剂都被污染了。我一下子就浪费了一千美元的药剂，这也意味着我们之后要写一大堆检查和报告。我一阵羞愧，上次经历这样的窘境，要追溯到我还是个小女孩的时候：当时我读课文读错了页数，被老师抓了个正着——那位老师已经筋疲力尽，不想在我身上花工夫。我在属于自己的第 7 章里扮演主角，我抬起头来，脸上滚烫，心中满是悔恨。

莉迪亚找准机会站到我前面，向怒火中烧的药学博士保证："她只要歇一会儿就好。她一天都没休息了。来吧，孩子，我们走。"她领着我去院子里休息，值那一趟班时，我们已经休息了不知道多少次。

一走到院子里，我就找地方坐下，把头埋进双手。"如果我被开除了，我真不知道该做什么。"我一边说，一边抽泣着。

"开除？那就是你想到的结果？"莉迪亚笑出了声，"老天，放松些。在这个破地方，我从没看过一个人被炒鱿鱼。你可能没有注意到，在被开除之前，他们早就选择主动不干了。"

“我不能不干，”我苦恼地坦白道，“我需要钱。”

莉迪亚看着我，点燃一支烟，深吸了一口。“是啊，”她有些伤感，“你和我都不是能甩手不干的那种人。”她朝我晃了晃那包温斯顿醇柔烟，我谢绝了她的好意，这是那天的第6次了。

深夜，莉迪亚送我回公寓。我问她，我们一起在药房里沉默工作时，她坐那儿想什么呢。

她想了一会儿，回答我说：“想我的前夫。”

“让我猜猜，”我壮着胆子问道，“他坐牢了？”

“他倒是想啊，”她轻嗤道，“那个狗娘养的在艾奥瓦。”

我俩坐在那里，一起笑着一个比明尼苏达州还古老的笑话，我的脑子里回荡着第7章里的句子：可怜的小狗，我们笑了，我们的脸惨白如灰，我们的心沉入靴中。

当药房不那么频繁接收处方时，我就会无聊得坐不住。我会到血库去，看看那儿是否需要我带些血浆去急救室。这桩事情让我有机会耗去多余的能量，因为反复核对血型和血量需要时间，我可以在等待的间隙来回踱步。

在前台后方轮值3点至11点中班的老员工名叫克劳德，他比莉迪亚年轻，但在我眼中，他俨然是一个老大哥，因为他已经28岁了。我觉得克劳德很有意思，因为在他之前，我从没有见过坐过牢的人，而且，他是我认识的人里最不会伤害别人的好人。艰难的生活使他饱受摧残，身体羸弱，但他似乎没有心怀一丝恨意。我猜测，这是因为他的注意力只能集中很短的时间，而且不会深入思考。血库服务台的工作是全医院最简单的，克劳德向我夸耀此事时带着一种谜之骄傲。

克劳德解释给我听，他只要记住怎么做好三件事就行：融化血浆、检查血浆和倾倒血浆。他每次上班的第一件事，就是用小车把几个托盘从冷冻室推到室温为5摄氏度的房间里解冻。每个托盘里都装着砖块一样的冷冻血浆，一包包摞得很高。血液一离开捐献者的身体，稍经处理就会立刻冷冻储藏。推到解冻室就是让它慢慢融化，恢复到可用状态。克劳德推出来的血浆量，差不多是他轮三趟班所需的血液储备。接下来，克劳德就要去前台牢守7小时，给任何手拿申请表的人提供血浆。他需要再三检查血袋上标示的血型，确保与申请表上的相符，有时还要手术室的人再检查一遍。他解释说，这里有“至少4到6种”不同的血型，况且送错了血型“会出人命，这样会浪费血浆”。他的话令我困惑，因为在他的意识中，这两种后果竟然互有关联。

当克劳德把软软的黄色血浆包三个一捆地抛下去时，我总不禁想起老家主街旁的一排肉铺，特别是克瑙尔先生（Mr. Knauer）的铺子。他会按照我母亲记在小本子上的要求，剁下特定部位的肉，然后送我回家，还帮我们家准备晚餐。克劳德快下班时，会把没派上用场的已融化的血包处理掉。他把几升几升的血浆顺着有害物质斜槽倾倒下去。这些血浆会和每天的医用垃圾一起焚化处理。我觉得这真是浪费：好心的市民特地来医院献血，他却抱起一捧一捧的血包扔进垃圾桶，多可惜啊。

“别太难过，”克劳德觉察到我的敏感，“献血的大多是流浪汉，他们不过是为了口饼干罢了。”

血库的家伙们出了名地喜欢调戏药房的送药员，所以当克劳德开始追求我的时候，我一点儿都不觉得荣幸。“当我听到一溜救护车开进来的时候，我就开始指望在这儿见到你了。”他对我说这话的那天，我正好拿着血浆申请单去找他。他的话让我不得不提起自己艺术系的男友。这个男友是我凭空杜撰出来的，我通过想象赋予他血肉，就是为了应付这类场合。

“既然你都有男友了，为什么还在这里打工？”克劳德问道。我突然明白，他对男女关系的理解无疑比我深入。我借口说艺术家都是穷光蛋，就算他们衣着光鲜，就算他们脸上挂着的那副愁容让人特别容易联想到泰德·威廉姆斯（Ted Williams）在1941年全明星赛中的某张击球照。

“哦，所以他还要靠你来养活。”克劳德若有所思地自忖道，话里可能暗含讽刺，也可能没有。我一下子想不出什么话来为我杜撰的男友辩护，就随克劳德怎么想吧。

我开始轮晚11点至早7点的晚班，这样周二和周四上午就能待在药房，给输液袋注射药品，并把一车“行李”送去精神病科病房。这些输液袋里装着静脉点滴用的盐水，包含一种名为氟哌利多的镇静剂。氟哌利多可以在施用电休克疗法（electroconvulsive therapy）时充当麻醉剂。护工们把这种疗法称为ECT，大众则容易错误地把它和“休克疗法”混为一谈。每周两次，医院会在清晨为病人们做好准备，让他们躺上轮床，把他们推进大厅排队，等待接受ECT治疗。病人们一个接一个地被推进安静的房间，在那里，医生和护士会对他们的头部一侧施加电刺激，同时监测重要的信号。病人全程都因麻醉而处于无知觉状态，而他们用的麻醉剂，都是我送去的。

所以，周三和周五都是精神病科病房的好日子，许多之前死气沉沉的病人会坐起身来，穿上便装。一些人还会短暂地和我对视。与此相反，周日和周一是最坏的日子。病人们躺在床上打滚，抓伤自己，不停地呻吟。照顾他们的护士很能干，但面对这样的痛苦也束手无策。

第一次走进精神病科病房那扇挂了两道锁的门时，我吓坏了。不知为何，我觉得这里栖息着恶魔，那些恶灵随时都准备对我发起攻击。但一旦真正踏入病房，我才发现这里是地球上运转速度最慢的地方，我才发现这些病人很特殊，因为他们的人生冻结在创伤里，伤口似乎永远无法愈合。病房里的痛苦是那么深重，那么显而易见，连访客们呼吸到的空气，都仿佛来自沉闷、黏滞的夏日。我很快认识到，我需要应对的挑战不是保护自己不受病人侵扰，而是保护自己善良敏感的心灵，防止它在面对这些病人时变得越来越冷漠。我曾经不理解第 59 章里的一句话，现在懂了：他们转而向内，用自己的心喂养自己，可他们的心却无法胜任。

在医院实验室工作了几个月后，对于注射输液袋我已得心应手。我能够赶上莉迪亚的速度，有时甚至能超过她。我交上去的输液袋，终于不会让药学博士在复核时发现错误。可是没过多久，我对工作的自信也终于转变成无聊和厌烦。我继续挑战自己：做任何事都本着节约时间的原则，从摆放药品到走去电传打印机所用的步数。我辨认每个标签上的姓名，尝试记住每天重复使用同一种药品的重症患者。我开始注射那些溶解药品的步骤较复杂的小输液袋，它们是为早产儿准备的，标签上写着“男婴琼斯”“女婴史密斯”的字样，而不是像通常那样写着全名。

我偶尔会拿到一张“割单”（cut slip），它来自另一台不常工作的电传打印机。它的存在是为了通知药房，一位需要药品的病人已经离世，原来的处方再也用不上了。如果药学博士在我的肩膀上轻拍两下并送上一张割单，我就会站起身，走到水池边，划开或“割”开袋子，把我注射好的药水倒出来，然后拿一张新的处方，回到座位上。有一天我拿到了一张割单，这意味着我不必再为某位病人制作化疗用的输液袋，不必每天都习惯性地在处方纸上寻找他的名字。我停下来，望了望四周。我莫名觉得，自己应该向谁致个敬，可又有谁需要这份敬意呢？

慢慢地，我不再相信自己做的是世界上最重要的工作。我琢磨着，觉得这份工作毫无意义，只不过是药房生产链中的一环，每时每刻生产着药品，然后送上楼，永无尽头。从这个阴暗的角度看，医院就是囚禁病人的牢房，我们把药品灌进他们的身体，直到他们去世或好转，就这么简单。我治不好一个病人。我不过是遵照处方行事，眼睁睁地看着一切发生。

就在我对这份工作所抱有的梦想开始幻灭时，一位教授给了我一份长期工作，我得以在他的研究室半工半读。我一下子有钱了，足够供自己上完大学和拿到学位。因此，我辞掉医院的工作，不再以救人性命为生。我开始为研究型实验室工作，并以此来养活自己。我不再担心自己会被迫退学，不再担心会被迫回家嫁人。我不再担心会屈身于小镇中结婚生子，不再担心我的孩子会恨我——只因为我望子成龙，巴望他们实现我受挫的抱负。与此相反，我会向着长大成人的方向，踏上孤独的长征。我明白这个世界上没有应许之地，但我仍会抱有顽强的信念，心怀希望：征途的终点会比现在更加美好。

向医院的人力资源办公室提交辞职信的那天，我和莉迪亚坐在一起休息。莉迪亚一边抽烟一边告诫我，千万不能买雪佛兰，因为那车不适合女司机开。她一直是福特车的拥趸，从没有哪辆车给她掉过链子。在她不说话的空当，我告诉莉迪亚，我得到了一份报酬丰厚的工作，要从药房辞职了。是啊，我仅仅在医院工作了6个月，但我已经对这份工作了如指掌。这是个鬼地方，我觉察到了，就像我与莉迪亚相遇的第一天时她对我说的一样。

我怀着壮志雄心，设想将来有一天，我会拥有自己的实验室，比我即将去的那个还大，如果招募不到像我一样投入工作的人，那就宁缺毋滥。在快结束这番演说时，我自负地略微提高了嗓音，引用了第10章的句子：*我肯定会以一种更好的心态在自己的房子里工作……比在任何其他人的房子里工作的心态更好。*

我知道她听到了我所说的话，所以我很惊讶她居然看向了别处，仅仅深吸了一口烟，完全没有给出任何回应。过了一会儿，她弹掉烟灰，接着前面被打断的地方继续谈车。晚上11点，我们一起下班，我等了好一会儿，最终还是自己步行回住处。

那一天夜色晴朗，寒意逼人。走路时，我脚下的积雪发出吱吱的声响。我走过好几个街区，莉迪亚的车突然从独自跋涉的我身边掠过。我心中刺痛了一下，体会到了一种新的孤独。丢弃前尘或妄图新物，都包含着旧日的不快。我明白的。是新是旧，都在我心中有一席之地——第44章的句子撞进我心里。我目送莉迪亚坏了一盏尾灯的车在桥的那头消失，继续走自己的路回家。

5

没有什么比长出第一条根更有挑战性的。幸运的根最终会找到水，但它要做的第一件事是扎根固定——固定住一个胚胎：无论为什么所迫，都要彻底结束东游西荡的状态。一旦第一条根开始伸展，这株植物就没有任何希望（不管是多么微薄的希望）再换个地方了，无论那个新地方是否更温暖、更湿润、更安全。它要实打实地面对霜冻、干旱和贪婪的大口，没有任何逃走的机会。小小的根须只有一次机会赌上未来，赌上将来数年、数十年甚至数百年的时间，赌上时光能为它落脚的这块土壤带来的东西。它评估当时的光照和温度，依照自己的程序，一板一眼地扎下根。

在第一批细胞（下胚轴）钻出种皮的那一刻，每一步都面临风险。根早于叶生长，因此，在几天甚至几周内，绿色组织都不可能合成新的养分。根的生长将耗尽种子储藏的最后一份余粮。以一切为赌注，赌输了就是死路一条，赢面只有百万分之一。

但一旦赌赢，它就能大赚一笔。如果根找到了自己需要的东西，它就会长粗，进而成为主根——扎根膨胀，劈开岩石；数年如一日地搬运大量水分，比人类发明的任何机械泵都高效。主根再生出侧根，与周边植物的根须相互缠绕。侧根就像神经元细胞通过突触传递信号那样，互相传递危险信号。根系的表面积至少是所有叶片总面积的100倍。把地上的一切——所有一切——撕碎，只要根系无损，大多数植物还是能倔强地长回原样。一次、两次甚至更多次都是如此。

扎根最深的当属英勇的金合欢树。人们开挖苏伊士运河时发现，一棵生机勃勃的小金合欢树竟然把自己缠结的根系扎得很深。如果你读的是托马斯（2000）编写的教科书，那么书中描述的深度是12米，斯基恩（2006）说有12.3米，雷文等（2005）说有30米。我猜，这些生物学课本的作者之所以会把这则开挖苏伊士运河的逸闻写进书里，是为了告诉我植物水力学的知识，但故事本身却给我留下了湿漉漉、灰蒙蒙的错误记忆。

在我的印象中，那是1860年，我看到一群衣衫褴褛的人往地下挖了30米，然后突然发现了一条还活着的根系。我看到他们直起腰，在臭烘烘的空气中目瞪口呆，慢慢让自己相信，这条根连着一棵生长在他们头顶的树。其实无论对人还是对树，那一天的经历都神奇得令人不可置信。金合欢树毫无疑问也很惊讶，因为自己深埋在岩石中的根居然就这样暴露了。它分泌了一波洪水般的激素作为回应，这些激素一开始只集中在一处，最终扩散至全树上下的每个细胞。

当这些人移开土壤和岩石，期望在地中海和红海间修筑一条前无古人的通路时，他们发现一棵勇敢的树已经修筑起了属于它自己的前所未有的通路。他们发现一棵金合欢树已经移开土壤和岩石，经历数年的枯燥失败，最终成功地完成了这一项不可能的奇迹。

在我的脑海里，那是1860年，我看到人们互相庆祝，长久地围在根系旁边，和它合影留念。可是我接下来却看到，他们把根系一劈两半。

6

科学家会尽己所能地照管好自己的人和物。当我的本科教授发现我的确真心喜欢他们实验室的工作时，他们都建议我继续深造，攻读博士。我申请了所有自己听过的著名大学，而且十分欣喜地得知，一旦被录取，我不仅可以免交学费，还能拿到一份津贴，用来支付我求学阶段的食宿。科学和工程类的博士训练计划一般都这么展开：只要你的论文能够对联邦基金项目有所助益，就可以获得资助，让你在足以养家糊口的基础上完成学术工作。就在明尼苏达大学授予我优等学士学位[1]的第二天，我把自己所有的冬衣都倒进了救世军[2]位于湖滨大道的捐衣堆里，然后踏上明尼阿波利斯-圣保罗国际机场南面的海华沙大道，飞往旧金山。去了伯克利之后，我并不是简单地遇到了比尔，更像是我发现了他。

1　美国学位授予制度中的奖励之一。这一类荣誉统称为拉丁荣誉，以拉丁文（如原文中 cum laude）标示品级。

2　救世军是一个以类似于军队的形式组织起来的、以基督教为信仰的国际宗教慈善组织。

1994 年夏天，我以研究生助教的身份带领学生去加利福尼亚中部峡谷（Central Valley of California），指导他们进行一次漫长的野外实习。一般人恐怕无法想象自己盯着泥地超过 20 秒再捡起刚才掉落的东西的情景。但这门课程并不是为一般人设计的。整整 6 周时间，我们每天都要挖 5 到 7 个地洞，还必须在洞口躬身工作好几小时；晚上露宿野外，再到另一个地方把这些事情再重复一遍。如果要描述每个洞内的每一项特征，那都需要诉诸一个复杂的分类系统，学生们需要按照自然资源保护服务司[1]制定的官方评估准则，逐步熟悉如何记录每一根植物根须制造的每一条细小裂缝。

观察目标壕沟时，学生需要借助一本 600 页厚的《土壤系统分类检索》（*Keys to Soil Taxonomy*，简称为《分类检索》）。这是一部类似于袖珍版黄页电话簿的书，但内容更枯燥乏味。在（可能是）威奇托（Wichita）的某个地方，一群为政府供职的农业专家组成的委员会，受命不间断地誊抄《分类检索》，并再次对其进行诠释。这项工作耗时多年，他们对待《分类检索》的态度就像对待阿拉姆语[2]。1997 年版的《分类检索》中包含了一段感人肺腑的段落，其中描述了国际低活性黏粒土壤委员会（International Committee on Low Activity Clays）的突破性进展，而这也是更新《分类检索》版本的理由。添加这个段落只是为了应急，因为国际潮湿水分状况委员会（International Committee on Aquic Moisture Regimes）有鉴于他们尚在开展的

1 隶属于美国农业部，主要为农民和私人农场主提供技术支持。

2 闪米特语族的一种。

工作，确定会于1999年前对《分类检索》另做一次重大修订。但是，1994年出野外时，我们依据的还是1983年版的《分类检索》。我们当时还是无知如稚子，丝毫没有预料到，国际灌溉排水委员会（International Committee on Irrigation and Drainage）不久后将丢下一则爆炸性消息。

我们一般会聚集十几个学生，一边让他们同我们一起挖壕沟，一边教学。这样设计课程，是为了引导他们进入州政府的农业专家、公务员、公园护林人和其他土地管理工作者的秘密世界。这类土壤记录练习的最终目标是"人尽其才"，在"细分专业"的大背景下，让学生自己发现最适合从事"住宅建筑""商业建筑"还是"基础设施"的相关工作。到了第四周，当你把头伸进地洞时，就连看见化粪池都会变成一件有趣的事。因此，你得在头脑中为一眼望不到头的停车场装点上漂亮的景致，毕竟空旷无聊的停车场才是美国的常见景象。

实习一周后我才注意到，我们的一个本科生——他长得像年轻时的约翰尼·卡什（Johnny Cash）[1]，就算在40摄氏度的酷暑下也成天穿着牛仔裤和皮夹克——总是待在距离人群数米开外的地方，独自一人挖洞。这门课的教授是我的论文导师，作为他的助教，我做的大多是些幕后工作。我在洞与洞之间东游西荡，检查学生的工作进度，同时回答他们的问题。我对照花名册，用排除法确定了这个不合群者的名字：比尔。我走过去，打断了他孤单的工作："你好啊，有什么问题吗？或者需要什么

---

1 1932—2003，美国著名创作型歌手。

东西吗？”

比尔连头都没抬，直接拒绝了我：“不用。我挺好的。”我在那儿站了一会儿，然后走开了，继续检查另一组的工作，评估他们的进度，回答他们的提问。

30分钟后，我发现比尔开始挖第二个洞。他已经小心翼翼地回填好自己挖的第一个洞，表面也盖得非常平整。我捡起他的记事夹板，发现他已经一丝不苟地完成了土壤评估，而且还在页面的右边分出一栏，写上了第二种解法。从他报告的最上方可知，他适合“基础设施”，旁边还仔细地手写着“少年拘留所”的字样。

我站到他挖的洞旁。“在找金子吗？”我开了个玩笑，希望和他搭上话。

“不是。我就是喜欢挖洞，”他没有停下动作，“我在一个地洞里住过。”

他把挖洞和自己的亲身经历联系起来时，整个人都非常严肃，我意识到他不是在开玩笑。“我也不喜欢别人盯着我的后脑勺儿看。”他补充道。

我没理他，站着看他挖了一会儿。我开始注意到，他每一锹挖出的土方都很惊人，可见他瘦瘦的身躯里蕴藏着多么巨大的力量。我还注意到，他挖土用的工具很像一柄一端被压扁的老式鱼叉，或者又像是把一柄剑打制成了一架真正的犁。“你从哪儿弄来的铁锹？”我问他，琢磨着这可能出自我从系里设备柜中拖出来的那堆垃圾，而设备柜正好立在地下室的旧煤车旁。

“这是我自己的，”他说，“没用它挖满三里路前，别随便下结论。”

“你是说你把自己家里的铁锹拿来了？”我友善地表示惊讶，笑得很开心。

“是啊，见鬼，”他承认，“我可不能6个星期都放着它不管。”

“我喜欢你的想法，”我回答道，同时发现他确实不需要帮助，“你进行不下去或者有什么问题就叫我吧。”但当比尔终于抬起头时，正准备离开的我停住了脚步。

他叹了口气：“我确实有个问题。为什么那边的蠢货还没弄完？我们已经看过100个洞了吧，学着发现一条蚯蚓要他妈多长时间？”

我摇摇头表示认同，耸了耸肩：“我猜他们是眼睛未曾看见，耳未曾听见。”[1]

比尔盯着我看了十秒钟：“那是什么鬼？”

我又耸了耸肩：“我怎么知道？那是《圣经》里说的。你不需要知道它的意思。没人需要知道。”

他用狐疑的眼神看了我一会儿，发现我没什么话可讲后，他放松了下来，重新挖洞。那天晚上，分发完社区准备的晚餐后，我走到野餐桌旁和他相对而坐。比尔正费劲地吃着他那份带血的鸡腿。“哇，”我看着自己的盘子说，“我觉得我吃不了这个。”

“我明白。太恶心了。”他也承认这一点，“但这是白给的，所以我每天晚上要囫囵吞下两个。”

“就如狗转过来吃它所吐的。”[2] 我一边说，一边在胸前当空

1 引自《圣经·哥林多前书》2:9，本书中译从和合版。

2 见《圣经·箴言》26:11。

画了个十字。

“阿门。”他一边嚼着满嘴食物，一边应了一声，举起他的罐装七喜与我干杯。

自那以后，我们经常去找对方，一同观察大家的行为，这也成了我俩觉得十分惬意的相处模式。我们喜欢让自己身处人群边缘，虽然仍是群体的一部分，但不参与他们的主要活动。我们经常坐在一块儿，但很少说话，这对我们来说自然且轻松。

每天傍晚，我会看几小时书。比尔则坐在一旁，用他那把老旧的巴克刀[1]划过铲子周边的钝缘，这样就能把一团团泥土从刀锋上抹下来。他详加解释道，当你对付黏土比例非常高的泥土时，用刀挖比用铁锹挖容易得多。

“那是本什么书？”一天晚上他问我。

我正在读让·热内（Jean Genet）[2]新出的自传，我从1989年在明尼阿波利斯看《屏风》（*The Screens*）的公演时就迷上了他。在我看来，热内是天生的作家，而且是这一类作家的完美代表。他为了写作而写作，不屑于交际；他不指望获得赞誉，赞誉到来时他也没把它放在心上。他没受过什么教育，所以他发出的是自己最原始的声音，而不是潜意识中对自己读过的千百本书的模仿。我一心想从他的早年生活中找出决定他成功的因素，而且这一因素还能让他对成功无动于衷。

“让·热内的书。”我谨慎地回答，尽量避免让自己看上去太像个书呆子。比尔没有发表任何评论，甚至表现出了若有若

---

1 Buck knife，美国折叠刀具品牌。

2 法国作家，诗人，社会活动家。后文所述的《屏风》是他创作的戏剧。

无的兴趣。我壮着胆子进一步解释道："他是他那一代人中很伟大的作家。他的想象力天马行空，错综复杂。可就算出名了，他也没太把名气当回事。"

我补充了一些最困扰我的细节。"少年时代，他因为连续犯下几桩目的不明的罪行而被投入狱中，所以他对道德持有不同的看法。"我一边说，一边为跟人谈一本书时感受到的美好而惊讶。在户外的新鲜空气中思考一位已故作者的创作动机，这让我想起自己的家人，尽管无论从何种意义上而言，我都已经离家万里。我看着比尔刮擦刀上的泥土，想起了自己和母亲在花园里度过的夏日时光。

"热内曾经以出卖自己的肉体为生，还抢过嫖客的钱，然后他就利用坐牢的时间写书。"我继续介绍道，"奇怪的是，即使后来有了钱，他也还是会到商店里随便偷一些他不需要的东西。毕加索亲自保释过他一次……热内这样做没有任何意义啊。"我下了个结论。

"这对他可能很有意义，"比尔反驳道，"每个人都会做各种各样的蠢事，而且毫无缘由。他们只知道他们非做不可。"我把他的话放在心里咀嚼了好一会儿。

"嘿，你们俩！来杯冰啤酒吗？"我们的谈话被一个醉醺醺的学生打断。他的提议很友善，不过他身上挂的吉他看上去很危险。他手里挥舞的那种啤酒一箱卖6美元，而我们那儿离任何卖酒的地方都很远。

"我不要。你喝的那玩意儿尝起来和尿差不多。"比尔回复道。

我觉得有必要把比尔的意思表达得委婉些，于是加了一句："那个，我真的不爱喝啤酒，那东西看上去也确实很糟。"

"那鬼东西连让·热内都不会偷。"比尔在他背后大声嚷嚷。我笑了，这个笑话只有我们俩才懂。

一小群学生弯下腰，头挨着头，互相说起了悄悄话，然后开始朝着我们的方向偷笑。我和比尔互相看了看，然后翻了翻白眼。这可能是身边的人第一次弄错我们的关系，不过肯定不是最后一次。

接下去的一周，我们参观了一家还在经营的柑橘果园，震惊地发现，居然有那么多种方法可以把果子从树上摇下来。我们还参观了打包设备，看见女工们成排地站在传送带前，从深绿色的果实之河中挑出太大或畸形的球形个体，而这些果实正以每秒十个的速度滚下流水线。我敢肯定，当向导严肃地说明这些女工正在挑选柠檬时，我们露出了困惑的神情；说这些球体是台球反而更容易让人相信，因为它们从传送带上弹跳下来发出的撞击声可太响了。

我们的向导大声地为我们解说，滔滔不绝地夸赞这些工厂是多么好的工作场所，工厂里就有配套的住处。而我一想到这样的住宿安排，只觉得这个小镇太过奇怪。他带我们进入5摄氏度的"催熟房"，这个房间就像一节没有窗户的火车皮，里面从下到上被硬邦邦的绿色果实塞得满满当当。他告诉我们，今晚这道门将密封起来，整个房间会充满乙烯，从而促使柠檬从果柄上脱落，并在十小时内完成催熟。果然，紧邻我们的房间里也装着几千个同样的果实，每一个的表皮都呈现出完美的黄色，看上去就像塑料制品。

结束参观后，我们在停车场乱转。“真无聊，我再也不说学校不好了。”比尔一边聊着柠檬挑选工序，一边上下蹦跶，想让身体离开寒冷的催熟房后赶紧热乎起来。

“流水线作业会把你压抑到疯。在我长大的那个小镇，流水线长达几千米，”我一边说，一边搓了搓手，一想到我哥哥三年级野外实习时转述的在屠宰场里见证的血腥场景，我就不禁发抖，“实际上，它们更像是流血线。”[1]

“你在工厂工作过吗？”比尔问我。

“我很幸运，上了大学，不用干这个。我 17 岁就从父母家搬出来住了。”我小心地说道，克制住自己想信赖他的冲动。

“我 12 岁就从父母家搬出来了，”比尔说道，“不过没走远，只是搬到院子里而已。”

我点点头，仿佛他在说着世界上最天经地义的事：“你就是那时住进地洞的吗？”

“说它是地堡更合适。我在里面铺好地毯，通上电线，布置好所有东西。”他一停不停地回忆着，很自豪，但也略带一丝害羞。

“听上去不错，”我说道，“不过我想我可能没办法像那样睡在地堡里。”

比尔耸了耸肩。“我是亚美尼亚人，”他说，“我们觉得待在地下最舒服。”

1　此处暗指屠宰场中杀猪流水线上血水横流的场景。

那时候我没有意识到，他其实是在黑色幽默。他父亲在孩提时期曾被藏在一口井里躲避大屠杀，最终父亲的家人都死了，只有父亲一个人活下来。后来我才慢慢知道，比尔平时总被那些死于大屠杀的祖先的鬼魂纠缠，他们逼迫他建屋、规划、躲藏——还有最重要的——存活下来。

“亚美尼亚在哪里？我都不知道呢。”我问道。

“大部分都找不见了，”他回答道，“这恐怕就是问题所在。”

我点点头，觉察到他话语中的沉重，却没有真正领会到他的意思。

实习快结束时，有一天我等导师准备好第二天工作所需的设备，走到他跟前说：“听着，我们需要雇那个叫比尔的小伙子来实验室干活。”

“你是说那个总是一个人待着的怪家伙？”他问道。

“是的。他是班上最聪明的学生。我们实验室需要他。”

我导师转过头去，摆弄起他的工具，问道：“嗯哼。你是怎么知道的？”

“我不知道，”我说道，“但我能觉察出来。”

和往常一样，我导师的口气软了下来：“行吧，那就录用吧，但是必须由你来对付那些表格文书。我手头的事已经够多了，所以他的事由你负责。你得让他忙起来，明白吗？”

我感激地点了点头。面对未来，我有了一种新鲜的欣喜感，但并不知道是出于什么原因。

三天后，实习结束，我们最终回到城里。我最后的工作是把学生和他们的装备一并送回家。比尔是最后一个，轮到他时已是深夜。我把车停在他所说的那个地铁站[1]。

我向他提出了工作的邀请。“嘿，我不知道你是不是感兴趣，但我能在自己所在的实验室给你找份工作。这样你就能有收入了，还能拥有其他东西。”

我说完没有立刻得到回应。他看着脚下，过了一会儿才严肃地答应道：“好。”

“那好。”我应了他一声。

比尔还是坐着，盯着自己的脚，我等着他下车时说再见。过了一会儿，他抬起头，向窗外望了几分钟，我好奇他为什么不走。

最后，比尔转过身来问我：“我们不去实验室吗？”

“现在？你现在就想去？”我笑看着我的新伙伴。

“我没别处可去了，”他鼓起勇气说道，并且加了一句，“我自己有铁锹。”

就像偶尔会发生的那样，我的脑海中浮现出自己在书里读到过的一个场景；我又想起了狄更斯，但这一次是他的《远大前程》。我想起爱丝黛拉和匹普在故事中的结局，想起他们站在尘封的花园里，筋疲力尽却满怀希望，准备在废墟中再建新楼。我想起，即使他们俩都不知道接下来该做什么，但他们清楚，彼此永远不会分离。

---

1 海湾地区快捷交通系统（Bay Area Rapid Transit）的站台，旧金山海湾区的城市轨道交通系统站台，类似轻轨站台。

7

第一片真叶[1]就是一个新点子。种子一旦扎根，它的当务之急就发生了改变，因为必须先用尽所有力气伸展肢体。它的储备即将告罄，因此会不顾一切地捕捉阳光，为了活命而补充养料。它是森林中最细小的植物，因而要比头顶的一切植物更拼命地生长；尽管它们上方遮蔽着恼人的绿荫，也需要一直隐忍。

胚里折叠着子叶：这是两片现成的叶子，一旦膨胀开来就能临时顶一阵子。它们细小柔弱，就像车上的备胎，设计出来就不是为了走远路的，只能把你送到最近的加油站。一旦充满汁液，这些几乎不见绿的子叶就会开始进行光合作用，如同一辆老旧的汽车在寒冬的清晨上路。它们制作粗糙，一步一拖地把植物拉上路，直到它能制造出第一片真叶，一片真正的叶子。一旦植物准备好真叶，临时的子叶就会枯萎、脱落；自此之后，从植物顶部长出的所有叶片都完全不同于子叶。

1　种子萌发后，由胚芽分化出的叶子。与之相对，子叶则是植物萌发前就预备成形的叶子。

第一片真叶只是依靠一份模糊的基因蓝本制造出来的，而要对蓝本进行即兴修改则有几乎无限的空间。闭上眼睛，想象带刺的枸骨冬青叶，星芒形的枫叶，还有鸡心形的常春藤叶，三角形的蕨叶，指状的棕榈叶。请想象一下，仅在一棵橡树上就能轻松凑齐十万片掌裂状的叶片，而且没有哪两片叶片的形状完全一样；实际上，一些叶片很容易长到其他叶片的两倍那么大。地球上的每片橡树叶都由一份粗糙而不完全的蓝本经过独有的润色而形成。

这世上的叶片，都是由一台简单机器制造出来的万亿个精美变体。设计这台机器之初，只为了完成一项任务，而这项任务又与人类的命运息息相关。叶片能制造糖。植物是宇宙中唯一一种能利用没有生命的无机物制造糖分的东西。你吃过的所有糖，其最初来源都是一片叶片。如果不给大脑不停地供应葡萄糖，你就会死亡。一切都结束了，你的肝脏在紧急情况下会用蛋白质或脂肪来生产葡萄糖。但这些蛋白质或脂肪都吸收自其他动物，它们最初仍用植物制造的糖类合成这些物质。这是无法回避的事实：就在此刻，就在你的大脑突触中，你对叶片的思考正燃烧着叶片制造的“燃料”。

每一片叶片都是由维管束[1]扎成的带有颜色的大盘子。植物体内的管道把土壤中的水分输送进叶片，叶片会利用光分解水分子。植物会利用气体分子制造糖类，而分解水分子产生的能量，恰好可以黏合这些糖类。另一套管道系统则会把含有糖类

1 陆生植物身体中用于水分和养料双向运输的管道群。在现生植物中，除了藻类和苔藓之外的所有植物，都含有完备的维管束结构，称维管植物。

的汁液运出叶片，下送至根系。糖类在根系中接受挑选和打包，既可以马上派上用场，也可能作为长期储备。

沿着叶中脉排布的一串细胞不断扩大体积，叶片也会随之长大。叶缘的各个细胞会独立决定停止分裂的时间。细小的叶脉从叶片顶端开始伸展，至此，树干中的管道系统已经长成。这正是从顶部到底部的完整成熟过程。叶片中最难的架构搭建完成后，植物就像为马车配上了马匹，开始把糖类输下筛管，送到有需求的部位。那些部位可以用糖类制造更多的根、汲取更多的水分、生长出更多的叶片，再制造出更多的糖类。植物生命已经这样运作了4亿年。

每当一株植物想制造一片新式叶片时，整个世界就会改变一次。圆柱仙人掌的刺像鱼钩，又尖又硬，足以刺穿陆龟结实的皮肤。这些尖刺还能减少仙人掌表面的气流，降低蒸发量。它们不会在茎干上投下过多的阴影，同时可以促进露水凝结。这些刺其实就是仙人掌的叶子，而绿色圆柱部分则是膨大的茎干。

很可能这1 000万年以来的某一天，一株植物冒出了一个新点子。它不再让叶片平展，而是让它长成一根尖刺，就和如今的圆柱仙人掌一般。正是这个新点子，使得一种新型植物可以在干旱地带伟如巨木，寿比南山。而在这片干旱的土地上，它也是方圆百里内唯一可以供其他生命体食用的绿色植物。这是一场充满悖论而不可思议的成功。一个新点子让植物看到了一个新世界，在一片崭新的天空下制造甘甜。

8

使自己成长为一名科学家需要耗费很长时间。风险最大的步骤是，你得明白什么样的人才是真正的科学家，然后向着通向这个方向的独木桥摇摇晃晃地踏出第一步。这座独木桥以后会变成一条大道，会变成一条高速路，也许有一天还会指引你找到归宿。一名真正的科学家不做别人安排好的实验，她会设计自己的实验，从中获得全新的知识。这是从“照别人说的做”到“告诉自己怎么做”的蜕变，这种蜕变通常发生在你攻读学位、撰写论文的过程中。从各方面看，它都是一个学生所要处理的最困难、最可怕的事。做不了或不想做的人都会被淘汰出局，退出博士项目。

就在成为科学家的那一天，我站在实验室看太阳升起。我确信自己发现了不同寻常的东西。我等着全新的一天嘀嗒指向一个合适的钟点，好让我打电话告诉某个人我的发现，尽管我不太清楚应该打给谁。

我读博期间研究的是一种学名为 *Celtis occidentalis* 的树，

也就是人们熟知的美洲朴。它遍布北美洲，其貌不扬，和香草冰激凌一样随处可见。美洲朴是北美本地物种，如今广泛种植在城市中。欧洲人征服新世界时造成了不计其数的损失，美洲朴的种植则是弥补这些损失的一种应对措施。

数百年来，甲虫和人一样，从欧洲移民到美国，走下船舶和码头，登陆新英格兰的港口。1928 年，一种长着六条腿的强壮甲虫，把自己藏身在无数榆树的树皮下，离开荷兰，去开拓新的疆域。这一期间，它们把一种致命的真菌带进每一棵树的输导组织。这些树不得不逐一关闭自己维管系统中的管道，以减少感染。然而尚未使用的养分还贮存在树的根系中，所以它们这样做会把自己活活饿死。直到今天，荷兰榆树病仍然在美国和加拿大的土地上肆虐，每年致死榆树数万棵，总致死量已达数百万之巨。

而美洲朴鲜有敌手。人们发现，它既能抵挡早期的霜冻，又能忍受晚期的干旱，一年下来甚至连叶子都少不了几片。榆树能长到 20 米高，而接替它们的美洲朴只有 10 米高，永远都没有办法长得像前者那么雄伟。后者只向周围索取适量的东西，向我们收取适度的敬意，谦卑得如同它们的身形。

我对美洲朴感兴趣，是因为它们的果实很奇妙。这些果子貌似蔓越橘，但是如果你捡起一颗并且试图捏扁它，就会发现它硬得像块石头。这主要是因为，它就是一块石头：红色的果皮下有一层比牡蛎壳更硬的外壳。这层木质化的结构是种子坚固的壁垒，帮助它们从动物肚里穿肠而过仍毫无损伤，经历雨淋曝晒也不会腐坏，并且在种子萌发前的数年内与无情的真菌对抗。我们能在许多考古遗址的沉积物中找到大量的朴树果核[1]化石，毕竟每棵朴树一生能结出数百万颗种子。我希望发明出一种方法，让我从这些果核化石中知道间冰期美国中西部的夏日均温。

至少在最近的40万年间，冰川都在周期性地从北极向外扩张，然后再回退，进进退退有如钟摆般规律。在北美大平原无冰川覆盖的短暂时段里，植物和动物会迁移、迁徙、杂交、尝试新的食物和栖息地。但在这个短暂时段中，夏天有多热呢？是和今天的盛夏一样闷热吗？还是天气微温，恰好维持不飘雪？如果你曾经在美国中西部生活过，就会明白区分这两种气温条件很重要。对于那些生活在海岸边，以动物皮毛遮风避雨、逐水草而居的人而言，这两者的区别就更大了。

每一颗种子外面包裹的内果皮，都由树的精华凝结而成，我和我的论文导师能够想出特定温度下关于内果皮形成的各种化学反应。我们有关“特定温度下果实‘化石化’”的整个理论是全新的，但它也有些难以捉摸，因为我们还未为一些简单的问题找到答案。我设计了一系列实验，试图把一个大问题分解成一串独立的小任务。第一个小任务就是研究清楚朴树种子到底是如何形成的，以及它的具体组成是什么。

为此，我在明尼苏达州和南达科他州的几棵美洲朴之间来回巡视，对比寒冷和（较）温暖环境下的果实情况。我计划在一年内定期收集朴树的果实。回到加利福尼亚的实验室后，我

1　朴树的果实为核果，内果皮木质化，质地坚硬，包裹在种子外部。果核由这层内果皮与种子组成。

要把几百颗这样的果实切成如纸片那样的薄片，然后用显微镜照相，再对其加以描述。

当我把朴树的果核放在显微镜下放大350倍观察时，我发现它光滑的外表下实则是蜂窝状的结构，其中充填着又硬又脆的物质。我把几个朴树果核浸入一种酸中，观察接下去会发生些什么。如果以桃核为参照，我敢肯定，这些浸泡朴树果核的酸液至少能溶解35立方分米的桃核。填充在蜂窝结构里的物质溶解了，只剩下白色的网眼状格架。而当我把这些细小的白色结构放进真空室并加热到1 500摄氏度时，它会释放出二氧化碳。这说明，白色格架中一定含有有机物——真是又一层谜一样的物质。

一棵树会长出一颗种子，先在外部纺出一层线网，再在这层网的外面套上一层骨架，最后还要往网眼里塞入桃核一样的成分。完成这些工序后，树就为种子提供了保护，给予它更好的萌发成材的机会，恐怕还能保证它顺利拥有90代树子树孙。如果我们想从这些种子化石中得到一些长期的气候资料，那么很显然，这个白色网眼格架就是保存信息的保险柜。一旦知道种子这个最基本部分的组成，我就能步入正轨。

正如每种岩石的形成过程各不相同，每种岩石的崩裂分解过程也迥然各异。从岩石中辨别出不同成岩矿物的方法之一，是把一块样本充分捣碎再暴露在X射线下。只要拿近了看，就会发现盐罐里的每一粒盐都呈现为完美的立方体。如果接着把其中的一粒碾成极细的粉末，那其实也是把它分成了千百个更小的完美立方体。盐永远保持立方体，因为组成纯净食盐的原子互相绑定成化学键，搭成正方形的晶格，由此形成了数不尽的立方体。这个结构的任何裂痕，都会沿着化学键的薄弱点断开，从而碎出更多的小立方体。其中，每一个原子的排布都是体内最小结构单元的重复。

不同的矿物具有不同的化学式。一个化学式可以反映矿物所含的原子数目和种类，还可以告诉我们这些原子是如何结合的。即使矿物被碾成细粉，不同的矿物也会从形状上反映出各自的区别。如果有人能观察到一小撮矿物粉末的细小形态——哪怕是一块成分复杂的丑陋岩石的异质性粉末——就能据此推理出它的化学式。

但是，如何才能看清这些细小晶体的形状呢？海浪撞上灯塔时，会生成一道反向传播的涟漪。这道反射波纹的大小和形状，同时负载着海浪和灯塔的信息。如果我们坐在远方一条抛锚的小船上，假设我们对撞击海浪的规模、能量、发生时间、行进方向都了如指掌，那么我们就能从反射波掠过船的形式，推断出灯塔的底座是圆是方。这和我们推断细小矿物粉末形状的工作很相似：只要用 X 射线这样的短波电磁波产生反射波纹，即发生“衍射”就可以。胶片能记录下波纹的峰值，而这些纹样的间隔和频率，就能让我们重建使它们折返的障碍物的形状。

X 射线衍射实验室在学校的另一头，从我的实验室过去需要穿过整个校园。1994 年秋天，我获得许可，得以在这个实验室里使用一段时间 X 射线源。我非常期待去那里做分析，这种心情就和看棒球比赛前的快乐期待一模一样：什么都可能发生，但可能要等上好一阵子才能见证真相的揭示。

我考虑再三，最终决定预约晚上的时间段使用机器，但也许不是最好的选择。有个奇怪的博士后在那个实验室工作，他为人阴沉，让我很不舒服。我见过他因为被看了一眼或有人问他一个小问题而大发雷霆，还特别喜欢吓唬那些进入他“势力范围”的落单女性。于是我陷入了两难境地：如果白天去实验室，肯定会撞见他，但也许周围会有其他人给我当“肉盾”；如果晚上去，很有可能可以独享实验室，但如果不巧他来了，那我显然是个活靶子。最终，我申请轮午夜的班次，并且随身携带一把 19.05 毫米的棘轮扳手。其实我不知道，如遇万一，我该怎么拿扳手防身，但只要感受到它在我衣服后面口袋里的分量，我就会安心很多。

到达 X 射线衍射实验室后，我先把一块玻璃载玻片放到桌面上，再往上面盖一层环氧树脂固定剂[1]，然后把研磨好的朴树果核粉末撒上去。我把薄片放入衍射仪，小心地调整所有东西的朝向，随后打开 X 射线源。我接上记录纸带，默默祈祷看不见的墨盒里墨水够用，希望它可以坚持用到记录完整个程序。接下来，我就只能坐着慢慢等了。

当一个实验做不成的时候，往往搅得再天翻地覆也还是不行。同样，有些实验却是你想搞砸都砸不了的。无论我重复测量几次，X 射线仪读出的衍射角度都会在同一个地方出现一个清晰且明确的峰值。

我和我的导师本以为会看到一个陡然拔高的明确峰值，这

1 一种热固性环氧化物聚合物，常在生化和地质实验中用于黏合材料，装载供显微镜观察的透明薄片。

与我们现在看到的绵长、低平的墨线截然不同。它清楚地表明：这里的矿物是蛋白石[1]。我呆立着，紧盯着读数，心里知道自己不会、别人也不会误解这个结果。它是蛋白石，而且我以前听说过它。我可以牢牢锁定并证明它是实际存在的。我看着图表，心想：一小时前还完全不知道的东西，现在已经确切知道了。我回想这个过程，慢慢领会到我的生活刚才发生了怎样的改变。

这些粉末的成分是蛋白石！我是这个无限膨胀的宇宙中唯一知道这件事的人！这个辽阔、宽广的世界有着多到难以想象的人，而我——尽管渺小，尽管不完美——却是特别的。我不仅是一束奇异的基因，还是存在主义意义上的独特个体，因为我发现了创世以来的微小细节，因为我看到和领悟到的东西不曾有人发现。蛋白石就是加固每一粒朴树种子的矿物成分！在我打电话告诉别人之前，这份实在的知识是为我一人持有的私有物。这个知识是不是有价值是另一个问题，可以留待以后讨论。我站在那儿，消化这份天启，我的人生掀开了新的一页。我的第一个科学发现熠熠生辉——毕竟，就连最便宜的塑料玩具，新出厂时也会闪闪发亮。

我只是一个访客，所以不会触碰实验室里的其他东西。我只是站立着，望向窗外，等候太阳升起，直到几滴泪水滑过我的脸庞。我不知道自己哭是不是因为仍未为人妻、未为人母，又或者因为自己缺乏作为女儿的感觉——抑或是因为记录纸带上

1 蛋白石是成分为二氧化硅水合物的物质，内部为非晶质结构，也就是说内部质点排列不像食盐所代表的石盐晶体那样规则，但仍遵从一定的规律，所以在地质上不算标准的矿物，而被视为一种“准矿物”（mineraloid）。达到宝石级的称欧泊。此处遵原文所述，以“矿物”称之。

那条完美曲线所展现的美，而且我永远可以指着它说：这是我的蛋白石。

我以往的工作都是为了这一天，等的也是这一天。解开这个秘密后，我也能证明一些东西，至少最终让自己明白：真正的研究是什么样的。但是，这个时刻既令人心满意足，也同时最让我感到孤独。在某一个更进阶的层面，意识到自己能开展好的科学研究的同时，我也明白，最终，我永远没有机会变得和自己认识的任何一个女性一样，我将无例可循。

在那之后的几年中，我将在自己的实验室为自己构筑起全新的“正常”形象。我将拥有一个兄弟，他比我的任何亲生兄弟都更亲：无论早晚，一天中的任何时间我都可以给他打电话，和他聊的话题也可以比我和任何同性朋友聊的都羞于启齿。我们会乐此不疲地向对方展露自己的异想天开，不停地提醒对方“你真是个活宝”。我会培养新一代学生，其中一些只求引人注目，但也有少数几个能开发出我在他们身上看到的潜能。但在那个夜晚，我只是用手掌抹去脸上的泪滴。竟然为别人看来无关紧要或者极其无聊的事情流泪，这令我难堪。我凝视窗外，看着清晨第一缕阳光洒向校园。我不知道，世界上还有谁见过如此美丽的日出。

那天中午之前，我就知道会有人告诉我：你的发现并不特别。事实上，确实有一位比我年长和睿智的科学家告诉我，他以前就预测到过我现在发现的东西。当他向我解释，我观察到的东西并非真正的天启，只是印证了一种明显的假设时，我礼貌地聆听。他说什么都没关系。没什么能改变发现一个秘密后又可以短暂持有它的那种铺天盖地的甜蜜——就在刚才，宇宙把这个秘密给了我！我有一种直觉，既然它给了我一个小秘密，那么总有一天它还会给我一个大秘密。

当朝阳把旧金山海湾的雾气染成红霞，我也摆脱了低迷情绪。我走回平常工作的那幢楼，准备开始新的一天。清冷的空气中有一股桉树的香气。后来，这种味道也总能让我记起伯克利。这时的校园仍是一片死寂。我走进实验室，惊讶地发现灯还亮着。接着我看见比尔，他正端坐在房间中央一把旧的草坪躺椅上，一边收听着他那台小收音机里刺刺乱响的聊天节目，一边盯着空空的墙壁发呆。

“嘿，我在麦当劳的垃圾箱里找到了这把椅子，”他对步入实验室的我说，“看着能用。”他仍然端坐在椅子上，带着满意的神情打量着这把椅子。

见到他，我真的非常高兴，我还以为要再独自度过至少好几个小时才能等到可以说话的人。

“我喜欢它，”我对他说，“能躺着坐吗？”

“今天不行，”他说，“明天也许行。”他想了想又加了一句：“也不一定。”

我站在一旁，思忖着，怎么从这家伙嘴里冒出的每句话都有点儿怪。

我不顾自己北欧人的天性，决定把我迄今做过的最重要的事情告诉他。“嘿，你见过蛋白石的X射线图吗？”我抓着自己的读数条问他。

比尔把收音机够到自己身前，抠出9伏电池，直接让它闭嘴——收音机的开关键早坏了。然后他抬头看向我。“我就觉得在这儿坐着会等到什么，”他对我说，“原来等的是这个。”

发现朴树果核中含有蛋白石后，我的下一个目标是识别出一种方法，计算出蛋白石在种子中形成时的温控条件。组成朴树种子格架的物质确实是蛋白石，但填充在空隙中的酥脆矿物却是一种名为文石的碳酸盐，蜗牛壳中也含有这种成分。我们很容易在实验室中用沉淀结晶法制备纯净的文石。把两瓶过饱和溶液混合，澄清的溶液中就会沉积出大量晶体，就像云中凝结的雾滴。晶体的同位素化学性质严格受控于温度，这意味着，只要测量单个晶体中的氧同位素指纹，我们就可以求出溶液混合时的准确温度。如果让我在实验室里做这个，那么做一百次都不会失手，因为实在太简单了。我的下一个任务是证明该形成过程也能发生在树木体内，还要证明即使发生在果实中，即使让文石晶体成形的溶液是树的汁液，整个过程也基本相同。

指导我的教授把这个想法写成了一份 15 页的申请，投给了美国国家科学基金会。负责审阅的同行喜欢这个点子，于是我们拿到了基金。就这样，1995 年春天，我重回中西部，为了完成研究而寻找合格的朴树。我选中了三棵已经成年的美洲朴，它们生长于南普拉特河（South Platte River）岸边，就在科罗拉多州的斯特灵城（Sterling）附近，在距离它们不到一天车程的地方有一个住处，那儿的朋友一直欢迎我去。这个地方拥有全世界最蓝最广阔的天空。在那样的天空下，我思索着如何把河流的成分和夏日的朴树种子成分联系起来，计算出这个季节的平均温度。对获得成功满怀信心的我，用警戒线把三棵树围起来，开始像准爸爸般密切地关注它们，因为期望宝宝降生而欣喜，却只能眼巴巴地旁观。我也像准爸爸一样，在忙碌中心存困惑：因为在那个特别的夏天，三棵美洲朴都没有开花结果，周围的朴树也没有。

在这个世界上，没有什么事情能像纠结于“树为什么不开花”这个问题那样暴露人类的无助和愚蠢。不习惯与人亲近？什么话！它们到最后都不愿意按照我的设想开花结果，实在太难以令人接受。我去找自己在科罗拉多州洛根县（Logan County）唯一的朋友巴克（Buck）分析情况。巴克在高速路岔路口的一家酒吧工作。坦白说，我去那里，与其说是为了喝啤酒，还不如说是为了吹冷气。但巴克还是检查了我身份证上的出生日期。[1] 他不情愿地承认，我“作为一个老女人保养得很得法”，我把这句话当作邀请，之后开始频繁进出这家酒吧。夏天慢慢过去，巴克也越来越困惑，因为我押宝美洲朴的赢面还不及他刮彩票中奖的概率。不过，尽管我以前很可笑地给他宣讲过彩票统计学，他也忍住了没有刮我鼻子。

巴克在附近的一个农场长大，因此我心里有种说不清的感觉，仿佛他是这一整场美洲朴不结果灾难的同谋，或者至少他该为此担负一定责任。“可是为什么它们不开花？为什么偏偏是今年？”我催促巴克回答这两个问题。我仔细研读过这个地方

1　美国法律对合法饮酒年龄与合法持有酒精饮品的年龄有明确的规定，向法律规定年龄以下的青少年售卖酒精饮品属于违法行为，所以酒水销售人员有时会检查买酒人的身份证件。美国合法饮酒年龄的下限为21岁。

的气候资料，并没有发现今年的天气有什么特殊之处。

“有时候就是会发生这种事。这儿的什么人本该告诉你这个。”他话语里的同情都是冷冷的。牛仔很少这样说话。

我确信，这些树的表现预示着我未来事业的曲折。我很恐慌，想象自己站在流水线旁，拔掉肉猪分尸后猪头脸颊上的猪毛，拔完一个又来一个，拔完一个又来一个，每天工作 6 小时，就像我童年伙伴的母亲一样，循环不止地工作 20 年。“那还不够，”我回答道，“肯定有原因。”

“树不需要理由，它们就这么做了，就这样，”巴克突然拔高音调，“实际上它们什么都没做，它们不过是树，不过是树罢了。妈的，它们又不是什么活物，又不像你和我。”他最终还是受够了，我和我的问题惹恼了他。

“我的老——天——爷——啊，”他倍感受挫，又加了一句，“不过是树罢了。”

于是我离开了这家酒吧，再没有回去过。

回到加州时，我的心中充满了失败的苦涩。“瞧，如果我有辆车，而且我能把它开过康科德大桥（Concord Bridge），我就会说，让我们放火烧了其中一棵树，”比尔一边说，一边用实验室的漏斗把乐事薯片袋子里剩余的残渣集中起来，“我们要让其他树都看着，等烧一会儿再问问它们，是不是还不想开花。”

比尔已经是我导师实验室的固定成员。他会在每天下午 4 点左右出现，然后在实验室里待上 8 到 10 小时，具体时间依他的精力状态和我们的需求而定。我们一周只付他 10 小时的工资，但他不计较这个。而且令人意外的是，他很乐意在每天晚上我们一起工作时，听我花大把时间念叨我的树。我最后一次去往科罗拉多前，比尔撺掇我买一把BB枪，花几个下午打这些树的叶片和树枝。

我拒绝了，并且对他说："我不同意的理由，不是我是个种树的，而是我觉得这法子没用。"

"但能让你好受些，"他很坚决，"相信我。"

在科罗拉多的那个夏天，我收集数据的计划彻底破灭，但这整件事教会了我对科学的最重要理解：做实验不是为了让全世界按你设想的运转。到了秋天，我一边舔舐自己的伤口，一边从这场灾难的瓦砾堆中制定出一个更好的新目标。我要用一种新方法研究树木，不是从外及里，而是由里到外。我决定了！我要研究清楚它们为什么不开花，试着了解它们生命运作的逻辑，这样就能让它们更好地为我所用。与按照我自己的逻辑行事相比，这么做是更佳的选择。

从过去到现在，小至单细胞微生物，大到恐龙、雏菊、树木、人，为了延续下去，地球上的一切生命都必须完成5件事：生长、繁殖、修复、储能和自御。25岁时，我就已经预见，自己将在生育孩子这件事上经历坎坷，甚至都不会真正经历到。让生育力、资源、时间、渴望和爱情集中在我头上简直无法想象，尽管大多数女性最终都会步入这样的轨迹。在科罗拉多，我只关心那些树没表现出的状态，却没有观察它们在做什么。那个夏天，开花结实这类事肯定让位于其他事了，而我却没有注意到。树木当时一直在做某事：当我开始正视这个事实时，我就离问题的真相不远了。

形成一种新的思维模式已经是当务之急：也许我可以学着像植物那样看世界，把我摆在和它们一样的生境中，思索它们的运作机制。作为离它们世界最近的局外人，我能离它们的内部世界多近呢？我开始想象一门全新的环境科学，它所基于的世界，不是一个从我们的角度出发、存在着植物的世界，而是从植物的视角出发、存在着我们的世界。我想到自己工作过的各个实验室，想到那些给我带来过许多欢乐的美妙仪器、试剂和显微镜……我到底可以为以上那种古怪的探索诉求创建出一门怎样的“硬科学”呢？

这种探索方式奇异变态得魅惑人心；除了担心“不够科学”之外，还有什么能阻止我吗？我知道，如果我告诉别人我在研究“当一株植物是什么感觉”，那么一些人会取笑我，另一些人恐怕会跟着我一探究竟。也许，扎实的工作能够稳固尚不坚实的科学地基。我觉得不确定，但这是我第一次感受到甜蜜的刺痛，而这种既紧张又兴奋的感觉将伴我一生。这是个新点子，我的第一片真叶。就像世界上所有大胆的幼苗一样，我将继续前进，从无到有地创造它。

9

所有植物都由三部分组成：叶、茎和根。所有茎干都具有相同的功能：一束形如成捆吸管的显微级别的管道，通过根系从土壤中把水分汲取上来，同时把糖类从叶片运输下去。树是一类特殊的植物，因为其茎干可以长到一百米高，而构成它们的正是被我们称为木头的神奇材料。

木头结实、质轻、富有韧性、无毒且耐风吹雨淋。人类文明发展了几千年，也没有创造出比它更好的多用途建筑材料。一根木头横梁上的每一寸都如钢浇铁铸般坚固，但其韧性却是生铁的十倍，质量却只有生铁的十分之一。即使在高科技人工材料当道的今天，我们仍会考虑用木材盖房子。单以美国而论，如果把过去二十年[1]砍伐的木材连接起来，其长度足以搭建一道从地球跨到火星的天桥。

人们把树干切成薄板，把它们钉成一个盒子，最终安息其

1　本书的英文版于 2016 年出版，该数据应该是在此之前获取的。

中。但对树本身而言，它们会根据不同的目的利用这些木头，概括地说，就是通过这些木头与其他植物竞争。从蒲公英到黄水仙，从蕨类到无花果，从马铃薯到松树，所有生长在陆地上的植物都奋力争取两项战利品：从上往下投射的阳光，以及由下汲取而上的水分。无论哪两棵植物竞争，都取决于一招先手。个头更高、根系更深者胜。想想在这样一场战役中，木头所能给予某一方的优势吧：为树木提供支撑的材料坚硬而不失韧性，结实又不失轻盈；正是它分开了叶和根，又是它把这二者紧紧联系在一起，树也因此在近 4 亿年的竞争中获得压倒性胜利。

木头是一种稳定且实用的混合物，一旦形成就永远作为惰性材料组织留存。树的中心（称为“心木”）辐射排列着射线细胞构成的网格，它们把冰冷的木质部和甜美的韧皮部在树干外围通过形成层连接起来。形成层紧贴树皮生长，能制造一圈活生生的维管束鞘。树会一圈又一圈地制造新的维管束鞘。每当一层老鞘被替代，它的木质骨干就会留下来，逐渐向外形成一圈一圈的同心圆，也就是我们伐树后在横切面上看到的树轮。

树的木材也是它的自传，我们可以通过树轮得知它的年龄：每个生长季，形成层都会长出一层新鞘。树轮中也记录了大量其他信息，但科学家仍然无法流畅地解读出它们的语言。一圈非常厚的树轮可能表示一个好年份，因为这一年树长了很多；但也可能只是青春期的产物，年轻的树因为接收到远方飘来的“他”的花粉，体内激素飙升，从而发起了一轮肆意生长。一边厚一边薄的树轮告诉我们：一侧的树枝曾经掉落。失去一根树枝后，树会调整自己的重心，刺激树干中的细胞生长，以支撑不平衡的树冠。

对树来说，失去枝条是必然的，绝非例外。大多数枝条都会在长粗前断裂，通常是因为风、雷电等外力，有时也仅仅是因为重力。当不幸无可避免时，就要学会忍受它。对此，树木有一套万全之策。枝条掉落后的一年内，形成层就会在原来树枝着生的位置包上一层新鞘，之后再一年年地裹上新的细胞层，直到再不能从表面看出伤疤。

在檀香山马奴亚路（Manoa Road）与欧胡大道（Oahu Avenue）的交叉口，挺立着一棵巨大的雨树（*Pithecellobium saman*）。它的树干高约 15 米，树枝交叠构成巨型的穹窿，盖住繁忙的十字路口。野生兰花附生在树枝上：它们友好地聚成一丛又一丛，端坐成菠萝顶的形状，裸露的根悬挂树身。野性未驯的鹦鹉在兰花间跳来跳去，扑扇着明黄色的翅膀，对着下面的行人粗声谩骂。

这棵雨树和许多热带的树一样，永远都鲜花盛放。游客去往著名的马奴亚瀑布时会经过它：他们小驻拍照，而它也会让一团团丝绒线般的粉色或黄色花瓣，轻柔地搭落在游客肩头。在全世界的咖啡桌上，你都可以找到摄有它的相册。这棵立于马奴亚路和欧胡大道十字路口的雨树接受过千千万万人的仰视；覆盖近 700 平方米的雄伟树冠上，织满了锦绣般的繁花。

在游客眼中，它的树形已臻完美：他们没见过它不完美时的样子，也没想过枝条断裂后被迫长成的其他树形。如果把马奴亚路和欧胡大道十字路口的雨树砍倒，我们就能数出它的节疤，就会看见那些隐藏不见的疤痕：这些都代表了近一个世纪以来，它生命中丢失的千百条枝条。然而今天这棵树还站立着。只要它不倒下，我们就只能看见它长着的枝条，不会缅怀那些落下的先枝。

你房子里的每块木头，从窗台到家具再到椽子，都曾经是一个生命的一部分：在野外繁荣过，被树汁充盈过。仔细看看这些木头部件的纹理，你也许可以追溯出几圈树轮的边界。这些线条的精致形状会告诉你那几年的故事。如果你懂得聆听，那么每一圈树轮都会向你讲述：那一天天雨怎样落，风怎样吹，太阳怎样升起。

10

1995 年余下的日子一晃而过。要获得博士候选人的资格，我必须修满一定学分并通过一项耗时三小时的艰难口试；一旦通过口试，就只剩写学位论文这一件事了。我写得很快，长时间沉浸在疯狂的写作中。我打字时会开着电视，因为需要听到它制造的噪声，这样才能集中精神，忽略自己的孤单和寂寞。写完论文后不久，我毕业了。博士四年快得就像一眨眼的工夫。我早就知道，与男博士相比，我从前瞻性和战略上至少得付出两倍精力，因此我博士第三年就开始申请教职。最终，我成功获得了佐治亚理工学院（Georgia Tech）的教职——这所州立大学近年的发展势头迅猛。我开启了事业的下一个阶段，每个人都这么对我说。

1996 年 5 月，比尔和我出席了同一个华丽的毕业庆典，他被授予学士学位，我则被授予博士学位。我俩的家人都没有出席庆典，所以我们只能尴尬地站在一旁，时不时地挪个位置，为所有拥抱、留影、朝着学位证书大笑的人腾出空间。就这样过了一小时，我们都认为不值得再为免费的香槟受罪，于是一起走回实验室。我们脱掉学位服，揉成一团扔进角落。一穿上实验服，一切都仿佛重新步回正轨。夜还未深，此时尚不到9点，工作的大好时光还没有开始。

我们决定花一晚上吹玻璃，这是我们最喜欢的深夜消遣。我的目标大概是分别往30支试管中封存少量纯净的二氧化碳气体——跑质谱仪时需要它们作为参考，这其中的每支试管都可以作为已知标准，与我的未知样品进行比较。做这些“参照试管”很花时间，大概每十天就要重做一批。就像很多支撑实验室运转的幕后工作一样，这一步没什么意思，却又非常关键。我必须认真对待，不能出错。

比尔坐在我身旁，他开始了第一步：把一根长玻璃管的一端熔化。为了熔化玻璃，他点燃一根喷灯：小小的火苗以乙炔气体为燃料，由纯氧气流助燃。它看上去和烧烤用的喷枪差不多，气流都从一个非常小的出口喷出——当然，喷口背向他的脸。从这种喷灯里喷出的火焰极为耀眼，直接对着看会灼伤眼睛，所以我俩都要戴上深色护目镜。

玻璃在室温下又硬又脆，但加热到几百摄氏度时就会软得像发光的太妃糖。熔化的玻璃非常烫，纸和木头接触到它都会立即燃烧。如果一滴熔化的玻璃不巧溅到胳膊上，皮肤会立马被烧穿；只有烧到骨头时，喷涌而出的血量才足够制止并冷却玻璃（可那时就太晚了）。大学里肯定有政策规定，禁止我给本科生布置这样危险且难度极高的任务。但是比尔很轻松地学会了我教给他的其他小任务，之后他便开始修理所有坏掉的东西，接着又开始为实验室提供预防性维护——这些可都是他自发处理的。他很快就无事可干，所以我觉得，要是还不让他学会更重要的技艺就太不合理了。因此，我把吹玻璃的基本方法教给了他。

那天晚上我们一起工作，我展望着自己的未来——仿佛看见自己终其一生都要每周吹一次参照试管，一边呆望着与眼前如出一辙的气压计上左右翩飞的指针，一边衰老干瘪、白发丛生。这种想法让我既沮丧又心存慰藉。我只明确了一件事：想不出自己还有什么其他可能的未来。

我透过液氮冷阱看向气压计，白日梦戛然而止。指针平躺，这表示管子内部已经没有气体；它在我的试管中被压缩，然后在冷阱中冻结。我等玻璃管熔化后封上它，然后倒置，使熔化的那头慢慢冷却，冰冻那头的气体则慢慢解冻。

我转过头看去，比尔正全神贯注地制作试管。“听广播吗？”我问他，话里带着点小邪恶——打破这里的千篇一律吧，用收音机奢侈的噪声款待一下自己。实验室里禁止播放音乐，尤其是在进行危险而极其耗费心力的工作时——这是规定。我们受过训练，所以明白：自己的一举一动都关乎实验的安全性和成功与否，工作时若无法集中注意力，那么将付出自己承受不起的代价。

“哦，行啊，”他同意了，“除了去他的 NPR（美国国家公共电台），其他什么都行。我不想为哪里的渔民困境痛哭流涕，他们待的地方我在地图上都找不到。我还有自己要应对的问题。”

我想我理解他的话，但我没有开口，没有发表评论。不久前我让比尔搭便车，他在一幢脏兮兮的公寓楼前下了车。这幢楼紧靠着奥克兰市（Oakland），附近是犯罪频发区。所以，即使我肯定他不是无家可归人士，但还是为他的处境担忧。纵观我们共度的所有时光，比尔身上的大部分都还是谜。我和他相处的时间足够长，所以我知道他不嗑药、不翘课、不在街上乱扔垃圾——这与他和别人格格不入又愤愤不平的举止很不相称——但是除了以上这些，我还真是什么都不了解。

我脱下护目镜，俯身弯向立体声收音机的后面，开始调频道，最好能调到一个让我们乐一阵子的广播脱口秀。旋钮破了，不容易转，我只好胡乱地拧，好让它转起来。在我的记忆里，我能听清的最后一个声音是奇响无比、尖利刺耳的爆裂声，就好像有谁在我的脑袋里放了个爆竹。在那之后的大概五分钟内，我听不见任何声音。听不见。听不见自己的呼吸，听不见大楼通风系统的嗡嗡声，听不见脑袋里的血液嗖嗖上涌。听不见。

我吓呆了，站起身。我看见实验室里曾经操作过的那边已经满是玻璃碎片。我侧过头，发现只有我一个人站着。比尔不在他坐过的地方。我害怕极了，大声地呼喊他的名字。可当我听不见自己的叫声时，我更加害怕。然后，我看见比尔慢慢地从实验台下探出头来。他看向我，眼睛瞪得有铜铃那么大。一听到身旁发出枪击般的响声，他就一头扎到桌子底下。听到我叫他的名字前，他一直蹲着没动。

我一下子明白是哪里出了问题。我往那根试管里压缩了太多二氧化碳，比我原本打算放的还多。我脑子里做着白日梦，把它丢在一旁太久，里面的气体越压越多，远远超过了它能容纳的极限。我封上试管后，冰冻的气体开始升温并急速膨胀，之后就像爆破筒那样炸开了。更糟的是，它炸向了比尔摞好的其他玻璃管，几天的工作毁于一旦，房间里炸得到处都是玻璃碎屑。

收音机后面一片狼藉，千百片细小的玻璃碎屑布满地面，其中还有一些较大的残渣。立体声收音机奇迹般地在爆炸中护住了我的脸。如果不是忙着找电台，这阵玻璃雨肯定会击中我的眼睛。我害怕极了，心中揣着荒唐的恐惧，害怕房间里的所有东西都会爆炸，于是我疯狂地看向四周。最后，我意识到我们安全了——只要玻璃全碎完，那就安全了——现在确实如此。我的听力慢慢恢复，但伴随着剧烈的疼痛，只要听到一声耳语，我的头颅内就会燃起烧灼感，仿佛耳道被割开，正在流血。

我想，我不能这么做。然后我又想，我他妈的以为我在这儿干什么呢？我搞砸了。太糟了。

比尔关掉喷灯，然后在房间里走了一圈，有条不紊地拔掉所有的插头。我就站在那儿，没了主意。我感觉整个世界都随着试管炸灭了。科学家不会干这种事。混球才干这种事，我心里想着，不敢看比尔的眼睛。

“嘿，我能抽根烟歇会儿吗？”比尔终于问了我一句。他保持着惊人的镇定，这让整件事显得越发不真实。

我点了点头，脸上抽搐了一下。我的耳朵疼疯了。

比尔慢慢走过那片狼藉，玻璃碎渣好像一地冰雹铺在周围。他走向门口，快到门边时停了下来，转过身问道：“你来吗？”

“我不抽烟。”我答得很凄惨。

比尔朝大厅晃了晃脑袋。“没关系，”他说，“我教你。”

我们走出去，在电报大道（Telegraph Avenue）上走过几个街区，最后在路牙子上坐了下来。比尔点了根烟，我俩都穿着T恤瑟瑟发抖，在北加利福尼亚的冷夜中犯恶心。伯克利周围那些脚步摇晃的夜行动物出动了。我们看着他们走过，其中一些人正在胡乱地自言自语。

我抱住膝盖，开始啃自己的手背。我努力想把自己藏起来时就会这样，这是我的习惯。在实验室里，我通常可以戴上手套，但是此刻，一阵巨大的焦虑压上我的心头。我用牙咬着右手的指关节，直到撕裂了细细的擦伤。血的味道和皮肤破裂的疼痛让我冷静下来，没有什么比这么做更有效。我让牙齿和受伤的皮肤厮磨，啃咬我的骨头，拼命吮吸以求安慰。再过短短几个月我就成教授了，但在当时的那个夜晚，我很确定：自己什么都干不了。

比尔吸了一口烟，他回想道：“从前我们有一条狗，它会咬自己的爪子。”

“我知道这很恶心。”我说着说着，羞愧感便像潮水般涌来。我两手交叉，按向自己的胃，努力不去咬手。

“不，”他说，“它很棒。我们不介意。”他接着说道：“当你有一条那么棒的狗时，它想做什么，你就会让它做什么。”我把头靠在膝盖上，紧紧闭上眼睛。比尔抽着烟，我们沉默地坐着。

过了好长一会儿，我们走回实验室，扫干净所有的玻璃碴，小心地掩盖掉一切痕迹。很庆幸已经是大半夜了，但一想到逃避了这么严重的错误，我就心怀内疚。

“嘿，明年你打算干什么，你心里有数吗？”扫地时我问比尔。知道比尔荣获土壤学优秀学士学位时，我并不惊讶。我很自然地以为，有大把的工作机会在等着他，因为我们系的毕业生出了名地好找工作。

“我的计划，”比尔一本正经地解释道，“是在我爸妈的院子里再挖个洞，然后搬进去。”我点点头表示同意。“然后抽烟，”他说，“直到把烟抽光。”我又点点头。“接下去，我猜我很可能会啃自己的手。”他耸耸肩，又加了一句。

我犹豫了一下，然后鼓起勇气问他：“听着，你愿意搬到亚特兰大帮我建实验室吗？”再紧接着补充道：“我能够付你钱。那个，我很确定我能，总能行的吧。”

他想了一会儿，问我：“我们能带上那台收音机吗？”他指着那个破得千疮百孔、本该扔进垃圾箱的塑料立体声收音机。

“能，”我答道，“我们可以弄到一堆。”

两个月后，我们把所有家当都装上我的小皮卡——用这台小车装这些东西实在是绰绰有余——驶向南加州。比尔小时候就住在那儿。我让他下了车，和家人待上一段时间。我们说好：我先走，赶在佐治亚理工秋季学期开始前到达学校，他过几个月再和我会合。

比尔的父母非常热情、友好。他们真是慷慨好客，第一次见我就待我像失散多年的女儿。比尔的爸爸 80 多岁了，我见到他的时候，他给我讲了很多有意思的故事。他是一名全职的独立电影人，专门记录亚美尼亚大屠杀的第一手资料。正是这次大屠杀让他家惨遭灭门，只有当时还是男孩的他幸免于难。比尔家依靠美国国家艺术基金会（National Endowment for the Arts）的零星资助制作影片。从小到大，比尔和他的兄弟都一直在帮忙摄制影片，所以他们常常去叙利亚进行艰苦的旅行。他们家靠近好莱坞，拍完后就在家中的工作室剪辑胶片。他们还要打理一个很大的园子。比尔的爸爸种什么都能活，比尔的妈妈坚持让我只吃他们最棒的那棵树结的橙子。

在比尔家逗留的最后一个晚上，我躺在比尔姐姐房间的床上，盯着天花板思考我的未来。第二天早上，我会开到巴斯托（Bastow），驶入40号州际高速公路，永远地离开加州。这不是我第一次离开了：离开熟悉的一切，离开和我有着千丝万缕关系的一切，知道自己再也回不去。我离家求学、去学校读研时也是如此：所有人都确定我准备好上路了，只有我还在迷茫。然而，这又是我第一次确定，我去的地方肯定有一个朋友。我心里非常明白，并为此感谢上苍。

1996年8月1日，我正式成为佐治亚理工的助理教授，人们都期待我的仪表和举止与这个头衔相称，尽管当时我只有26岁，尽管我对该有的仪态举止没有任何概念。在开始的好几天时间里，我每天都花6小时准备1小时的讲课教案。然后为了奖励自己，我让自己坐在办公室里挑选和订购化学药品及设备，有如手捧礼物登记单[1]并挑花眼的新娘。当我收到购买的东西时，我便把它们堆进地下室，没多久就摞成了一座纸盒小山。每收到一个盒子，中央收发室都会在上面潦草地写上“洁伦”二字。我倚墙而立，凝望箱子堆成的高塔，上面的名字共出自20个人之手。看着它们，我的内心很受触动，因为觉得这个场景很美。比尔计划于1月到达，然后我们可以各就各位，把我们在加州经常向彼此描绘的梦想变成现实。我不想事先打开任何一个箱子，我要和比尔一起做这件事。我就像一个等待圣诞节早晨来临的孩子，捡起一个箱子摇一摇，猜猜里面有什么，禁不住开始拆它，然而又克制住自己，最后再把它放回那堆箱子中。

我教大一新生地质学，教大二学生地球化学。这两门课的工作比我预想的更繁重。第一个学期，我觉得我批改家庭作业时犯的错误比学生还多。最终，我把自己定位成一名和蔼可亲、宽容大度的教授，几乎给谁都打A。这更符合我的形象，没必要做个狠角色，我比大多数本科生大不了几岁，比许多研究生还年轻。我自己从来不爱听课，我学到的每一样重要的东西都出自双手的实践。

不过，我还是尽职尽责地讲课。我在黑板上写下反应式，布置并批改作业；在办公室坐班，安排期末考试。但我最关心的还是即将到来的新年，那时，比尔和我会开始着手建立第一

1　西方现代婚礼中常见的一种习俗。新婚夫妇在婚礼前会公开预备一份愿望清单，列出他们希望收到的礼物，并通知亲朋好友。一些百货公司会提供礼物登记服务，为收礼者设立礼物登记，让其分享给所有会送礼的朋友，以帮助送礼者和收礼者进行有效沟通，保证收到的礼物不重复而且都是收礼者喜欢的。

个完全属于我自己的实验室。

比尔的航班抵达的那天，我提前一小时就把车开到了亚特兰大机场。我站在行李区，看着转个不停的传送带发愣，突然听到一个熟悉的声音："嘿，霍普，我在这儿。"我转过头，看见比尔站的地方和我隔着两条传送带。他扛着四个很重的行李箱，全是老式的硬壳箱，既不带滚轮，也没打包带。

"噢，你好啊。"

我站错了行李区。我迷惘地看看四周，记不得自己确认过行李转盘的号码，也记不得停车的事情，但我就这么到了这儿，手里拿的停车券上明明写着车停在C2区，还是我自己写的。我经常碰到这种事：时间片断东漏一块西缺一块，就算我想补上它们不让人看出来，情况还是越来越糟。我甚至因为这件事去看过医生，可他只是细细观察了我45秒，接着给出了判断：我只是工作太努力了。然后他给我开了一张可续处方，让我吃些温和的镇定药物。

"你变样了。"比尔说。

他说得没错。我睡得少了，体重减轻了很多。我一直都很容易紧张，但这一段时间紧张得异乎寻常。

"我有些焦虑。这是我的新困扰。"我解释道，并使劲睁大眼睛。"超过2 500万美国人都受它影响。"我一边解释，一边还引用医生写在小册子上给我的话。

"好吧，"比尔看看周围说，"这就是亚特兰大了。天哪，我们在这儿都要做什么？"

"为了和平，这是最后最好的希望！"我引用《巴比伦5

号》(*Babylon 5*)[1] 的开场白，用的是一种模拟科幻旁白的深沉嗓音。我被自己逗笑了，但比尔没笑。

我们走过天桥，进入车库，找到我的车。比尔把行李塞进后备厢，然后坐了进来。“我从来没到过这么东边的地方，”他坦承，“这地方应该有香烟卖吧？”

我把一包还未开封的特醇万宝路递给他。这包烟已经在我的包里躺了好几个月。“不好意思，我一直没有练习抽。不过我和这些家伙处得越来越好。”我把一瓶抗焦虑的劳拉西泮片拿给他看，像摇砂槌那样摇了摇瓶子。

“青菜萝卜，各有所爱啊。”比尔嘟囔道。他点了根烟，摇下车窗，把用过的火柴扔出去。我吸了口他的二手烟，在熟悉的气味中放松下来。南方的冬天很温和，比尔为此很高兴。我们开车时敞着车窗，也没有系安全带，就这么开进了环城高速，驶向已在前方露出轮廓的亚特兰大城。想到不再孤单，我心里就能感受到深沉而又简单的幸福。

又开了一会儿，我突然意识到不知该把比尔带到哪儿去。我回想起，正是两年半前，我们从野外教学回来时，他最后一个下车。

我提议道：“你知道的，我很欢迎你睡我家沙发，你可以睡到找着自己的住处为止。”

“不用了，谢谢。一会儿在市中心把我放下就行，我自己想办法，”他说，“现在，我想看看新的实验室。”

---

1 美国 20 世纪 90 年代著名科幻电视剧。

“好的好的，”我很赞同，“我们走。”

我把车开进学校，停在一幢名为“老土木工程楼”的大楼外，但其实土木工程系早就搬到更好的楼去了。我陪比尔走下楼梯井，进入地下室，最终抵达了将来要成为我们实验室的房间。我转动钥匙打开门时，几乎克制不住自己的兴奋。

可我打开门后突然发现，里面其实没什么可看的：这个不到60平方米的房间没有窗户。当我以访客的视角观察它时，才发现它到底有多小。它不是我在加州向比尔发白日梦时描述的明亮的高科技空间。

我环视这个肮脏的小房间：它曾为人所用，之后又遭到抛弃。石膏板墙面上到处都坑坑洼洼的，满是水渍。电灯开关从墙上脱落，电线草草接过，开关吊在半空中晃荡。散架的电源插座拖着乱糟糟的连接线，摊在我们脚边。所有的东西都长着一层锈红色的霉，就连在我们头顶眨个不停的日光灯管也是。周围本该贴护墙的地方只有些长条形的污渍，可能是干掉的胶水。靠近通风橱的地方发出阵阵恶臭，一股令人作呕的甲醛味。这不是什么好迹象。看来这个通风橱的唯一用处是让人屏住呼吸，这样也就不会让人吸入化学药品。

我看向比尔，忽然很想因为这里所有的不足向他道歉。我们的旅程即将开始，可是对于这样一个大老远离开家应我邀请而来的人，我目前只能给他这些。我很羞愧。这里和我们在伯克利工作过的实验室不能比，而且它也无法成为那样的实验室。

比尔脱下外套，扔进角落。他深吸一口气，双手来回蹭头，然后慢慢转身，开始数有几个电源插座。他发现了随意安装在房间角落里的变压器和变功器，另外还有一个大红色的紧急电源切断装置。他指着那里说："噢，这儿很不错。它可以给我们提供稳定的220伏电压。正好接质谱仪。""非常完美。"他最后强调道。

它就是它，我们的第一个实验室，只有我们才有它的钥匙。它可能又小又脏，但它是我们的。我惊讶地发现，比尔居然没拿这个脏乱的房间和我们计划建造的实验室相比较，他看到的是它现在的样子，还有下苦功后它可能变成的样子。尽管旧梦与现实之间的差距如此之大，他还是愿意爱我们的新生活。于是我也下定决心，试着去爱它。

11

这种情况很少见，但一棵树确实能同时出现在两个地方。两棵这样的树可以在相隔一公里的位置上同时存在，但它们仍是同样的生命体。这些树很像长相一样的双胞胎。实际上，它们全身上下的每一个基因都严格一致。如果你把两棵树都砍倒，数它们的树轮，你会发现其中一棵比另一棵年幼。但你检测它们的DNA时，却找不到任何差异。这是因为，它们曾经是同一棵树的一部分。

柳树就很容易把人搞糊涂。它是植物界的长发公主。[1] 它看上去很优雅，弯腰垂下茂密的长发，在河岸边等待像你这样的人走来与它做伴。但是别太天真，别以为你童话般的柳树独一无二。很可能不是这样。如果再往上游走，你很可能会发现另一棵柳树。它很可能和你的宝贝柳树一模一样，只不过换了一种站姿，拥有不同的身高和腰围。恐怕在过去的许多年里，它

1　童话里拥有一头长发，被巫婆关在高塔中的姑娘。该故事也有《莴苣姑娘》一名，收录于《格林童话》。2010年被迪士尼改编为动画电影《长发公主》。

已经诱惑了成打的王子。

其实，比起长发公主，柳树更像灰姑娘，因为它命中注定要比自己的姊妹活得更努力。科学家们曾经做过一个著名的实验：比较一组树的年生长率。山核桃和七叶树长得最快，但几周后它们就不长了。杨树表现良好，整整 4 个月都在生长。但是柳树却不声不响地超过了所有对手，整整生长了 6 个月；即使秋季的白天一天天缩短，它也依旧默默长高，直至冬日来临。科学家们研究的几棵柳树最终每年平均长高了 30 厘米，其生长量几乎是第二名的两倍。

光照等于植物的生命。生长过程中，树会丢弃自己下方的枝条，因为上方的新枝会挡住阳光，下方的枝条很快就会死去。而柳树却充分利用了这些老枝：它让它们长得粗壮强韧，然后让枝条基部脱水，于是老枝就能利落地断开，掉入河中。这些柳条顺着河水漂流，有百万分之一的概率被冲上河岸，另立新株。过不了多久，别处就会长出一模一样的柳树。如果在未尝预料的条件下搁浅，曾经的枝条就需要行使茎干的职责。每棵柳树身上都有超过 1 万个这样的脱落点，每年它都会以这种形式落掉 10% 的枝条。几十年后，就会有一枝（也可能是两枝）这样的柳条成功地在下游扎根，长成从遗传学上而言与母株一样的“二重身”（doppelgänger）。

就地球上的所有陆生维管植物而言，现存最古老的当以木贼属（*Equisetum*）为代表。这个属中有大约 15 个种活到了今天，在此之前，它们已经在地球上繁衍了 3.95 亿年。它们见过第一批树冲天而起，它们见过恐龙来了又去，它们见过第一批花开后快速占领整个地球。有一种名为费里斯木贼（*Equisetum ferrissii*）的不育杂种木贼，自身无法自然繁殖，只能像柳树那样通过折断枝条去别处长成新株。虽然它既古老，又没有生育能力，但还是一路从加州长到了佐治亚州。它横跨国家时，像不像一个刚毕业的博士，千里迢迢地搬到一所野蛮扩张中的理工大学，发现这里有木兰树、冰红茶和黑暗潮湿的夜晚，夜空中流萤飞舞，充满了不确定的气息？不。费里斯木贼还是像生为植物的它自己，发觉挪窝后，尽最大力气生存下来。

第二部

木与节

12

美国南方是植物的伊甸园。夏天很热，但有什么关系呢？毕竟雨量充沛，阳光充足。冬天微凉，并不寒冷，也极少出现冰冻。湿气很重，人会感到憋闷，但对植物而言却有如蜜糖；它会让植物放松，舒展气孔，从大气中痛饮水分，不用担心过分蒸发。南方处处长满植物，到处都是别地没有的奇异景致。白杨、木兰、橡树、山核桃、胡桃、栗树、山毛榉、铁杉、枫树、悬铃木、枫香、山茱萸、檫木、榆树、椴树和蓝果树立于绿茵之上，底下铺着延龄草、北美桃儿七、月桂、野葡萄以及一大堆令人厌烦的有毒藤本植物。在这个落叶树的世界里，温和的冬天是一段没有树叶的懒散时光，为的是给春日炫目的生长大戏埋好铺垫。2月里，南方的植物就开始大簇大簇地萌发新叶，每一片叶子都会在忙碌的长夏长得更大、更绿、更厚实。到了秋天，许多果实成熟，种子四散，等到叶片落完，植物也就准备好过冬了。

如果你把树叶耙作一堆再进行观察，就会发现每片叶片近叶柄基部的相同位置，都有一个完美利落的断面。落叶的过程就像几幕精心编排的舞台剧：叶柄和枝条中间以一排窄窄的细胞为界。首先，收回这道界限后面的所有叶绿素。接着，在某个神秘的特定日子里，抽干这排细胞的水分，使它们变得脆弱。这时，单凭叶片的重量就足以拉弯叶柄，使它从树枝上断落。只消一周时间，一棵树就可以丢弃一年的杰作，就像丢弃难得穿上一次却又太过时髦从而无法再穿的裙子。你能想象自己每年都把所有家当扔掉，只因为非常确定地预料到，几周内就能重新添置齐备吗？这些勇敢的树把自己所有的财富都积攒在地上，因为虫子马上会过来啃咬，枝条很快就能锈坏。它们胜过所有圣徒和殉道者的总和，它们清楚地知道如何把来年的财宝积攒在天上，同时也知道把心置于何处。[1]

植物不是唯一在美国南部蓬勃生长的东西。从 1990 年到 2000 年，佐治亚州征缴的所得税每年都要上涨一倍多，因为可口可乐、AT&T、达美航空、CNN（美国有线电视新闻网）、UPS（美国联合包裹服务公司）以及上千家知名公司都新迁至亚特兰大地区。一部分新征税汇入大学，以应对更多人口聚集后开始日益增长的受教育需求。学术大楼如雨后春笋般建立起来，教职人员和录取学生数量也一路攀升。在 20 世纪 90 年代的亚特兰大，似乎一切增长都有可能。

---

1 化用自《圣经·新约·马太福音》6:19 — 21：“不要为自己积攒财宝在地上，地上有虫子咬，能锈坏，也有贼挖窟窿来偷。只要积攒财宝在天上，天上没有虫子咬，不能锈坏，也没有贼挖窟窿来偷。因为你的财宝在那里，你的心也在那里。”

13

最初几年，我和比尔经常连着几个晚上设计再设计首个洁伦实验室。我们就像小女孩一样，不知疲倦地给她最心爱的娃娃换装再换装。首先，我们支起石膏板，把房间一分为二，每半边都不到30平方米。接着，我们往里面填充仪器设备，塞得满满当当：一台质谱仪、一台元素分析仪和四套真空管。我们翻新了通风橱，使最危险的酸——氢氟酸也无法对它构成威胁。比尔在木匠那里定做了许多节省空间的分隔架，把它们放在每个工作台下和每个橱子里，以便安置我们所需的全部东西。我们甚至还能放下许多不用的东西。

我们本能地囤积东西，以应对困难时期，比尔非常肯定我们马上就会经历到。为了实验室，我们向救世军要来了旧的野营设备，还为我的办公室要到了业余画家的油画。我们拜访了州政府回收待售品仓库，地方政府机构的报废品在那里堆积如山，每个持佐治亚州从业人员证件的人都可以拿其所好。我们从那里带回家了一共四台35毫米胶片摄影机、一台油印机和两根警棍。我们自问，要是把科学家的事业再干上 50 年，日子那么长，天知道有哪些东西派得上用场呢？

我对第一年，也就是 1997 年 12 月初的一个晚上记忆犹新，尽管那与之前和之后的许多个夜晚几乎没什么不同。

“冬天好啊！”进实验室的时候我大声喊道，“有什么新鲜事吗？”

比尔从质谱仪下探出头来。“小精灵今天没过来——如果你是想问这个的话。”他大声说着，以盖过空气压缩机的噪声，这东西怎么听都像一辆发动机出了故障的旧车，“这个该死的东西会让我年纪轻轻就聋掉。”

“啊？什么？啊？大声点！”我回答他。

“小精灵”是我们给一个研究生起的绰号，他属于校园另一头一个庞大又极为忙碌的实验室，是那里所有研究生的头儿。比尔戏称那个实验室为“圣诞老人之家”[1]，因为那里的气氛很怪异：一进去就会发现，自己周围全是学生，而且他们忙忙碌碌，根本没空搭理你。我们帮他们检测一些气体样品，小精灵每天都会把样品送到我们这里。

“要是他们想我们免费帮工，那至少在时间上给个准信啊。”我抱怨道。

比尔耸了耸肩。“小精灵每年这个时候都很忙，”他一边说，一边抬起下巴指了指日历，“他的心思可能不在工作上。我听说他实际上想当牙医。”

---

1 传说中制作圣诞老人礼物的工厂，小精灵们负责在工厂里制作礼物。

其实我不太关心这些细节：我终于修改好一篇文章并发给了一位合作者，心中的大石头落了地。我正在尽情享受这种感觉。“吃夜宵吗？”我乐呵呵地问道。

“好啊，干吗不呢？”比尔接受了我的邀请。于是我们去了显微镜室。“我请客。”他加了一句。

我的切萨皮克湾寻回犬伸了伸懒腰，从角落的篮子里站了起来。它叫瑞芭，有30千克重。它见到我很高兴，叼着骨头，踩着悠闲的步子，直摇尾巴。“嘿姑娘，你饿了吗？”我摸了摸它，摩挲它头顶那块明显拱起的枕骨。我们把这块突起称为“野兽之鳍”。

从加利福尼亚搬去佐治亚的路上，我在巴斯托郊外迷了路。那时我是想下15号州际高速后再上40号高速公路。在巴斯托东边南北向的达格特路（Daggett Road）附近，我停下车，向泊在路边的一辆房车打听方向。房车上挂着“出售狗崽”的牌子。当我蹲下身、面向这群毛茸茸的棕色小脑袋，问谁愿意随我去亚特兰大时，一只身材瘦长的斑毛小狗带着认真的眼神跌跌撞撞地走了过来，试着爬上我的膝盖。于是我付了50美元（我想它值这么多钱，因为他们收下了我的支票），它成了我的狗。

和我一样，瑞芭幼年期的最好时光是在实验室度过的。它会在实验凳下睡觉，会在比尔吃金枪鱼苏打饼干时要求分一口。每新来一个学生，我和比尔都会严肃地讨论：这个人是不是像瑞芭那么聪明。瑞芭总是拒绝发表意见。我们不知道它是害怕我们不顾职业道德，还是觉得这种事太肤浅，或者两者皆具。

我掏出一台便携式小电视，放到一个橱柜上，把三架显微镜挪到一边腾出地方。马上就到晚上 11 点了，杰里·斯普林格脱口秀（Jerry Springer）很快开始。我在微波炉里烤了些爆米花，打开两瓶健怡可乐。比尔拿着 9 个冷冻的麦当劳芝士堡走了进来：3 个是我的，3 个是他自己的，还有 3 个是瑞芭的。学校宿舍区组织 25 美分一个的大甩卖活动时，他买了差不多 40 个。我们很高兴地发现，从冷冻状态再加热的汉堡，吃起来几乎没什么两样。

我和比尔离开加州时都负债累累。虽然我们买的东西不同，但几年下来都各自傻傻地买了很多。我们曾经发誓，一旦找到“真正的工作”就尽快把债还清。但是不久之后我们就发现，自己这么做相当于在做一个长期实验，测试在保证我们不饿死的情况下，每周最少需要多少食物。于是，冷冻食品成了我们日常的主要食物来源。

我们坐在电视机前吃饭，电视里有个全身上下只包着一块纸尿布的男人，神采奕奕地援引美国宪法第一修正案，要求保护自己以“成年宝宝”的方式生活下去的权利。为了强调这一点，他手中还挥舞着一只奶瓶。

“啊呀，只要能让我上杰里的节目，我愿意做任何事。”我心怀渴望。

“好吧。”比尔一边嚼着满嘴的食物，一边应和我。我们看着电视，这会儿播的是“成年宝宝”的情人兼保姆为他换尿布、扑爽身粉的画面。

吃完夜宵，我们把东西收拾干净。“嘿，我有个怪主意，”我跃跃欲试道，“今天晚上换个花样，做我们自己的样品吧。”

比尔果断同意。“也真是疯了，我看行，”他说道，“但首先得去遛个狗。”我们和瑞芭一起走出去，仰望头顶的繁星。比尔点了一根烟。“这包烟花了我两块多，”他抱怨道，“应该给我涨工资。”

每天晚上，大学校园里的所有人行道都灯火通明，路灯整晚整晚地亮着，使周末的校园显得越发荒凉。上课的日子里，学校不属于任何人。人们在校园中穿行，四周纷乱嘈杂，熙熙攘攘。可是到了周五午夜，整个地方就变得完全不同，那时的校园只属于你一人。自持“我是方圆百里内唯一一个还在工作的人”的假设，你就会觉得即使调皮捣蛋一些也无妨。科学家诚实而谦卑的内心随着周五夜晚的节律跳动，这也解释了：为什么新发现与恶作剧如同一枚硬币的两面。

“下水道里有个一分硬币，脏兮兮的半埋在土里。”我在清理空气压缩机的过滤网时回想道。

“一分硬币可以买一杯脱脂豆奶，”比尔跟着说道，“如果有人愿意再借你她娘的三块八毛四的话。”

那一周我们都在萃取有机碳，实际操作比听上去有趣得多。恐龙在地球上行走了两亿年，它们中的很少一部分保存在那个时代的淤泥中并留存至今，其中又有一些埋在蒙大拿的地下——两百年前，一位农场主无意间发现了它们。人们小心地把这些恐龙骨头挖掘出来，详尽地描述它们，用特殊的胶水黏合它们，再公之于众，并进一步研究以备后代查阅。

但我认为，其他一些不好看、价格不高的化石却有更大的潜在价值。

每块含化石的岩石上都有几道棕色污痕，每一道都是生活在那个时代的植物留下的遗迹。它们曾经为恐龙提供食物和氧气，养活了众多巨型爬行动物。这些污痕上没有解剖构造，也看不出形态，没什么值得拍照和展示的东西。然而，如果我们能在一定程度上把它分离出来，再对着光看，就能从中收集到一些化学信息。

活生生的植物之所以不同于四周的岩石，是因为它们富含碳元素。我和我的同事认定，如果我们能从既含深色污痕又含恐龙化石的岩石中捕捉并分离出碳元素，那么我们就可以说找到了一类新型的植物化石。即使我们不知道留下污痕的植物拥有什么形状的叶片，这些碳元素的化学性质也能向我们讲述这种植物的故事。

为了把有机碳——而且仅仅是碳这一种元素——从无机岩石中释放出来，我们需要焚烧样本并收集燃烧所释放的气体。在我们研究液体的化学性质时，要想混合或分离液体，就要用不同的烧杯盛放液体。研究气体化学也是如此，我们使用的玻璃设备叫真空管，和我多年前弄爆过的玻璃试管差不多。

操纵真空管和弹奏教堂的管风琴类似：都需要提拉许多杠杆，拧转很多旋钮，而且一定要按照正确的顺序，找准时机。两只手需要同时工作，通常每只手执行的任务都不一样，因为进气和出气的操作相互独立。使用一天后，无论是真空管还是管风琴，都得由人好好合上、小心维护。它们都因自身的价值而被视为艺术品。不过，二者最大的区别在于，管风琴不会因为一个操作失误就在你面前爆炸。

“啊啊啊，我恨那玩意儿！”当那台世界上最吵的空气压缩机开始工作并发出像含着一口老痰咳嗽的声音时，比尔捂住了耳朵。

“我知道它很讨厌，”我承认道，“但买一台新的得花1 200美元。”

“难道就没什么地方的什么人欠我们钱吗？”他试探道，“也许你可以给圣诞老人写封信。”

“该死，你真是个天才。”我发自真心地赞同他。

比尔的意思是，我们为“圣诞教授”（小精灵的老板）干的活越来越多，而我对这整件事情早有预谋。就如同总有一些人厚着脸皮向大人物溜须拍马一样，我也出于类似的动机，决定采取相似的计划。我先拜读了这位著名教授的一些论文，然后向他表示：他们实验室可以免费试用我们的氧同位素分析服务。从那时开始，这个项目就像滚雪球般越滚越大（“滚雪球”这个说法还真适合他们），终于，教授认为积累的数据“非常有意思”，然后要求他的整个团队制作更多的样品。我们天真地同意分析他们的全部样品，却完全低估了他们能做出来的氧化学反应数量——要知道，这些反应样品都是他们站在传送带前一边哼着小曲儿，一边拿小木槌敲出来的。

初冬时分，我花了很大力气给小精灵写了多封私人邮件，坚持请他为他们的团队设计一套规范：送样之前，统一用绿色或红色墨水给样品标记号码，然后用银色防水胶带十个样品一扎地捆好。当积累的样品管数多到比尔都开玩笑似的提出异议时，我终于可以为我的努力征收利息了。

我们检查了样品日志，估算出我们的用户“红鼻子驯鹿鲁道夫”已经免费分析了大约300个样品。真算钱的话，单一个样品他们就要支付30美元。我们都觉得，我可以写一封信请“亲爱的圣诞老人”送我们一台闪亮、崭新、安静的空气压缩机。我们都能想象出这样的场景：圣诞节早上一跑下楼，就发现生物焚化炉下面有一个包装精美、扎着大红蝴蝶结的空气压缩机。

“首先要说清楚我们这一年有多乖多听话。”比尔指导我。

“你找辞典，我去拿系里的公文纸。这封信不能出半点毛病。”我已经下定决心，要从这项活动中挤出足够多的乐趣。

“不知道前面的办公室里有没有蜡笔。”比尔沉吟道。

翻包找办公用品橱的钥匙时，我在一个兜里发现了一袋几乎没动过的梦幻魔糖（Razzles），于是我停了下来。“你不会相信的，史上最伟大的事情发生了。”我告诉比尔。我们把手上的事情都推到一边，坐在地板上，开始瓜分糖果。我们争抢稀有的橘红色糖，并且自觉地把瑞芭最爱的蓝色树莓糖挑出来。

接下去属于周末的56小时仿佛永远不会结束。我们打算在日出时分站到系里的冰箱上，宣告自己是冰箱里一切东西的合法继承人，但除此之外，我们还没打算好干什么。或许我们会撬开机修店的门，呆呆地看着那些巨大的锯子、电钻和电焊工具，就像参观自己的私人博物馆。或许我们会用大礼堂的投影仪开一场私人放映会，看《第七封印》[1]。在那样的夜晚，我根本无法想象，那一年里，世界上还有谁比我更快活。

1 由英格玛·伯格曼（Ingmar Bergman）导演的瑞典电影，1957年于瑞典公映，次年于美国公映。

14

植物的敌人多到数不清。一片绿叶几乎可以作为地球上所有生物的食物。吃掉种子和幼苗就相当于吃掉了整棵树。植物逃不开一波接一波的攻击者，躲不开它们永不停歇的威胁。黏滑的森林地面上，一些长势旺盛的机会主义者会把所有植物（不管死活）都当作养料。真菌就是其中最坏的那群恶棍。白霉菌和黑霉菌无所不至。之所以被赋予这样的名字，是因为它们体内的化学物质能让它们办到别的生物无法办到的事：腐蚀树木最坚硬的中心。除了少量化石残片外，四亿年来在地球上存在过的木头，如今都还于大气。所有这些破坏都拜同一类真菌所赐，它们以令人毛骨悚然的方式生存，会腐蚀森林中的木质断枝和树桩。然而，就在这个真菌族群中，竟然有树木最好，而且确实是唯一的朋友。

也许你认为蘑菇就是真菌。这种想法就好像把阴茎等同于男人。无论味美可食还是毒可致死，每一枚蘑菇都只是一个性器官，它和一些更完整、更复杂、更隐蔽的系统相连。每个蘑菇底下都有一个广度可达上千米的菌丝网络，包裹着数不胜数的大团土壤，在地下把不同的地面景观连成一片。只有等这个网络在黑暗富饶的地下王国锚定自己、安稳生存很多年后，地面上才会短暂地冒出短命的蘑菇。这些真菌中的很少一部分（只有 5 000 种）会有策略地与植物停战，结成一种深入而持久的关系。由菌丝织就的网络包住根系或从根须间穿过，共同承担为树干送水的重任。它们还会在土壤中富集珍贵的元素，比如镁、铜和磷，然后像东方三博士一样向树献宝。

森林边缘是一片条件恶劣的荒地，树木由于一些原因不会长到这条边界之外。只要超出森林边界几厘米，我们就会发现，这里或者水分太少，或者光线太弱，或者风力太劲，或者天气太冷，从而不可能再多长一棵树。尽管很少见，但森林还是会扩张，还是会开拓自己的疆域。每过几百年就会有一棵幼苗征服这片严酷的空间，挨过那些什么都缺的年月。这些幼苗一定装备了真菌造就的重甲，与它们在地下紧密共生。虽然根系所能发挥的效应已是通常的两倍——多亏了真菌，但这棵小树仍然承受了很多风霜。

树也要付出代价。在最初的几年间，这棵小树要把树叶制造的大多数糖类直接通过根系哺给真菌。菌丝网只环绕那些苦苦支撑的植物根须，并不刺穿它们。在这种条件下，植物和真菌其实是各自分离的个体，只是一起工作而已。它们相互绑定，携手共进，直到树长得足够高，高到能够到林冠顶部博取阳光。

树和真菌为什么会在一起？我们不知道。真菌几乎不管去哪里都可以独自活得很好，但是它却抛弃了更简单、更独立的生活，选择和树交缠在一起。它已经习惯了寻找直接源于树根的纯正蜜汁，这种混合物奇特而浓郁，不同于能在森林其他地方找到的任何东西。真菌也可能从某种程度上感知到：当它成为一个共生体的一部分时，它将不再孤独。

15

土壤这东西很有趣，因为它并不是一种单纯的事物，而是两个世界水乳交融的产物，是在生物王国与地质王国的冲突间自然迸出的涂鸦。

回到加利福尼亚后，我和比尔决定换一种方法教土壤学。新的授课方式将完全不同于当年我们学的那门课，不再是填写表格和录入数据。我们会讲土壤从何而来，又是如何形成的；让学生真正去看、去摸、去画土壤，然后根据自己的所见所闻编制标签。我和比尔设计如下：我们简单地选定一个地方，然后开挖，直到土壤从上到下完全暴露在外为止。我们把看不见的一面展露人前，把秘密公之于众。

环顾四周，我们能具体指出有生命的事物，比如绿色的叶子、爬行的蠕虫、吸水的根须。地底深处则坐落着冰冷坚硬的岩石：它们和我们左右的山丘一样古老，一样不会呼吸、不会运动；它们没有生命。所有介于有生命和无生命这两极之间的，我们都称为“土壤”。生命作用在土壤的顶层表现得最为显著：

植物死后遗留下的残骸在这里腐烂，抹下深褐色的印迹，和入黏液后外渗，给周遭的一切都染上颜色。土壤的底层完全是岩石留下的遗产：经年累月的水流渐渐溶解岩石，把它搅成糊状；无尽的干湿循环击出千疮百孔，使其不同于下方那些完好无损的岩石。在土壤中层，顶层与底层的两种物质相互作用，有时会因此制造出花哨的条纹，让我们在佐治亚州南部驾车飞驰时眼前一亮。

比尔用上帝给予的天赋，不知疲倦地宣讲土壤学——他简直为此而生。他的天才之处，在于可以明确指出土壤中化学属性的微妙不同、色调色泽的细部明暗以及结构纹理的些微乱象，也只有他才能从地洞中窥得这些东西。他能把眼前的一块土壤与脑中成打的土壤类型进行比较，周全细致到简直让人受不了。有关土壤的话匣子一开，他可就不是闷葫芦了。好几次，我见他在爱尔兰酒吧里进行独自表演（在绝对清醒的状态下），投入地解释为什么发现地下土壤的新颜色、新组合是他最爱的一部分工作。

1997 年夏天，我们带着 5 名学生去野外实习，教他们怎样描述土壤、怎样在地图上标示。对其中的 4 名学生而言，这次野外实习可是头一遭。另一名本科生之前就参加过，他每周都在我的实验室做几小时志愿者。我和比尔都和他很熟，因此邀请他参与我们的每一项研究和野外教学。

要让大家不在野营时抱怨食物，最好的办法就是规定每人轮流做一次晚餐。我们那位堪比吉祥物的本科生热心地报了名。他太想给我们留下好印象了，所以带了好多瓶瓶罐罐和香料，还有一袋土豆。他要把土豆一个个削皮再煮烂。我们抵达营地时已经是晚上 11 点，所以他那时才刚刚开始做饭。

用篝火烧水慢得磨人。所以，当我把煮熟的土豆捞出来、看见他又往火堆上架上一大锅冷水时，真是十分沮丧。按照我们的标准，用叉子分一份土豆就很奢侈了，可他不仅没这么做，还开始把土豆捣成泥，边搅边从背包里取出精面粉和上。意识到这一整套烹饪程序都将重新运转一遍，我脑中便警铃大作，赶紧问他在干什么。“我正在做匈牙利式的土豆饺子，”他解释道，“我奶奶做过。相信我，你们会爱死它的。”

我们直到凌晨三点才吃上饭。“嘿，你能以‘饺子’之名行天下啦！”当我们终于坐下吃饭时，我大呼道。那位学生瞬间神采奕奕，开心极了，因为教授和他开了个亲切的玩笑，他与我们的关系更近了。

“我不会叫他‘饺子’的。”比尔弯腰喝汤，说这句话的时候刚毅不屈地臭着脸。他又累又饿，心情很糟。

夜晚闷热，一丝风都没有，只听见黑暗中不知哪里传来一片蛙鸣。我们都默默吃着，用美味的饺子填饱肚子。这顿饭实在是太丰盛了。我们清理餐具时，比尔第一个给出好评。“晚餐不错，‘饺子’。”他说得很郑重，手下摞着空碗。无论这个学生的真实姓名是什么，自那之后我就忘了，因为我们再也没叫过那个名字。而且，很多年过去了，我再也没吃过比那些饺子更美味的食物。

我们在阿特金森县[1]挖土掘洞。这个地方虽然没什么名气，

1　美国佐治亚州南部的一个县。

但却是我们眼中的“乐土”，因为即使放眼走过的其他 49 个州，甚至是世界五大洲，那里的细密土壤也称得上无与伦比。与发掘其他教学点一样，我们也是透过车窗找到它的。如果你从亚特兰大附近的皮埃蒙特平原（Piedmont plain）向着西南方向的大西洋行驶，横穿佐治亚州，就会发现自己正沿着一条红土汇成的河流奔驰。曾存在于某个古老地质迷梦中的高山峻岭，如今只剩下层层残迹。而红土就刮取自这些残迹。

那一年的早些时候，我们沿着 82 号高速公路开往奥克弗诺基沼泽（Okefenokee Swamp）。[1] 在我们眼中，那一路上的地面，都像是往奶白色的沙子上泼了一桶桶杏黄色的漆。那段日子里，比尔时不时要来根烟，所以我们养成了经常停车观察地形的习惯。我们在威拉库奇（Willacoochee）[2] 附近停车时，发现那些“漆”居然是一种稀有氧化土中的铁锈条带，于是立刻把这个停车点纳入了我们的土壤学课程。

当我们带着学生到达一个土壤点时，首先要把一大堆东西从车上卸下来，其中包括铁锹、镐头、防水布、筛子、化学药品，还有一块大黑板和彩色粉笔。我们会挖一个坑，越挖越深，直到抵达坚硬的岩石。同时我们会小心地贴着一边站，以保证每个人都能看到同一个东西。一旦挖得足够深，我们就会往这个土壤剖面[3] 的侧方挖一个可容三人立足的耳室，这样就可以对

---

1 美国佐治亚州东南部的大沼泽，是该州的游览胜地。

2 位于美国佐治亚州阿特金森郡的一座城市。

3 指从地面向下挖掘后所裸露出来的一段垂直切面，从上到下暴露出由地面到地下岩石之间土层的序列，以供观察和研究土壤形态特征。

土壤各项特征的侧向连续性做一番评估。这么一挖往往要花上好几小时，如果黏土太黏或者土壤浸水，那就极费力气。

我和比尔合作挖坑的动作有点像跳华尔兹，都是一个人“抛”，一个人“接”。我们一个人用镐头刨土，一个人用铁锹在下方接着松动的土块。接满一铁锹后就换上一把空的，再把满的那把拿到一旁倒掉。与挖掘建筑工事用的土坑不同，我们得把原来坑里的土仔细地堆到一边，这样坑底才能干干净净的，可以让人从底到顶都看得清清楚楚。不过，就算我们一直避免压坏土壤剖面，也总能发现有那么几个学生瞎转悠到剖面顶部，居高临下地看着我们。于是，我们就像驱赶营地里的花栗鼠一样，嘴里喊着“去去去”地把他们哄走。当我们问有谁能帮忙挖坑时，学生队伍里偶尔会有个孩子站出来当志愿者，他们几乎都出身乡村。但是大多数学生都不是真的愿意挖坑。以前他们是无所事事地，干站着看我们挖上好几小时，让我们窝一肚子火；现在则是扭头躲到一边，偷偷摸摸地寻找手机信号。

一旦从上到下发现了新的土层，我们就会在自行划定的土层分界线上插入“钉子”（涂成亮橙色的废旧铁路道钉）。我和比尔会因为太阳照射的方向而争论每个小特征到底是真实的还是只是影子而已。我俩试着说服对方，就像两方律师对付一件麻烦的案子，只是没有法官审理这件案子，陪审员们也一个个百无聊赖。

有时候，土壤层间的界线很清晰，就像巧克力香草蛋糕那样的分层；有时候土壤层之间是渐变的，就像蒙德里安油画中的一个红色格子从边缘到中心的颜色变化。尽管土壤的“水平分层”奠定了这之后所有数据的基础，但土层的数量和垂直层位却是这项练习中最为主观的部分，每位科学家的研究风格都略有差异。一些人，比如我，觉得自己在用地面景观绘制现代画作，我们偏好从大而全的整体视角呈现作品，用眼睛观察时也不遵循严格的规律。可以说，我们是“堆砌者”，工作时喜欢把所有细节堆到一起。

另一些人（比尔就是其中一员）则更像是印象派画师。他们相信，画作中的每一笔都必须根据自身特征严格绘制，如此才能最终形成一个密不可分的整体。他们是“分割者”，会在工作时把微小的细节分割成不同的类别。要想做好土壤学这门学问，唯一的途径就是把堆砌者和分割者扔到一个土坑里，任由他俩吵，直到达成共识，因为他们之中无论哪一方的工作都不尽如人意。如果把工具全扔给“堆砌者”，那么她会用三小时挖坑，再用十分钟给土壤分层，然后高高兴兴地离开。如果把工具全扔给“分割者”，那么他挖完一个坑钻进去后，就再也不出来了。因此，让“分割者”和“堆砌者”吵吵闹闹地一起干活，可以收获丰硕的成果。不过，虽说合作可以让大家干活事半功倍，但他们从野外考察回来后，往往就不愿再理睬对方了。

我们成功商定土层的分界线后，就要从每一层土壤中取一块样本，并把它们转移到防水布上，接着进行一系列化学测试：测量酸碱度、盐分含量、营养富集度，除此之外，野外可测化学性质清单中还有一长串待测项目。结束一天的工作后，我们会把所有这些信息誊抄到黑板上，画成图表，开启一轮漫长的讨论：把表观特征和化学性质结合起来，推断出土壤的实际肥力。而“肥力”这一术语，可算得上是科学创造出的最冠冕堂皇又最模棱两可的术语之一了。

理想状态下的野外实习会持续一周，每天记录一种新的土壤，每天行驶约160公里，直到抵达下一个地点。五天走800多公里，这让学生们有足够的时间和空间去了解大地上的土壤之间存在多大的差异，也让他们体会到从事土壤学研究需要深刻且灵活的思维。等到实习结束，他们要么会爱上这份工作，要么坚决拒绝，并且很可能据此确定自己的专业。

和我在讲台上站整整一学期相比，拉学生们在土里“摸爬滚打”五天，能让我达成更重要且更有效的目标。而这正是我和比尔带着一批批学生行走万里的原因。

比尔是我见过的所有身体力行者中最耐心、最关心学生、最值得尊敬的老师。为了帮助一名学生完成仅仅一项任务，无论耗时多久他都愿意奉陪，有时候甚至会付出好几小时。他承担的是教学中最艰难的工作：不仅要让书本中的理论联系实际，还要守在机器旁，手把手地教学生使用，告诉他们可能出现什么毛病、出了问题该怎么修理。学生们搞不定时，凌晨两点都会打电话给他。如果当时他不在实验室（当然，在实验室就不用打电话了），他也还是会拖着疲惫的身体赶去帮助学生。一直以来，他都不知疲倦地哄着后进生们走向成功，而我却早就对他们失去了信心，只草草地给出一条“不努力”的评语。

当然了，这些二十出头的孩子，大多都把比尔的劳动与付出视为理所应当，只有极少数人明白：到了最后，他们的论文既是自己的作品，也要归功于比尔。不过，要想在我的实验室混到丢工作走人的地步，最快捷的方式就是当众给比尔难堪。他们骂我什么都可以，但比尔是真正的导师，他们必须在工作中时刻牢记这一点。而比尔呢，虽然总是用轻慢的语气抱怨每一个学生，但一转头又会花上整整一天救人于水火。

吃匈牙利饺子那天，我们于下午五点在南佐治亚州填上挖好的坑，打包好工具，在韦克罗斯（Waycross）[1] 稍做停留后，加满汽油、装满糖果。在我们争论到底选好时巧克力还是彩虹糖时，"饺子"责备我们："我不想再见到斯塔奇（Stuckie）了。我烦它。而且我觉得它吓到瑞芭了。"

每次出野外，我们都会留些时间给"娱乐节目"。以前，在去那个野外观察点的路上，我们总喜欢去一个地方，这都快成我们每次出野外的保留项目了，但"饺子"表示不想再去。斯塔奇是一条变成化石的狗，陈列在一座名为"南方森林世界"的博物馆里。它非常特别，比它的名字念起来还特别。据博物馆请来专门观察它的古生物专家所说，这条狗在变成化石之前，"很可能是为了逮猎物"而爬上了一棵被蛀空的树，然后被活活卡死的。那棵树化石化了，树洞里的狗变成了木乃伊，于是在现实生活中永久地保留下了《猫和老鼠》中的动画场景。

斯塔奇令我着迷，我喜欢把他想象成冲进安提戈涅墓室的克瑞翁[2]，因为求而不得而满含悔恨，因此变得面孔扭曲。可是，当我回想起瑞芭一直不肯靠近这个惨兮兮的东西时，我才意识

1　佐治亚州韦尔郡城市，韦尔郡的郡治所在地。

2　这一场景出自古希腊剧作家索福克勒斯的悲剧《安提戈涅》，与后文比尔口中"关于希腊的废话"相呼应。

到：在它看来，斯塔奇有点像可怜的犬版郁利克（Yorick）[1]，闻到它的味道，很可能会让狗对自己在这个世界上的地位产生不愉快的思考。瑞芭正穿着我的金莺队亮橙色T恤在垃圾箱旁闲逛，穿成这样可以使它在高速公路边散步时容易被别人发现。我看着它，默默地在脑中记下：以后得向它道歉。

"我不知道，"我犹豫了一会儿，想了想才说，"比尔真的很想去看斯塔奇。"

比尔的心情有些复杂："我对斯塔奇的爱都因为你关于希腊的废话打折扣了。话说，你这些絮叨是一次比一次提前了。"

"好吧，那我们换个地方，有什么建议吗？"我问"饺子"。比尔狠狠地瞪了我一眼。让一个学生来定行程——我的愚不可及已经让他愤然。根据经验，我们肯定会来一趟傻乎乎的观光之旅，再打道回府。

"那个我们常在广告牌上看到的地方怎么样？'猴子丛林'？看起来挺酷的。""饺子"提议道。

我把自己的背包往车上一丢，朝瑞芭吹了声口哨。"猴子丛林，就它了。全体上车！"我对着大伙儿大喊道。

"不去干吗？也就8小时路程。"比尔咆哮着，朝我直丢眼刀，我一脸甜笑地回敬他。他一旦意识到我是认真的，就立刻钻进了车里。

一路上都是比尔开车。他这个"好司机"一开上高速就跟在最大的卡车后面，然后和这个大块头保持安全车距，能跟多

1 莎士比亚的《哈姆雷特》中的骷髅。

久就跟多久。他不准我开车，因为在广阔的野外开车需要极大的耐心，而这正是我欠缺的。我开车会走神，开在柏油马路上都可以像蹦蹦床。于是，我的任务就变成了不停地说话，想出各种离谱的情境来逗笑比尔。随着我们越走越远，这项任务也就变得越加有难度。

我曾经以为，比尔习惯保持 80 千米 / 时的车速是出于他要为一车学生负责。但是后来当我知道他拥有过的每一辆有马达的交通工具的“生活史”后，我才意识到，他恐怕不知道这些车每分钟能够跑 1.6 千米。不过无所谓了，我现在秉持这样的态度：只要愿意在副驾位上坐得足够久，世界上的任何地方我都去得了。一旦我们决定不去看望斯塔奇，那就没什么可说的。直接上高速，一路向南就可以。

在佛罗里达州界以北大概十多个高速口之前，我们看到一块巨大的黑色广告牌，上面只有拿粉红荧光拼出的三个大字——“光屁股”。我很不解。“那是什么意思？”我因为不明白而自言自语，“酒吧？脱衣舞会所？卖小黄碟的店还是别的什么？”

“我觉得它说得很明白，”比尔说道，“它的意思是，如果你下高速，那么在高速口附近就能看到光屁股的玩意儿。”

“不是，我的意思是，那是个女人还是个男人？是只鼹鼠还是其他什么东西？甚至于，它真的和什么相关吗？”我沉吟道，“或者它意味着，你有机会自己光一把屁股？”

“它很有可能是某种特别恶心的戈默式黑话[1]。”一个学生

---

1 戈默是美国 20 世纪 60 年代著名情景喜剧《安迪 · 格里菲思秀》中的一个角色，他缺乏常识，经常干蠢事。

提供了一个答案，他出了名的看不上梅森–狄克森线（Mason-Dixon line）[1]以南的任何东西。

“听着，”比尔解释道，“如果你是那种看到像那样的牌子就靠边停的男人，你也就很可能没关心过另一头到底是什么东西光着屁股。一看到‘屁股’和‘光’这两个字眼，你就会猛踩刹车，下了车就直冲过去。”

一个很有平权意识的学生故意找碴：“你为什么假设去那种地方的是个男人呢？”比尔摇摇头继续盯着前面的路，不愿意回答他的问题，答了的话那人可就真来劲了。

还好，没过一会儿，一块更像样的广告牌吸引了我们的注意。“探索猴子森林吧！”它指引着我们，“人在笼里站，猴子满地转！”我们所有人都高兴地尖叫起来。

“肯定快到了。”一个学生满怀希望地说道。

比尔耸了耸肩：“好吧，我们是到佛罗里达了。”其实我们刚开过州界界碑，这说明我们已经进入了“阳光之州”[2]。我们要去的游览胜地在迈阿密附近，在我们目前的位置以南方向，尚有 7 小时车程。

半夜 1 点，我们终于到达猴子丛林的停车场。那个时间的猴子丛林不仅没有一丝灯光，还有铁将军把门，看上去不怎么诱人。比尔刚把车停好，就跳下去察看门上的牌子；另外，按照他自己的说法，还要“吸点儿 *Nicotiana tabacum*（烟草）的

---

1 美国南北各州的分界线。

2 佛罗里达州的别称，得名于该州的热带亚热带气候和全年平均 200 天晴天的天气条件。

干制叶片”。学生们钻出车子，一个个就像从没扎紧的袋子里滚出来的弹珠，有几个一下子就溜得无影无踪，不过大部分还聚在原处。比尔回到大伙儿中间，提议我们在入口前的小草坪上搭帐篷，然后就可以一觉睡到9: 30，也就是公园上午开门的时间。

他吸了口烟说：“我觉得我们可能会碍着动物园开门，到时候他们自然会劳神叫醒我们。”

“饺子”插嘴道：“这样我们就能排第一个啦！”

“我不确定这个主意有没有那么棒，”我说，“猴子难道不会和公鸡似的，大清早报个晓什么的？”

“这个你有发言权，”比尔一边说着，一边把香烟搓烂，“你可是和猴子睡过的人。”他指的是我那个经常分分合合的前男友，而那个人其实根本不是罗德学者（Rhodes Scholar）[1]。我站在那儿，脸上挂着一抹假笑。比尔则把冰桶（cooler）卸下来，还没有打开自己的帐篷设备就帮我支起帐篷。他这么做就表示他不想冒犯我。而我为了表示自己没有被冒犯到，也开始在冰桶里掏来掏去，希望想出晚餐该怎么吃。

“那什么，看来晚餐可以烤串吃啦。”我宣布。因为冰桶里的存货太少了，正经做饭也是无米之炊。

“不错！”比尔挺赞同的。他已经以破纪录的速度支好了帐篷。“我的最爱。”他又加了句，语气里没带一丝嘲讽。接着，他搂起一抱木头生火去了。每次出野外前，我们都有个习惯：

1　获得罗德奖学金的学者。罗德奖学金创立于1902年，为研究生赴牛津大学读书提供国际资助，在世界上享有很高声誉，获奖不易，因此罗德学者人数稀少。

去学校的木匠店看看，然后往车上装些碎木头；反正我们不拿，这些木头就会被扔进纸浆池泡着。我们还会去学校的回收中心再做一波类似的事，不过我们在那儿拿的是硬纸板。在出城的路上，我们还要购置几根“久焰”（Duraflame）木柴[1]，保证一天一根的量，再随便买一大包食物。这样，我们才会觉得万事俱备。每天晚上，我们都会利用这些材料生一堆火，我称它为“安迪·沃霍尔之火”[2]。在这堆火中，久焰木柴常明，它点燃我们不断塞进的碎木纸板，而这些垃圾散发的光华，总能营造出令人满意的装饰效果。你可以用这火做饭，前提是不怕袖子被烧着，也不介意吃到夹生饭。

烤串意味着每个人都要找根棍子，把自己想吃的全串上后伸进火里烤，这就算一顿饭了。唯一的规矩是，如果你碰巧发现什么东西口味十分不错，那之后就得为大家准备足量的，至少要争取再做上一份，分给大家尝尝鲜。那次出野外，“饺子”真是超常发挥。他把可乐罐拦腰撕裂，极富创造性地把其中一半串到棍子上用来煨梨。我们一致同意，他那颗撒满好时巧克力的梨无疑是野营烹饪的巅峰之作——当然，仅次于他的饺子。因此，每个人去睡觉的时候都乐呵呵的。

我刚睡着就被一个人低沉的嗓音和亮瞎眼的手电粗暴地惊醒。我把头伸出帐篷，问道：“有什么事吗，警官？”

巡警看到答话的是个衣着整洁、口齿清楚的女人，而不是

1　一种人工木柴，燃烧时间达数小时，长久不熄。

2　安迪·沃霍尔（1928—1987），美国艺术家，波普运动的开创者之一。画作摒弃轮廓线，堆砌浓烈夸张的色块，好用不同的色彩重复相同的主题。

个全身脏兮兮、话都说不全的男人时，非常困惑，于是询问我在彼处有何贵干。我详细地向他说明了我们的野外实习考察，强调我要尽到教导之责，实现一位天分极高的学生亲自拜访声名远扬的猴子丛林的心愿，以免他青春易逝，空留遗恨。

我经常碰到这种事，当我热情洋溢地赞颂佛罗里达世间少有、无与伦比的土壤时，警官专断的怀疑也冰释为好客之礼。没过几分钟，他已经开始尝试给我们提供各项服务了，比如在我们睡觉时帮忙放哨、在我们离开去亚特兰大的路上用警车护送等。我千恩万谢地婉拒了他的帮助，并向他保证：如果需要帮忙，我一定会顺着路摸到电话亭打 911 报警。一来一去，我们分别时已经亲如一家人。

警察驾车离开后，比尔把头探出帐篷。“好手段，”他说，“你惊到我了。”

我抬头望了望星星，深呼吸一口潮湿的空气，心满意足地说道：“妈的，我爱南方。”

第二天，南方对我们无比热情的欢迎还在继续。我和比尔摸遍了身上的口袋才凑出 57 美元，那是我们仅有的几张纸币了。虽然钱不够，但是猴子丛林的检票员还是挥手让我们全体通过了。我们走出前厅，穿过通向丛林的门，一瞬间便被尖叫声淹没。这些声音是一大群猴子室友发出的，它们种类繁多，其中很多都看向了我们。“我的天哪，就像走进了实验室。”比尔惊叹道。他的脸部有些扭曲，我认识这种表情，他犯偏头痛前就这样。

我们所在的房间其实是复式建筑里的一个大天井，拥有一般车辆管理所大楼的全副派头。天井顶上的巨大拱券下，一条条细铁丝网相互缝合，仿佛在相同的地方加固了许多次。进入天井的智人可以在一条过道里走动，而整条过道都被铁丝网围住——这就是广告牌标语的由来。

猴子丛林其实是我实验室的二重身，我越想越觉得二者很像。可能这里的气氛已经放大了好几个数量级，但我们的每项研究活动都可以由囿于一个空间内的一群猿猴来代表。三只食蟹猕猴（也称菲律宾猕猴，Java macaque）正扯着脑袋想问题。它们既无法解决，又不想放弃这些问题，因此向我们走过来，假设我们可以在某种程度上代表一个答案。一只白掌长臂猿（white-handed gibbon）正死气沉沉地吊在我们的过道上方，它可能睡着了，可能死了，也可能将死未死。两只松鼠猴（squirrel monkey）似乎陷入了一出属于自己的贝克特戏剧[1]，它俩同困于一张网中，彼此依赖却又相看两厌。讽刺的是，不远处的另外两只松鼠猴却关系融洽。

一只落单的吼猴高坐在后方的枝条上，用它自己的语言悲吟《约伯记》[2] 全章。它不时地抬起双手，用这种古老的祈求姿势，讨要“义人为何受苦”的答案。一只红掌狨猴偏执地蹉伏身体，摩拳擦掌地酝酿着阴谋。两只漂亮的黛安娜长尾猴一丝不苟地互相梳理着毛发，可它们的心早已漂泊在无聊的汪洋大海上。一小群僧帽猴沿着房间边缘转圈，强迫自己一遍又一遍

1　塞缪尔·贝克特，爱尔兰旅法作家，荒诞派戏剧的重要代表人物，有代表作《等待戈多》。

2　《圣经》全书中最古老的篇章，大约写于公元前2000—前1800年之间，是第一部诗篇性著作，探讨了神义论，即“好人为什么不好命”（义人为何受苦）这个话题。

地检查空荡荡的食槽——确信一分钟前里面还有葡萄干。

“每只猴子都是某只猴子的猴子。”我大声说道。

可是，接着我就注意到，比尔正站在院子的另一头和一只蜘蛛猴大眼瞪小眼，一人一猴之间只隔着一道生锈的铁丝网。他俩留着相同的发型，都是七八厘米长的深棕色发丝，汇成油光光的拖把，向四面八方支棱着——比尔过去两周内都没有好好梳过头，最多是拿手指重重划两下。一人一猴脸上的毛发都一样乱蓬蓬的，胳膊一样行动敏捷。手臂耷拉的样子完全是伪装出来的，其实它如运动员一样蓄势待发。蜘蛛猴清澈的黑眼睛睁得很大，它脸上的表情似乎在说：我已经处于永恒的震惊之中。

比尔和猴子互相看得入迷，仿佛周遭一切都不存在似的。我盯着他，肚子开始抽搐，一般说来，这是我开始疯狂大笑的前兆。如果这么笑下去的话，肯定会超越“喜悦”“舒适”的顶点，笑到让人难受的地步。

比尔保持了好一会儿人猴互瞪的姿势，最后终于说了句话：“真他妈像在照镜子。”我一阵狂笑，止都止不住，笑到连连告饶。

等比尔这边的事情一了，他和蜘蛛猴便分道扬镳。我们走进了公园里的最后一个房间。一只名叫“国王”的大猩猩坐在一个水泥洞里，和那些被单独囚禁的人类罪犯倒有几分相像。国王近 150 千克的庞大身躯无精打采地瘫在地砖上，一只脚不停地在纸上来来回回地搓着一支蜡笔。从我们身处的房间可以观察到国王的举动。观察室的墙壁上张贴着许多张它完成的

“画作”，每幅画都使用了相同的技法，所以排在一起就明显地表现出一致的艺术风格。

“至少它都发表了。”我评论道。

我们阅读了一块说明牌，上面描述了低地大猩猩在家乡非洲遭受的深重苦难，从偷猎到病魔缠身，不一而足。然而我们很难想象，刚果还有哪个角落比佛罗里达这里更悲惨，可以惨过国王如今身陷的可鄙囹圄。我们又阅读起第二块说明牌，上面用充满歉意的语气表示，国王充满灵气的画作在礼品商店有售，其中部分收入将用于改造和扩大它的住所。我确信，如果国王有一把手枪，它肯定会打爆自己的头，可它全身上下的武装都不过是一支蜡笔而已，所以对于提高自己待遇这件事而言，它已经做到极限了。于是，我一边等待学生把喂猴子的葡萄干撒光，一边在内心发誓：别再抱怨自己足够幸运的命运了。

“呃，但愿那倒霉孩子能有个终身职位。”比尔站在自己的位置上叹了口气。

“哦，我可不担心这个，”我向他保证，“它的单位好像给了它铁饭碗，况且它还能赚到钱。”

比尔看向我：“我没在说大猩猩。”

缓慢通过礼品商店时，我们把自己身上的最后几枚硬币丢进了树脂玻璃做成的捐赠箱，但没有用信用卡买国王的画作。“我可能不懂艺术，但我知道自己喜欢什么。”比尔解释道，随后淡淡地离开了橱窗。

因为我们还有很长一段路要开，所以我得在停车场教学生们怎么用冲淋房。我一边教，一边开始幻想自己升职后第一天的场景。到时候，我一定要定做一件写着“我不是你妈”的T恤衫，然后穿着去上班。

等所有人都上车并关好车门后，我脱下登山鞋，为比尔开了一罐健怡可乐。“我们去猴子丛林学习了有关猴子的知识，同时我们也对自身多了一些新认识。”我用最循循善诱的教师口吻说起了俏皮话。

“我他妈还遇见了自己。”比尔一边咕哝着，一边勾着脖子往后看，把车倒出停车场。

车一并入I-95高速公路，我就把脚翘上仪表盘，进入自己熟悉的角色，带着大家打发时间。我本来想发起一场咬文嚼字的辩论，讨论讨论猴子丛林到底是“由猴子构成的丛林”，还是“为猴子准备的丛林”。可我看了一眼后视镜便打消了这个念头，因为我发现：“饺子”已经像婴儿般睡着了。

16

落叶树的生活，取决于它的年度预算。它必须在每年 3 月至 7 月的短短数月内长足叶片，集齐一顶全新的树冠。如果它今年的生长没达标，一些竞争者便会生长起来，侵占一隅它原来覆盖的空间。于是，这棵树的生存空间会被慢慢蚕食，最终失去立足点，走向死亡。如果一棵树想在往后十年间都活得好好的，那么它今年就别无选择，唯有胜利一途，然后年年胜利。

让我们假设，有一棵矮小的、不起眼的树，恐怕就是你们那条街上的一棵。它只是一棵红枫，和路灯一般高，并非森林中那种长开了的雄伟枫树。它娴静如邻家小姑娘，个头只有那些高大同类的 1/4。太阳直射时，这棵小枫树投下的阴影面积约等于一个停车位。然而，若是我们摘下所有的叶片，一片挨一片地铺开，它们就可以覆盖三个停车位的面积。树把每片叶子悬于空中，让叶表堆叠成梯级结构再接受阳光。往上看你就会发现，总体看来，任何一棵树的叶片都是越往顶部越小，越往底部越大。如此一来，无论何时，只要风吹开上层的枝条，底部就能捕捉到阳光。再观察一下还会发现，与上层树叶相比，下层的绿色更深。色素可以帮助每片叶片吸收阳光，而含有更多色素则能使这些下层叶片捕获因穿越上部绿荫而变弱的光线。树在建造树冠时必须安排好每一片单独的叶片，考虑好它左邻右舍的位置，再放置到位。一份漂亮的预案，能让我们这棵树成功长成你们街上最大最长寿的存在。但是这并不容易，而且代价不菲。

我们这棵小枫树上的所有叶片，加起来共重 15 千克。这里头的每一两每一钱都是从空气中抓取、从土壤里掘出的，而且过程很快，只要短短数月。植物从大气中汲取二氧化碳，然后把它制成糖类填充茎内髓心。15 千克的枫树叶对你我来说滋味可能并不甜蜜，可是它们包含的蔗糖已经足够做三张核桃派——这是我现在能想到的最甜的东西；同时，叶脉骨架中包含的纤维素可以制造 300 张纸，这个数目和我打印本书的初稿所耗费的纸张数量相当。

阳光是我们这棵树唯一的能量来源：光子会激发树叶中的色素，接着，闹哄哄的电子便会排成一条望不到头的长链，并把能量激发状态一个接一个地传递下去，这样就能够把生物化学能精确地搬运到细胞中有相应需求的位置。植物色素叶绿素是一类大分子，在它茶匙形结构的凹陷内，端坐着一颗珍贵的镁原子。要让树叶活起来，就要制造足够的叶绿素，而制造 15 千克叶片的叶绿素，所需的镁总量相当于 14 片一日量维生素片中的镁含量，而且这些镁必须从基岩中完全溶解出来，而这样的溶解又是非常缓慢的地质过程。镁、磷、铁以及其他微量元素——我们这棵树所必需的这些，只能从土壤微小矿物颗粒间流动的极稀溶液中获得。为了攒够15千克树叶所必需的土壤养分，我们的树必须从土壤中吸收3万升水，再蒸发掉。这些水足够装满一辆油罐车，足够供25个人活一年，足够让你担心下一次下雨是什么时候。

对一个以学术为生的科学家而言，她的生活被三年期的预算所支配。每三年，她都必须从联邦政府那里拉到一单新合同。这可以保证她拿到一笔经费，供她支付雇员的薪酬，买她实验所需的全部材料和设备，偿清她为了完成研究而东奔西跑的旅费。高校一般会给新上任的科学教授一笔启动经费，数额有限，但能够自由支配。这是一份学术“嫁妆”，使她在尝试签下首份合同前足以养家糊口。如果她在开始的两三年里没能搞定这第一份合同，那么她此前受过的训练就都白费了。她将无法从事类似的工作，也就无法产出学术成果。然而，学术成果是她获得终身教职的本钱。如果一名新晋的教授期望未来十年都保工作无虞，那么她就别无选择，只能赢下去。何况联邦政府提供的合同数量根本不够分，这让事情变得更复杂。

我做的这类研究有时也被称为“好奇心导向型研究”，也就是说，我的工作无法产出可投放市场的产品、有用的机器、有效的药物、厉害的武器，或者任何直接的物质成果。即使它确实能间接地引导实现这其中的某种物品，那也是多年以后的事了，而且设计者也不是我。因此，我的研究在国家预算中根本排不上号。我做的这类研究，只有一个主要的资金支持来源：

美国国家科学基金会。

国家科学基金会是美国的一个政府机构，这些提供给科学研究的经费来自税收。2013 年，美国国家科学基金会的总预算为 73 亿美元。相对地，国家分配给农业部——管理食品进出口的负责人——的预算是这个数字的 3 倍。美国政府每年花在太空项目上的资金是提供给其他所有科学家经费的 2 倍，比如，他们 2013 年的预算就超过了 170 亿美元。这些差异和研究经费之于军费的不平衡，则更是小巫见大巫。因 2001 年“9 · 11”事件而成立的国土安全部，每年到手的预算是整个国家科学基金会的 5 倍之多，而国防部得到的预算中，仅“可自主使用的经费”一项就比这个数字的 60 倍还多。

好奇心导向型研究的一个副作用是激励年轻人。研究者一般都对个人事业喜欢到无法自拔的地步，他们也会教导其他人去热爱研究，而且做这件事的时候比做其他任何事情都更开心——和所有被“爱”驱使的生物一样，我们无法克制“开枝散叶”的欲望。你可能听过这样的说法：美国拥有的科学家数量远远不够，因此这个国家会面临“落后”（管它是什么意思）的危险。如果你把这话说给一位做学术的科学家听，他 / 她肯定会大笑起来。过去 30 年间，美国每年用于非国防类研究的预算毫无变化。光从预算角度出发，我们拥有的科学家数量非但不是“太少”，而是“太多”了，更何况每年还有更多新人毕业。美国政府也许表过态，称自己看重科学，但其实根本不想为科学研究买单。仅在环境科学这一个领域，我们就可以观察到数十年来因资源困境而起的严重变化：农田退化、物种灭绝、乱砍滥伐……类似的灾难不胜枚举。

不过，73 亿美元听上去也是一大笔钱。但是请记住，这笔钱要养活所有好奇心导向型研究——不仅是生物学研究，还有地质学、化学、数学、物理学、心理学、社会学以及更为精专的工程类和计算机科学。因为我的研究关乎植物古往今来长盛不衰的奥秘，所以被划入国家科学基金会的古生物学项目。2013 年，用于古生物研究的拨款共计 600 万美元。这就是美国所有古生物项目一年预算的总和，可想而知，挖掘恐龙的科学家锁定了其中的大头。

不过，600 万美元听上去也是一大笔钱。让美国国内每个州都有一名古生物学家分得一杯羹——对这样的瓜分策略想必没有人会有异议。如果我们把 600 万美元平分成 50 份，那么每份合同就可以拿下 12 万美元。这个估算结果与事实相去不远：国家科学基金会的古生物项目每年会签下 30 ～ 40 份合同，每份合同可分得 16.5 万美元。因此，无论何时，整个美国都有大概 100 位古生物学家手握资助。然而，这个数量恐怕不足以回答公众有关演化的诸多问题，就算我们把问题限制在奇妙的生物灭绝事件之上——比如恐龙或者长毛猛犸象的灭绝——也远远不够。还要请您注意一点：美国的古生物学教授数量远超一百，这也就是说，他们中的大多数人无法延续自己之前得到的训练，不能开展自己的研究。

不过，16.5 万美元听上去也算一大笔钱了，至少对我而言是这样。但是这些钱到底能支持我们走多远呢？幸亏我一年中的大部分薪水都由大学支付（在没课的假期，比如整个夏天，教授们通常没有薪水），但比尔的薪水却由我来承担。如果我决定每年付他 2.5 万美元（毕竟他有 20 年的经验），我就得多要 1 万美元作为他的福利津贴补贴，那么总计就是每年 3.5 万美元。

有趣的是，除此之外，大学还要因为教授们所做的研究而征税。因此，我除了向政府申请 3.5 万美元，还必须再要 1.5 万美元。而这 1.5 万会直接进入大学的腰包，我连一个子儿都瞧不见。这笔钱叫“管理费”（有时也叫“间接费”），而我前面提到的税率约为 42%。大学间的税率千差万别，高的——在一些久负盛名的高校可以高达 100%，而低的——就是再低，我也没见过低于 30% 的。大学常常以如下名义课税：支付空调电费、修理自动饮水机、保证马桶正常冲水……然而，我还是需要“不无感动”地提一下：以上每一样设施，在我实验室所在的楼里总是一阵好一阵坏。

无论怎么说，在这种难堪的境遇下，雇用比尔三年的总花销是 15 万美元，如此一来就只剩下 1.5 万美元的“巨款”来支付三年期“高精尖”实验所需的全部药品和设备，以及学生劳务费、各类交通费，还有出席大小会议的开支。啊，还得记得：能花的钱只有 1 万，因为还要向大学缴税。

你下次看见一位自然科学的教授时，可以问问她有没有担心过自己的发现是错还是对。你还可以问问她，有没有担心过自己选择的是一个无法解决的问题，或者忽视了过程中的一些重要证据，抑或是之前没有选择的方法恐怕才是自己一直求而不得的正确道路。问问一位科学教授担心什么，她马上就会回答你。她会直直地看着你的眼睛，吐出一个字——“钱”。

17

一根藤蔓通过爬行而直立。藤本植物的种子多如牛毛，天女散花般地从林冠飘落。它们很容易发芽，却很少生根。藤蔓碧绿柔软，疯狂地寻找可攀附的脚手架，它们需要对方的有力支撑，因为自己缺乏力气。藤蔓打定主意，要使尽一切手段，杀出路来向光爬升。它们不遵守丛林的法则，把根扎在最佳地点，却让叶子发在别处，那里是另一处“最佳地点”，距离生根处已是几棵树开外。与纵向生长相比，它们的横向生长更为广远，这在陆生植物中独一无二。它们是梁上君子，偷走没有其他植物关注的小块日光和雨水汇成的涓涓细流。藤蔓不会在共生关系中说抱歉，它们会抓住每一个机会生长，即使是枯败的脚手架，也和具有生命力时一样称手。

藤蔓最大的弱点就在于过于柔弱。它拼命地生长，想长到大树那么高，可是又不够坚硬，无法体面地达成这一目标。藤蔓完成向阳之路，靠的不是木头，而是纯粹的忍辱负重和全然的抛却脸皮。一棵常青藤会抽出千万条卷须，它们翠绿而柔韧，生来就是为了缠绕一切。藤蔓总是假设，卷须碰到的每样外物都强到足以支撑自己，或者至少，它们能找到比自己更强大的东西。它“趋炎附势”，比谁都变得快：卷须碰到泥土就会变成根，碰到石头就会长出吸盘贴紧黏固。只要能让自己虚幻美好的主张成真，藤蔓会做尽做绝一切要做和必做之事。

藤蔓并不邪恶，它们只是雄心勃勃到无可救药。它们是地球上最辛勤劳作的植物。在阳光普照的大好天气下，一根藤一天就能长 30 厘米。在它们的茎干中，穿梭的水流以植物中能检测到的最高速度奔涌。到了秋天，别被毒漆藤零星的几片红褐色叶片欺骗：它不是快死了，而是在拿别的色素要把戏。这些藤是常青的，这意味着它们不休一天假：它们宁愿抛弃落叶树享有的漫长寒假，也要利用这段时间费力攀缘——直到立于万物之巅，直到凌驾于丛林冠层，直到触及无遮无拦的阳光，藤蔓才会开花结籽。因此，它们之中的最强者才能生存繁殖。

在人类统治地球的时代，最强的植物会变得越发强韧。藤蔓接管不了健康的森林，它们需要一些动荡才能乘虚而入。森林的创伤会暴露泥土、蛀空树干、漏下小片阳光，这些都是藤蔓进驻的必要条件。人类比其他任何事物都更能引起森林的动荡，我们犁地、铺路、烧山、砍树、刨土。我们城市的边缘和缝隙只可供一类植物生存：杂草——那些生长如赛跑、繁殖像打仗的杂草。

如果一种植物在不属于它的地方生长，那不过会产生一些小危害而已；但如果一种植物在不属于它的地方繁荣，那它就是“大毒草”了。杂草就是后者。我们不恨杂草的胆大包天，我们恨的是它了不起的成功。人类自己制造了一个只有杂草才能生存的世界，发觉它们数量太多后，又开始装糊涂，摆出震怒的姿态。但这种含混不决的态度已经无关紧要：植物世界已经掀起一场革命，在每一处被人类改造的空间，入侵植物不费吹灰之力就能把原生植物排挤出局。我们对杂草无力的责难无法叫停这场革命。我们无法达成我们想要的革命，我们只能经历我们触发的革命。

北美洲的大多数藤本植物都是入侵物种。过去，它们的种子依附在茶叶、衣物、皮毛等基本物资之上，偶然地从欧洲或亚欧大陆来到北美。19 世纪迁移到美国的藤本植物，大多数都在这片崭新的土地上积攒了“大笔财富”。旧大陆的昆虫咬紧它们的弱点，连续数代地折磨它们；而在新大陆，它们终于得到解放，可以无拘无束地生长、繁荣。

1876 年美国百年国庆时，名为葛藤（kudzu）[1] 的藤本植物被日本选作礼物送抵费城。从那时到现在，葛藤扩张自己的地盘，覆盖面积已经相当于一个康涅狄格州[2]。在美国南方，葛藤如同密集交织的缎带，为上千千米的高速公路镶上花边。我们把啤酒罐和烟蒂丢进道旁的水沟，葛藤却在这样的环境里欣欣向荣，简直就是植物界活生生的垃圾堆。它永远在不属于自己的

1　豆科葛属植物的通称，原产于东亚及南亚地区，某些种的根可食、可药用，称“葛根”，可制“葛粉”；藤本蔓生，缠绕于树木灌丛上，与之难分彼此，故有“纠葛”“瓜葛”之谓。

2　美国东南部州名，面积 14 357 平方千米，略小于我国的北京市。

地方生存，把漂亮的粉红四照花（pink dogwood）[1] 挡在我们的视线之外。若我们想穿过那些垃圾并从中挑出一根藤蔓，便会发现单一根葛藤就可以长到 30 米长，轻轻松松就达到林木高度的两倍。葛藤认命地尽自己“寄生虫”的本分，它不知道其他活法。当四照花繁花满树、安静且安心地期待另一个盛夏到来时，葛藤毅然决然地生长，以每小时两厘米的速度，寻找下一个临时的家。

1 大花四照花，原产北美东部和墨西哥北部的山茱萸属木本植物，萼片多为白色，园艺栽培上培育出了粉红萼片的品种。

18

“饺子”指引的猴子丛林之旅结束了。我们从中顿悟到：我们都像被关在猴山里劳作的猴子。于是一切都解释得通了。当我被迫走出实验室去参加大小会议时，只有比尔那一封封“别具风味”的电子邮件才能把我和我热爱的工作紧密地联系起来。即使被围在一群面色苍白的中年人中脱不开身，即使他们把我当作一个从地下室气窗里爬进来的邋遢流浪汉，我也知道：我有属于我的地方，属于我的圈子。当我端着餐盘，孤零零地站在某座万豪酒店的宴会厅里时，我就这么提醒自己，即使我现在蓬头垢面，与过去筹建质谱仪的“大好时光”中和他人勾肩搭背的自己判若两人。

每次我出完差回到佐治亚理工学院，都会让自己更努力地投身到工作中。我开始每周留出一个晚上（周三），通宵赶完没处理的文件——它们都是我在学校委员会当值、巡查记录需要报废的黑板时所积累下的。我了解到一件事：女教授和院系秘书是学术圈内的一对天敌，因为每天上午十点到十点半，有关我性取向和童年创伤的流言蜚语都会透过办公室旁休息室里那面纸一样薄的墙钻进我的耳朵。也正是通过这条途径，我才知道，尽管我已经拼命勒紧裤腰带了，但我还是比另一个女教授强些，她就是忙死累死也瘦不回怀孕前的体重。

虽然我工作很努力，但是却没有过得更好。冲澡变成了两周一次的神圣仪式。我的早饭和午饭已经缩减为桌子下盒子里的几罐雅培安素营养剂。有一次，我还万不得已地把装在钱包里给瑞芭的狗粮饼干丢进了嘴里，这样，我听讲座时就可以嚼嚼饼干，让其他人别再注意我咕咕作响的肚子。十几岁时从未困扰过我的痘痘一下子爆发，仿佛想补回错失的时光。每个工作日，我都会狠狠地啃自己的指甲。几段短命的罗曼史让我相信，在恋爱市场中，我已经被贴上“大甩卖”的廉价标牌。我遇到过的单身汉，没一个能明白为什么我一天到晚都在加班，也没有人愿意倾听我连讲好几小时植物。与别人说的成年人应该有的样子比起来，我生活的方方面面都糟透了。

我住在城郊，靠近亚特兰大的南佐治亚边缘。我租了一台拖车，料理考维塔郡（Coweta County）的 18 亩荒地。我还另外花了些钱来照料一匹名叫“杰基”（Jackie）的老母马，算是拥有了一点特权。我觉得，这么一来，通勤上花 35 分钟也值了，毕竟我一直想要一匹马。现在我终于毕业工作了，这个愿望也最终有望成真。杰基很可爱，它不仅用马儿特有的抚慰方式不断地滋养我的心灵，还很快和瑞芭成了好朋友。唯一令我不满意的地方，就是住我西面的邻居和我的房东。他们一开始还算友好，可慢慢就变得一看见我卸下背包就开始鬼鬼祟祟起来。

停放我拖车的临时车库都被一堆堆和一箱箱个人录制的录像带塞满，这令我很困惑。对于为什么不能把这些录像带放在自家屋里，我的房东给出了极为蹩脚的理由。我只是对他耸了耸肩，然后关上门，不指望再要回那些空间。但是我越想越奇怪，总感觉找不到正当的理由解释，为什么他要把那么多录像带放在远离他老婆孩子的地方。他总是神出鬼没，还三番五次地和我说，他看到我这种小巧的女人不带枪就敢一个人住在林子边时，就被我迷住了。

同样，住我西边的邻居也往往喜欢晚上找我，就为了使我相信：尽管他看上去不像那种人，但如果有必要，他受过的急救训练使他完全具备相应的技术与经验，能在45秒钟内划开我的衣服。最后我明白了，在佐治亚州，如果有男人没穿衬衣、裸身套着工作服走近你，准没好事。

一年后，我拥有的第一辆车亮起了引擎故障灯。我毫无办法，就当作已经到了换车的时限，拿它换了辆二手吉普。接着，我把瑞芭放上吉普车，搬进了城里。我落实了自己的住处：一间长长窄窄的地下公寓，就在亚特兰大家庭公园里。比尔很快就给这间屋子起了个名字——“老鼠洞”。这里正好与一个还在运行的钢铁厂成品库位置并接，我因此知道了不少趣事。比如，制造钢材时，一整个晚上都要把许多金属板按3.6米的间距一片片地扔下去。佐治亚州的夜晚潮湿，不知多少个夜晚，我都坐在老鼠洞后门的台阶上，看比尔的烟头在一片明灭的萤火虫中闪耀，同时还要挖空心思炮制“第二套方案”，来对抗后院工厂的“鼓点和音乐”——这些噪声正在以不可阻挡之势把我逼入更年期。

比尔的命运比我的还要曲折离奇，不过他比我更淡定，也更能屈能伸。刚到亚特兰大的时候，他开心地发现：在佐治亚州，一套位于消防死角的小破房子，其月租是位于加州消防死角的小破房子的1/10。但是，他和南方臭虫大战了十来个回合后，虽然说不上完败，也还是急着投降了。他买了一辆鹅屎黄色的大众凡拉冈（Vanagon）旅行车，我帮着他把家搬进车里。这件事最后发展成了一段奇特的体验：一个人把自己的家当都搬进一辆车，然后把车开向……呃，不知道哪里，他已是以车为家了。

向着“不知道哪里”前进了不到一个街区，我们听到一记猛烈的撞击声，紧接着听到一只猫的嚎叫声。我们知道：已经经过“猫圈”（Felisphere）。“猫圈”是一个功能完全且运作良好的生态系统，名字是我们起的，用来纪念哥伦比亚大学设在亚利桑那州的“生物圈II号”工程。它是座老房子，里面住了上百只猫。这些猫显然能够自给自足，还经常在附近巡逻视察，它们的活动似乎只会被人类交通阻断。我赶紧让瑞芭低头窝进后排座椅，因为我知道，寡不敌众最能打击到犬类的自尊心。

“那些猫从来没喜欢过我，”比尔想了想说道，“它们从来都不想让我搬进去。”他把头探出车窗。“再见了您呐，长毛混球们！”他大喊道，“你们再没机会尿在我的鞋子里了！”

比尔住在车里的那段时间，我们很难找到他。毕竟那时手机还不普及，而且很明显，他的“住址”也不固定。如果他不在实验室，我就只能到处找他。我会去那些“老地方”检查，因为我知道，只要能找见车，他就不可能走太远。

“欢迎欢迎。来杯热饮吗？”我踏进一家咖啡馆看到，比尔正躺着休息。他见我进来便出声迎接。比尔把这家咖啡馆看作他的“起居室”，这儿的对门是一家自助洗衣店（比尔口中的“我家的地下室”）。到了周日，你准能在咖啡馆找到他。那天早上，他正舒舒服服地陷在一张豪华躺椅里，面朝油汀壁炉，手里端着双倍拿铁，一边还读着《纽约时报》。

“你又把头发剪了，我讨厌你这个样子。”我瞧了他一眼说道。

“会长回去的，”他一边揉着脑袋，一边向我保证，“周六嘛，总会这样，你懂的。”

比尔总是想尽办法避免某些事情，去理发店就是其中之一。理发过程中必然伴随着人与人间的亲密接触，只要想到这一点，比尔就受不了。从我在加州第一次碰到他开始，他就顶着一头油腻腻的黑色长发，让人很难不想起女歌手雪儿（Cher）。从背影看，他一般会被错认为女性，所以总要承受来往男人们不怀好意的斜睨旁视。而等到他们与他正脸相见时，比尔邋遢的胡子和粗犷的下颌会让所有目光化为尴尬或厌恶的讶然。但这些遭遇并不能消减比尔的社交恐惧，他住进车后不久就买了一把不拖电线的电推子——是你能在一个真正的理发师那儿看到的那种。买了剃头推子一个月后，某天大半夜凌晨3点，他打电话给我，兴高采烈地通知我：他给自己剃了头。

“真是一身轻松，我现在好得不得了！长头发太他妈蠢了，那些留长发的家伙，我都替他们惭愧！”他坚定地表达着自己的主张，说起话来和那些刚改变宗教信仰的人没什么两样。

“我这会儿不跟你说了。”我结结巴巴地挂掉电话，神情紧张。我不喜欢比尔发生特别大的改变，这让我吃不消。剪掉所有头发的比尔还是比尔吗？我知道这个想法很荒唐，但我还是觉得有必要躲他几天。过不了多久我就会再次见他，然后全盘接受这一切，但不是现在！我不停地告诉自己，这个打击对我来说可能太大，所以我一直在找借口不见他。比尔当然注意到了这一点，我的做法让他不解。

终于，他又在一个大半夜打电话给我——还是用公用电话付费打给我的。我一拾起话筒他就说道：“我把头发留着呢，我说……你要是能看到它们，是不是就会觉得好受些？”

我思考了一下，觉得很有可能会是这样。“值得一试，”我同意了，“你来接我吧。”

比尔是开着旅行车来的。我钻进车里，同时避免看他的眼睛。“头发在水库那边。”他一边向我解释，一边掉头向北，开上豪厄尔·密尔路。给货车找个过夜的地方，这是比尔日常生活中不得不解决的一个大麻烦。这辆车很难发动，所以“停下来”和“坏在路上”差不多是一个意思，也就使得比尔要处理的情况更为棘手。

很多因素都让这个麻烦变得更加麻烦。车挂不了倒挡，所以必须在停车位前留块空地。如果有人从前头把你堵住，你就只能卡在那里，他们停多久你就得等多久，所以还得猜其他人会怎么停车。车也挂不了一挡，所以你得找到一个斜坡，这样早上启动车子时车轮才能滚起来。最要命的是，只要引擎是热的，车子就发动不起来，也就是说，无论你让车在哪儿熄火，都得等上至少3小时，直到整部车子凉透才能重新点火。给这辆车加油是一项极其危险的操作，因为加油的时候不能关掉引擎。正常情况下，加油这种操作不会让人肾上腺素上升，但是比尔会嘴叼香烟，把加油管油滴滴地晃过车冒火花的引擎消音器。看着这样的操作，我确实会心跳加速。

凌晨4点，我们到达水库旁的高地，不过说实话，这地方无论俯瞰还是从其他角度看，都算不上有什么好景色。比尔开上一个小山包，在一个小下坡处把车停住（但没熄火）。“这儿怎么样？”他两手扶在车钥匙上问道。他说这句话，其实是在关掉引擎前用我俩才懂的语言征询我的意见：如果要晃荡3小时，这里是不是个好地方？

“我们到水库去，是因为我们想谨慎地生活。”我故意误引梭罗[1]的话，表示我同意。比尔常把水库说成自己“周末大逃亡”的好地方，因为那里就是严格意义上的一处被树木包围的水体，周末也没什么警察来。在无处遁形的大白天，它确实是个丑陋的方池子，周围一圈3米多高的铁栅栏，好些地方都锈出洞了，还有几棵参差不齐的丑树，树枝上爬着葛藤。

比尔给车熄了火，拔出钥匙，用钥匙尖直直地向前一指：“头发就在那儿。”

“哪儿？”我问道，因为我不太确定他指的是哪儿。

1　梭罗（1817—1862），美国著名作家、哲学家、废奴主义者。著有《瓦尔登湖》《公民的不服从》。作者故意误引的这句出自散文集《瓦尔登湖》的《我生活的地方，我为何生活》一篇，原句是“我到林中去，是因为我想谨慎地生活（I went to the woods because I wished to live deliberately）”。

“那儿。”他重复道，特意指向车前方3米处的一棵大枫香树。我下车走过去，然后意识到，他指的很可能是枫香树干上的某一个树洞。

“把手伸进去，它就在那儿。”比尔鼓励我。

我站着思考了一会儿，还是拒绝了：“不，我不要。”

“你到底有什么毛病啊？”比尔的怒气噌一下子上来，“一个人剃完头把头发藏进贫民窟的一棵死树里怎么了？你现在的反应就好像在说这件事完全不正常！我的天哪，你操的什么闲心！”

“我知道，我知道，”我坦白道，“这不是你的问题，是我的问题。”我平复了一会儿心情，检讨了一番自己的潜意识。“我想我就是不喜欢你身上那么大一部分被割下来扔掉了。”我尽己所能地解释着。

“啧啧啧，”比尔大呼小叫起来，“我也不喜欢！他妈的，当然不喜欢！”他的嗓音绷得紧紧的，“所以我才把它们存放在这儿。我又不是野蛮人，看在上帝的份儿上。”画满涂鸦的灯柱上，一盏日光灯嗡嗡作响。在它的照耀下，比尔把手伸进树洞，掏出一大团黑色的头发，然后把它举起来抖了抖。

我盯着头发说：“真壮观。”我不得不让步，而且还特别高兴。这头发无论是光泽还是缠绕纠结的绝对量，都令我印象深刻。远远看去，比尔就像手里抓着一只死猫在和人挥手道别。

我们直视对方的双眼，然后放声大笑。从那天开始，每当比尔剃头，他都会把剪下的头发塞进同一棵树的树洞里，然后，我们会时不时地在半夜三更去探望那些头发。这是一个安慰仪式。不过，我那时确信，我和他最终会在掏树洞时被浣熊咬到手。

拜访头发的那些晚上，我们经常坐在水库边，天马行空地构想一部童话。这个故事以比尔的生活经历为蓝本，我们一致认为，这为这个童话带来了最欢乐也最离谱的素材。这个特别的篇章将以《贪心树》（*The Getting Tree*）为题，讲的是一棵身为父母的树如何蚕食自己的子孙，而它变成那样是因为自己越来越贪得无厌，而且贪婪得越来越不自知。故事进行到中段，刚刚进入青春期的男孩拜访了这棵树，他希望能在树的臂弯里找到一方港湾，让他躲避充满恶意的青春期世界。“我看你长胸毛了，”树说道，“把它剃下来交给我。”树提起要求来没有一丝不自然。

故事结尾，男孩已经变成老人，老人因为年纪和操心的关系已经完全秃顶。树要求道：“浣熊又生了小浣熊。我需要更多的头发。”变成老人的男孩抱歉地摇了摇头：“对不起，我已经给不了你头发了，我现在已经是个秃顶的老人。”“那就把你的手臂伸到树洞里，浣熊们会啃它。反正老人的手臂也能练练牙口。”树建议道。“好的，”变成老人的男孩说，“让我们肩并肩站着，我会靠在你的身上，让它们啃一会儿。”这个故事的结尾处已经变成了关于牺牲的辛酸场景。

“凯迪克奖[1]唾手可得啊！”当我们度过了一个创作力爆棚的夜晚后，我不禁发出这样的感慨。

1　美国最负盛名的童书奖项，为纪念19世纪著名的英国儿童绘本作家兰道夫·凯迪克（Randolph Caldecott）而设立，每年评选一次，授予“美国最杰出儿童绘本”及其作者，奖章由美国图书馆协会下所属的儿童图书馆服务协会颁发。

在车里定居近六个月后，一天凌晨三点半，比尔敲响了我的门。当时我正开始煮咖啡，他进门后，我便端了些给他。

那个夏天不好过。“住在车里的日子难熬啊。”比尔经常这么说，一边惆怅地叹气。佐治亚州很热，一般清晨 8 点半就超过 32℃了。想在一辆车里睡到正常时间再醒，根本不可能。比尔发挥他的聪明才智与酷暑斗争：他在学校 P3 停车场找到了一个好位置，在那里，他可以把车侧过来停，这样就能躲进茂密的垂柳“帘子”，获取遮蔽和荫凉。他用铝箔挡住了车的每一扇窗，就连挡风玻璃也不放过；铝箔的反光面一致朝外。如此一来，即使日上三竿，车里也能相对凉爽，不至于让人待不下去。

刚到 7 点半，我就和比尔穿过街巷赶到实验室。之后，我就能看到他在我眼前磕磕绊绊地走东晃西，两只手里各握着一大烧杯水。用他的话说，他一小时前就已经被“烤焦”，而且还和平常一样“渴得要命”。他每天傍晚 6 点开始就什么水都不喝。这个习惯让他晚上更加口渴。他这么做是因为没地方小便，毕竟他曾公开地对“在灌木丛里解决问题”的行为嗤之以鼻过。“我是有原则的人！”他说这话时还挺傲气的。

出现在我家的那个晚上，比尔的清梦被搅了个干净。他的车总是偷偷地开进 P3 停车场，日复一日地停在那里。这么停放竟然没人发觉、没人理睬，我们对此深感惊奇。不过，我们最后发现，还是有人在过问这辆车的事。大学里的校园警察不仅发觉了这起奇怪的停放，还会插手管一管。那天晚上，比尔正睡得全身是汗，忽然被重重的叩击窗玻璃声惊醒。他听见外面一片嘈杂，有巡逻队警车的鸣笛声，还有断断续续的无线电喊话声。于是，他打开了车门。

比尔看上去可不太像个模范市民：前一天他打算剃头发，但是电推子推到一半就没电了，因此当时的他就像从疯人院里逃出来的。车里一股臭味，和闷罐车里的味道没两样。小电视被开膛剖肚，后座上散得到处都是零件，这是因为比尔刚把它拆了，还没来得及修。手电的强光晃了他的眼，他听见一句幽幽的招呼："先生，能看看您的证件吗？"

等警察们确定车里没有不法行为或违禁物品后，比尔向他们出示了自己的驾照、学校工作证、护照，甚至把装在拉链袋里、刚从左半边脑袋上剃下的头发都给他们看了。那之后不久，我接到警察的电话，让我证实比尔确实是我的员工。

"我们发现他睡在学校停车场的一辆旅行车里。"他们在电话里说。

"对，P3 停车场，"我确认道，"柳树下面。"

一旦弄清楚比尔不是什么危险人物，而且他必然没做过违法的事，警察立刻对打搅他夜晚休息的行为表示了极大的歉意。他们不得不叫醒他，因为没办法，这毕竟是他们的职责所在，而且，哈，大家都清楚警察的工作是什么样的。比尔让他们放宽心，表示他并没有因此觉得不自在。"你知道吧，那座山下有个校园报警电话，"一个警察用父亲般的口吻提醒他，"如果你需要帮助，一定记得打电话。"巡逻警走后，比尔穿上衣服来了我家，他觉得我可能需要他为这次警察来电做一番解释。

"我不明白你怎么能对这种事保持冷静！"我烦透了，"你就是那种他们想给你安什么罪名就能被安上什么罪名的人啊……独来独往，经常把身体发肤卸下来塞进树里的怪人？”

“哎呀，别这样……我又没什么东西可以藏着掖着的。我不嗑药，也不找麻烦。我全身上下没一点不正常 。”比尔为自己开解道。我不得不承认这倒是真的，至少从这个角度看的确如此。我们俩都从来没嗑过药，在伯克利待了这么多年也没碰过。其实我们出野外时连啤酒都不喝，这在地球科学圈里可以说是闻所未闻。我确实故意用上个使用者的密码复印过几张纸，但那个学期我也确实没再做过比这还出格的事。

“好吧，不过你确实说了太多脏话。”我反驳他道，不愿意对他的观点做出百分百的让步。比尔承认，这恐怕真他妈是对的。“看看你，就和橡皮头[1]再临似的。你没因为这个被他们拖走可真是走了大运！”我既生气又害怕。

接着，我平复下心情。“听着，我知道这都是我的错。都是因为我付你的工资不够你生活。但是我做不到——至少现在还做不到。但是很快——我觉得很快——我们就会弄到一大笔资助的。”我努力搜索着词汇，尽力使我的保证不显得那么空泛。

“不管怎么说，这都是最后一根稻草了，”我告诉他，“我受够了每天晚上替你担心。你得找个地方住下来。”我绞尽脑汁地想着对策：“我会给你钱的。”

比尔确实找到了一个住处。自那之后的第二周，他搬进了实验室，在我们的一间学生办公室里睡觉。那间办公室之前就没人愿意用，甚至没人愿意进。里面既没有窗户又没有排气设备，所

1 《橡皮头》是美国著名导演大卫·林奇的首部长篇电影，其中的主角亨利·斯宾塞顶着一头冲天的爆炸头。

以会吸收每一个在这栋楼里工作过的人的体味，然后把这些味道聚集在吊顶上发酵，源源不断地散发出特别的“醇香”。比尔把这个房间叫作“热盒”，因为它总是比周围热上5℃，而且这幢建筑的其他部分普遍保温良好，很难降温。

他在一张旧桌子后面搭了一张床（兼做他的“梳妆台”），睡觉时穿着衬衫和卡其布长裤（他的“睡裤”），这样，万一秘书或门卫推门进来，他可以立刻起身，谎称自己只是在做长实验的途中闭目养神。这套计划堪称完美，只是“热盒”的位置不好，恰巧位于整幢楼的入口处。比尔发现，早上9点一过就没法儿睡了，因为人们会陆续涌进楼里，大门开开合合地会发出吱呀吱呀的响声。他更换了大门上的铰链，并给它上了油，可惜作用不大。有一天晚上比尔忙到很晚，于是他在门外竖了块告示牌，上面写着，“门已坏，请用后门”。但是，这个方法也没有坚持多久——有人叫来了修理工，检查后发现大门并没有坏，比尔的计划很快被中止了。

他用速冻餐塞满存放生物样本的冷柜，把自己杂七杂八的食材储存在秘书们的冰箱里。直到秘书们开始抱怨冰箱里有整整三个克罗格超市的特价西瓜时，他才罢手。总体而言，比尔还是挺满意的，除了一件事：没有可供冲澡的私人空间。他在门卫的小房间里，用洗拖把的水池草草地搭了一个类似洗澡盆的设备。但是他必须支个东西让门保持虚掩，从而保证冲澡时不被人反锁在里面。我们再怎么努力，也想不出一个令人信服的托词，用来解释为什么凌晨3点他会出现在那个地方，而且还全身赤裸，涂满了肥皂泡。我觉得这让他的社交恐惧更加严重了。

一天上午11点，楼里的火警警报响了起来。我离开办公室时，发现比尔正一步一拖地跟在撤退人群后面。他脚上没穿鞋，身上套着那条“睡裤”，头发支棱着，嘴里还塞着一支牙刷。他一出大门，就冲着种着天竺葵的窗台盆栽盒“踉跄”了一下，借机把牙膏吐了进去。

我走过去和他打招呼：“噫，小伙子，你有点儿像获准出来放风的疯子版莱尔·洛维特（Lyle Lovett）[1]哦。”

比尔开始反复拨弄他那只快没油的打火机，指望从中榨取出最后一丝火星。“要是我有一条船，”他嘴里叼着烟，含糊不清地哼唱，“我就出海去。”

比尔可以说是无处可去，因此，他每天会在实验室工作16小时。因为总是随叫随到，他很快就成了每个人的顾问和密友。他会帮学生修理自行车，替他们的老汽车换机油，给他们检查1040EZ个税申报表[2]，为他们筹划在哪里抛头露面才能尽到陪审团的义务——与此同时，他又无时无刻不在抱怨这些麻烦事。当学生们用19岁本科生才有的那种哆哆的方式向他倾诉自己的生活时（“跟你说啊！我宿舍的壁橱里竟然有个内嵌的熨衣板！”“你信不信？我要去学校广播站帮忙啦，是周日凌晨3点45的‘后雷鬼朋克音乐时间’！”“感恩节的时候，我爸说他从来没听说过格特鲁德·斯泰因（Gertrude Stein），我当时好想说

1 美国现代乡村音乐唱作人，比尔哼唱的即是他的著名曲目。

2 美国的税务表格五花八门，政府对个人所得税的申缴也非常重视。1040EZ表格即是个人所得税申报表中最简单、最容易填的一种表格，适用于收入较低人群。

‘我不认识我爸’！”)，他会听着，但从不评判。他也不讲究你来我往，不会告诉学生们自己的故事。但是这些刚成年的学生太沉浸在自己的世界里了，根本注意不到这点。

比尔一般不与我分享学生的故事，这就像一条规定，但他确实会把其中最精华的故事说给我听。卡伦是个本科生，在实验室当助手是因为她想在简历中添上几条研究经验，这样等她申请兽医学校时就更有胜算。最终，她想从事救助濒危野生动物的工作，把这些动物从人类的牢笼里解救出来，并且帮助它们重回自然生境。一个夏天，她得到了梦寐以求的实习机会，于是离开我们去了迈阿密动物园。结果她发现，动物园管理员做的大多都是最常规的卫生护理工作，如果说动物们并不喜欢自己被护理是件糟糕的事，那么比这更糟糕的就只有另外一件事了，那就是——它们喜欢被护理！

作为管理人员中的最底层，卡伦被分配到了灵长动物笼。她的工作是给猴子的生殖器涂消炎药膏。这药膏每天都需要涂一次，因为猴子们随时随地都会来一发，而且乐此不疲。当认识到卡伦是带来舒缓药膏的新“人型运输器”时，只要她一进笼子，它们就会把她团团围住。当她说这工作“没有最搞只有更搞”时，我和比尔都觉得这事让人难以接受。如果一只猴子享受了杆菌肽消炎疗程还能无动于衷，那可就太铁石心肠了。大多数猴子在她这么不情不愿操作时还是挺爽的。

动物园给卡伦配了一个塑料保护壳，这样她就不会抱怨说猴子吊在她身上或者拥到她背上。但塑料壳也不是万无一失。好的方面是，她修过的许多动物行为学课程已经让她能自觉地训练猴子们明白“寻欢洞”这个概念；坏的方面是，每天早上第一件事就是看着猴子们立直身子沿铁丝网列队站好，这已经足够让她重新思考是否要以兽医为业。实习结束后，她回到我们的实验室，而且认为生物学也许没那么无聊。

就算我们一直都待在校园里，也并不意味着认识每一个人。从前有个肤色惨白的家伙经常来参加每周的研讨会，他总是一个人坐在最后一排的角落里。他的皮肤白得像蜡一样，头发很长，也是白的，不过他看上去并不像个中老年人。他会在最后一刻悄悄溜进报告厅，又在结束时第一个溜出去。他总是避开一切晚自习和讨论。我们从来没见过他做别的事，没听他说过一句话，也没见他与旁人有过交流。我们认为他住在阁楼上，并且开始称呼他为“怪人拉德利”[1]。一天，我试着跟踪他。我在提问环节找了个借口出去候着，但他把学生涌出教室的人潮当障眼法，让我跟丢了。

我曾经对“怪人拉德利”做过无数猜想——他参加每一次研讨会时可能有什么反应、他的专业知识学得怎么样、他个人的时运如何——然后想一些对策，比如我们可以曝他的料、可以侵犯他的隐私，这样就能发现我想了解的每件事情。比尔从没对我的阴谋表现出任何兴趣。一天晚上，他平静地坐在大楼前面的台阶上，而我则眉飞色舞地指着从三楼办公室透出的灯光，

---

1 小说《杀死一只知更鸟》中的人物。小说中，小女孩斯嘉特·芬奇（Scout Finch）一开始把他描述成皮肤苍白到病态、一直闭门不出的孤僻怪人。但到最后，正是他挺身而出，解救了孩子们。“斯嘉特”其实是主角之一的小女孩的外号，这个词的本义是“童子军”。下文中比尔称洁伦为“斯嘉特小姐”，正是取了这个词的双关含义。

强迫他听我谈论这个话题。

比尔抬头看了看那盏灯，然后望向星空。他深深地抽了口烟，把烟吞进肺里，缓缓说道："我不知道，爱刨根问底的斯嘉特小姐。他就是他。我想，对除此之外的事情，我宁愿不去深究。知道他在那儿就够了，知道一旦出了什么事他会出手相救就够了。"比尔用脚把烟头踱灭在人行道上，看向我，脱下他的绒外套递给我，好让我穿上。要不是这样，我还意识不到自己已经浑身冰凉。

19

仙人掌并不是因为喜欢沙漠而生活在沙漠里，而是因为沙漠没能杀死它。无论哪种沙漠植物，但凡移栽出沙漠，它们的长势都会提高不少。沙漠就像一个糟糕的小区，住在那儿的都是些糟糕的房客，没条件搬去别处安家。水分太少，光线太强，温度太高：沙漠中的恶劣因素一项项加成，直逼到生物的忍受极限。植物学家很少研究沙漠，因为对人类社会而言，植物意味着三种资源：食物、药品、木材——而这三样，你在沙漠中一样都得不到。所以，沙漠植物学家十分稀少，而且他们最终会对研究对象的惨淡境遇习以为常。换作是我，恐怕就接受不了这么一天天地度日如年。

在沙漠中，威胁生命的高压非但不是危急关头的标志，还是日常生命史中的普通状态。极高的生存压力是沙漠这一特殊地貌的组成部分，小小的植物根本避不开，也无法削弱环境因素的影响。仙人掌能否存活下来，完全决定于它们能否一次次地忍受能置人于死地的残酷干燥期。一棵高度只及你膝盖的圆桶仙人掌[1]，很可能已超过 25 岁。仙人掌在沙漠里长得很慢——适宜生长的时期尚且如此，无法生长的时候就更难说了。

圆桶仙人掌拥有手风琴那样的褶皱，用于呼吸空气和蒸发水分的气孔深陷其中。它极度失水时会脱去自己的根须，防止焦渴的土地再从它的体内倒吸水分。仙人掌失去根系后可以生存四天，其间还能继续生长。如果还不下雨，它就开始收缩变小，这个过程有时长达数月，甚至一直到它所有的褶皱都紧紧折叠起来。然后，它就变成了没有根须的硬球，密密麻麻的刺就是它的“皮毛”——它们令人生畏，保护仙人掌免受侵扰。它就以这副姿态坐等甘霖，枯立数载。在此期间它不再生长，并且继续忍受着太阳苛待。当老天终于降下雨水时，仙人掌或者在 24 小时内满血复活，或者早已死去，不再醒来。

全世界大约有一百种“复活植物”。这些物种间并没有什么亲缘关系，但它们都演化出了一套相同的机制。复活植物可以让叶子脱水成为薄薄的棕色“纸片”，假死数年，然后吸水变回原样，继续正常生活。它们之所以能这么做，是因为体内具备特殊的生物化学机制。这项本领是偶然“习得”的，这些植物无法自己做出选择。它们干枯后，叶片中会富集蔗糖；随着叶片变干，大量黏稠的糖就留了下来。这种糖浆可以使叶片处于一种稳定的“蜜渍”状态，就算没有叶绿素、叶片不再保持绿色，也能保它无虞。

复活植物通常体型瘦小，和成年人的拳头差不多大。它又

1　生长于北美西南部沙漠地带的多种圆桶形仙人掌、仙人球植物的总称，包含金琥属（*Echinocactus*）和强刺球属（*Ferocactus*）。

丑又小又没用，却非常特别。只要一下雨，它们的叶片就开始膨胀，但必须经过 48 小时，叶片才会变绿——因为重启光合作用需要一定时间。在逐渐苏醒的奇妙时间段内，复活植物全靠体内富集的高纯糖类过活，因为它们只有一天时间，所以这甜蜜汩汩供给、源源不断，全年份的蔗糖在导管中急速穿行。小小的植物完成了不可能的任务：它超越了以“枯萎棕褐”为标志的死亡。当然，这个奇迹不会一直持续下去，只消一到两天，一切都将不可避免地回归正轨。这种疯狂的植物也会大伤元气，也会死亡，从长远来看，就算是复活植物，也终将完全枯萎、死不复生。然而，在短暂的辉煌中，它懂得了其他植物不懂的道理：还没有变绿时应该如何生长。

20

狂躁完全发作会让你看到死亡的另一面。你不知道什么时候会发作，但是只要发作，这种情绪的喷薄就仿佛发自灵魂深处，每回都是如此，无论经历多少次都是如此。一片新天地即将绽放——你的身体最先发现这种急迫感。你的脊椎好像正在一节节地分开，你的身体正在拉长，似乎在奔向太阳。一时的亢奋充塞搏动的心脏，推动血液在你脑中狼奔豕突，除了血气上涌的呼号，你听不见其他声响。接下去的 24 小时、48 小时、72 小时，你不得不冲着自己大喊大叫，才能盖住脑中的脉动，听见自己的声音。没有什么，没有什么足够响、足够亮、足够快。整个世界就像被收在鱼眼镜头中，你眼中一片朦胧，每样东西的边缘都明晃晃的。你给自己来了针奴佛卡因[1]，剂量很大，足以麻醉全身。只是全身一痛，你的身体便软了下来，软得像别人的身体，一点儿都不真实。你举起手臂，就像盛放的巨大百合

1　一种麻醉剂，一般用于局部麻醉。奴佛卡因（Novocain）为商品名，药品名为普鲁卡因（Procaine）。

花伸展出肉质花瓣。你深深地明白，这片即将绽放的新天地就是你自己。

夜深了，天也不再黑……你以前怎么会觉得夜会黑呢？夜不黑！你以前相信的其他所有常识都不对！你将迎来一份天启，它全知全能，无上光荣。很快你就不再留意日夜之分，因为你不再需要睡眠。你不需要吃饭、不需要喝水、不需要帽子抵御严寒——是的，就连帽子都不要。你需要跑起来。你需要感受皮肤上的空气。你需要脱掉衬衫跑起来，这样你就能感受到空气，这样你就能向扶着你的人解释没事没事、这么做没事的。但是他不懂。他一脸担心就像双亲离世，于是你为他可惜，因为他不知道这一切有多美妙，一切都很好很好很好。

所以你向他解释这是怎么一回事，但是他听不懂。所以，你就用另一种方式告诉他更多、更多，但是他并没有真的在听你说，他说你都这样了怎么还什么都不吃，他说你怎么不吃点这个。你解释说你不想吃那种东西，因为你需要保持这种感觉。但他不懂，他还是不懂，所以你一气之下叫他滚滚滚远一点。他最后真的走了。但这没什么，因为你并不是故意的，等这事结束后就会向他解释。他会明白的，因为他一旦明白有好事要发生，明白不让这件事发生就是个罪过，他也会高兴的。

接下来就是最妙的部分。最后一步，极乐登天。你变得身轻如燕，这个老旧残破的世界上的所有麻烦都消失了。饥饿、寒冷、悲苦、绝望……全世界人类会遭遇的每一种伤痛都变得可控，变得可解。没有、没有、没有什么是不可战胜的。你就是人中龙凤，你就是那个万里挑一之人，能够甩去尘世负累，放下现实伤痛，获得完全的自由。未来辉煌灿烂，未来奇迹满满，你可以尝到它来临时的甘美。

不怕生的艰难，不怕死的悲恸——你无所畏惧。没有忧戚悲伤之情，没有摧心剖肝之痛。你觉得，对于人类共有的且自人类出现以来就有过的每一条苦苦追问，你潜意识里都已准备好答案。你手握上帝存在的铁证，你能证明宇宙的诞生。你就是全天下在等的那个人。你会把这些都还给世界，你会把自己知晓的一切都倾囊相授。那之后，这浓厚香醇的爱、爱、爱便会淹没你的膝盖，让你在其中撒欢儿，在其中沉迷。

等我死后，这些感受可以让我认出天堂，而且，只有这些感受永不消散的地方才是真正的天堂。我被凡俗的生活所累，这些美好的感觉终有尽头。而像所有植物的“复活”一样，结束这种感觉后我就得付出代价。

在这醍醐灌顶、大彻大悟之际，你急切地想要记录下这些堪比启示的“妙计”，这样就可以制作一堆锦囊，应对每一个明天，让未来不至于失败。不幸的是，这个时候，现实中的一切也将以排山倒海之势毫不手软地阻挠你。你手抖得握不住笔。你拿出录音机，按下“录音”键，一盒接一盒地往里面塞磁带。你不停地说，直到嗓音嘶哑，咯出鲜血；你像一头困兽踱来踱去，直到晕厥。然后你站了起来，再换一盒磁带。你不停地这么做，因为你觉得自己离什么很近了。这是某种证据，某种绝境中的希望。它可以证明，你这条小命并没有那么稀里糊涂，也没有那么微不足道。

接着你发现周围太吵太亮，太多东西太接近你的脑海，于是你尖叫着尖叫着尖叫着让它走开。接着有人扶住你，说天哪这是怎么啦这头发是怎么回事我的天哪地上有你的牙齿，然后他们会擦去那些血迹和鼻涕。他们会让你服下一颗安眠药，你会睡着再醒来，然后又服下一颗安眠药，然后你又睡着再醒来然后你又服下一颗安眠药；他们给你喂药，就像用眼药水瓶喂一只因摔出巢外而负伤的幼小知更鸟。几小时，或是几天后？你醒了。你沉浸在晦暗无光的心伤中，它掐灭了你说话的欲望。你默默流泪，精神麻木。你想知道为什么、为什么、为什么你会受到这种惩罚。

最终，恐惧盖过了悲伤。你把石头滚开[1]，爬出坟墓，评估你受的伤害，然后完成应做之事。恐惧盖过了羞怯，于是你预约了医生，软磨硬泡地向他索要更多安眠药，这是你唯一的库存，你得用它对付下一次、下一次、再一次这种情况。

然后有一次你走运了，走了狗屎运，要么你踩对了点，要么你得感谢偶然、感谢上帝感谢基督感谢……管他是谁，你碰巧约上了全世界最好的医院，那里的医生深深地看着你，对你说："你没必要过这样的日子。"然后他会问你很多问题，直到你把所有事都告诉他为止。他没被你吓到，没嫌弃你，甚至没有表现出惊讶。他说很多人都这样，他们都应付得来。他问你怕不怕吃药，你说只要这药是实验室里做出来的，你就不怕。他笑了，并且开始一样样地为你解说那些药，你真想跪在地板

1　语出《圣经·马太福音》："忽然地大震动。因为有主的使者，从天上下来，把石头滚开，坐在上面。"上下文记述了耶稣从坟墓中复活的始末。这里的"石头"是封闭耶稣墓室的"大门"。

上，像一条忠犬般地亲吻他的手，因为你实在是感谢他。既然医生如此明智、如此肯定自己见多了这种事，那么你开始大着胆子生出希望：也许还不晚，也许你还能成长为你应当成为的那种人。

许多年以后，当你准备搬家去远方时，你在壁橱的最下面找到了一大摞磁带。你意识到自己不会带它们走了。你一盒接一盒地扯出里面的磁带，把一卷卷亮闪闪的棕色条带拽出来。那些在苦难圣日中经历过的张扬和狂喜，最后只剩下一地乱糟糟的卷曲。你坐了整整一小时，对自己发誓，要试着爱那个可怜的病姑娘留下的东西，她曾经一晚接一晚地录下自己的嘶喊，听她说话的只有一台录音机而已。你最终裁定，这卷曲的塑料虽然死了但依然珍贵，它是胎盘，当你在黑暗中扭动着等待降生时，曾经和你紧紧相连。你站起身，把它拿出门，埋在木兰树下。然后你回到屋里，把自己想带走的所有家当打包，试着原谅丢弃过往的行为。

但是在我的故事里，那个拥有健康、痊愈的我的日子，还要过很多很多年才会到来。所以，让我们回到 1998 年的亚特兰大，我会继续讲述我的世界如何疯狂旋转，那时，狂躁仍像地心引力一样强大，一样如影随形。

21

“你到底去哪儿了？”比尔拐过弯见我就杵在实验室里，朝我吼了起来。

我呆呆地向他眨了眨眼。“我慌了好一阵。”即使羞愧得说不出话，我还是想立刻回答他。阵发性躁狂的前一次发作把我打趴在地，我在床上躺了整整36小时，也叫了整整36小时。在那之前，为了平息急性过敏反应，我被注射了皮质醇激素，正是这种药物导致我躁狂发作。当时我们正在阿肯色州、密西西比州和路易斯安那州旅行，沿着密西西比河观察植物，尝试在一片密密麻麻、茂盛得难以想象的毒葛中“杀”出一条路来采集样本。

植物进行光合作用时会“出汗”。教科书是这么教我们的：和人类一样，温度越高，植物出的“汗”越多。密西西比河两岸，属于同一物种的树木成千上万，它们的生长因温度梯度而出现差异，环境温度则是越往南走越高。我们发明了一种测量树木“出汗”率的方法，即比较树干和树叶中的水化学参数，而树叶正是树木“出汗”或者发生蒸腾作用的地方。我们惊讶地发现，随着从春季转入夏季，树木的出汗率不升反降，即使所有的地方都越变越热，也是一样的结果。我觉得这说不通，这个问题让我急出了一头汗。可惜我急出的汗越多，树木出的“汗”越少。

这样的野外考察我们已经有过三次，密密麻麻的毒葛也让我的过敏反应一次比一次严重。尽管如此，我们仍然心怀渴望，在齐腰高的毒葛丛中跋涉，希望找出我们第一次取样时标记出的几棵顽固的树。我不会，也不能放弃这项研究，浑身上下的可怕搔痒都比不上我检视数据时的不安，因为每一次得到的数据都和我们预设的完全不同。

最近一次旅行时，我的脖子上出了一片疹子，它还蔓延到我的脸上，让我右边的太阳穴狠狠地肿了起来。这次过敏不仅让我看起来像大卫·林奇电影里的“象人”（Elephant Man），还压迫了我右眼的视神经，使这只眼睛丧失了部分视力。我们紧张地从路易斯安那州的贫穷角（Poverty Point，现实世界中真有地方叫这个名字）开车驶回亚特兰大，当比尔不再拿“猪头”这个外号逗我时，我知道情况已经非常糟糕。车子只在埃默里大学医院停了一停，只为了把我送进急诊室。

医生希望我同意他们为我拍照，因为“我们很可能要发表关于这项病症的研究”。我签字后，他们给我注射了甲泼尼龙（methylprednisolone）[1]，然后拍了照。医生让我躺在棉纸上，开

1　人工合成的糖皮质激素，有抗炎、免疫抑制及抗过敏活性等效果。

始计时。我憋着笑，觉得这一切很滑稽：我们的植物学研究没戏了，但现在这样好歹也能发表篇论文吧。

空等几小时后，我突然意识到，我身上没有钱打车回家。我真应该在下车时问比尔要些现金。老鼠洞在西边的什么地方，我猜离这儿有 8 千米。

我躺在病床上，被一堆纸包围。我就那么窝着，直到开始明白自己实在棒得很。我走进卫生间，看着镜子里的自己，下决心就这么走出去，因为我不太可能是庞塞·德莱昂大道（Ponce de Leon Avenue）[1] 上最奇葩的那个人，在夜晚这个时间点更是如此。我走进护士站时还特别肯定，自己就是下一个耶稣。

他们终究放我出院了。我先是走，再是跳，最后是跑过德鲁伊山（Druid Hills）[2]。一个接一个的念头在我的脑海中飞速涌现，前一个还没完，后一个就冒了出来。我得回实验室，因为我记起了一件重要的事：当年上农学课时学过的，有关灌溉技术的微妙和水流在多孔土壤中的物理性质。我记得，玉米每形成一克组织就需要大约一升水。它通过蒸发水分来为生化反应降温，而正是这个反应把空气转化为糖类，再把糖类转化为叶片。随着密西西比河沿岸的生长季向前推进，落叶树肯定停止了生长，因为一个春天让它们的新叶子全部长了回来。我意识到：树出的汗少，是因为生长季结束了，整个体系达到了平

1　连接佐治亚州的亚特兰大、克拉克斯顿（Clarkston）和斯通芒廷（Stone Mountain）三座城市的大道，名胜众多，历史建筑林立。

2　佐治亚州的一个地名，包括亚特兰大的部分属地。

衡态。

是啊，从初夏到盛夏，整个南方的天气都越来越热，但是树却已经开始为过冬做准备了。它们降低了生长速率，因此出汗量也在减少。这些树的生理活动并不是被动地服从于我们世界的温度，它们为实现自己世界的目标而存在，而这目标中的重中之重，就是制造树叶。我开始考虑参加旧金山的美国地球物理联会年会，在那儿，数千名有头有脸的科学家齐聚一堂。我得去那儿，为我得到的“天启”散播“福音”。

我上气不接下气地赶到实验室，激动地告诉比尔那不得了的灵感：我们要在没有任何旅费的情况下参加会议，即使既没有申请到个人资助也无公费支持！我已经有办法——我们可以开车去！对，会议在加州举行，而我们住在佐治亚州，但是距离会议开幕还有整整八天，我们有大把时间赶路。

我的想法：5 000 千米路，以 100 千米 / 时的速度开，只要 50 小时。大家轮换十个岗，一岗 5 小时，就可以开 5 天；每天只换一次岗。如果带上两名学生，这个计划就行得通，可以轻轻松松开 5 天。我们可以填一堆表格，向学校租一辆厢式车；这车自带汽油卡，我们就能沿途露营过夜（实际上这是违法的，但却可行）。参会的开销要过好几个月才到还款期限，那时候我已经有钱了，因为我众多提案中的一个应该能最终签成合同，毕竟谁都不认识还拿什么资助嘛。所以每次开会你都得露露面，混个脸熟，对不对？

我之前向会议组织方提交过一份摘要，其中含糊地描述过密西西比河项目。我在摘要中提出了一个设想，即由我的研究可得，植物用于快速生长的耗水量要大于冷却耗水量。这是把研究重点从“环境调控植物”转向“植物调控环境”的早期尝试，而这个主题，我也会在未来许多年的不同情况下反复提及。但在那次早期会议中，我并没有就此给出清晰的陈述。我只是在绝望中抱着一线希望，只求自己到达会议地点时能憋出报告的内容——还有一个前提：我能及时赶到。

我开始喋喋不休地向比尔灌输，告诉他公路旅行才是美国唯一且正宗的出行方式，哈克贝利·芬（Huckleberry Finn）就是一位先行者，他在密西西比河上的冒险就是第一次“公路之旅”。我和多次躁狂发作时一样啰唆，虽然前言不搭后语，但是热情得无与伦比。比尔翻了翻白眼给了我一条建议：“闭上你的臭嘴，回家睡觉去！”我急匆匆地小跑回家，不久就大祸临头——我的情绪飙上狂躁的高峰后立刻掉入抑郁的深渊，这些都发生在我紧锁的公寓门内，那是我可悲的私人空间。

现在我回来了，已经过去好几天了，比尔把我从头到脚看了一遍。他挥散尴尬的气氛，敦促我“赶快振作起来，因为我们要上路了”！他说这话时，一手抖着我们皱巴巴的米其林制的佐治亚州公路图，一手拿着车钥匙。我呆立着，又惊又喜。当我莫名其妙地尽不了职责时，比尔却把我语无伦次的疯狂建议当成了严肃的命令来执行：预约了车，整理好行装。我虚弱地笑了笑，感谢自己又有机会重新开始，又有机会做得更好。

然而，时间安排却令我为难，因为现在已经是周三了，而我的报告被安排在周日上午 8 点。为了在周六晚上到达目的地，我们将面对 3 天漫长的车驾生活——而不是 5 天。我们开始在硬纸箱里埋头寻找。这个箱子里藏匿着我们从美国汽车协会（American Automobile Association，简称AAA）的地方办公室中偷偷夹带出来的各州高速公路图。这些地图都是免费的，我们去过那个办公室很多次，每次进去都很紧张，为的就是拿两张地图。“亚拉巴马，密西西比，阿肯色，俄克拉荷马，还有……啊该死！我们没有得克萨斯！[1]”50张州地图里，我们竟然没想到偷拿这一张，比尔扼腕叹息道：“我们怎么会忘了得克萨斯?！”

“得嘞，那就忘掉得克萨斯！走北线！”我建议道，“你去过堪萨斯州吗？”比尔摇了摇头。“好吧，我们这就去。”我一边向他保证，一边把肯塔基、密苏里、堪萨斯和科罗拉多四州的地图从箱子里拿出来。

我把地图接起来，用手掌测量距离。如果我们先北上，然后经I-70公路西穿腹地，那么路途的中点就落在丹佛[2]。我在格里利市有朋友，他们肯定能给我们提供歇脚处，让我们在第一天晚上睡个囫囵觉，这样到周五中午就能重新上路。从那儿到里诺可能需要15小时，我们可以先在低海拔地带扎营，然后翻越唐纳山口，一路南下，于周六晚间抵达旧金山。比尔也确定，他姐姐已经准备好在旧金山市区的房子里接待会议期间的我们。

1　比尔念的州名在美国南部，示意从佐治亚州西行通往加州的近路，这条路必须经过得克萨斯州。而下文中洁伦拿的州地图和说的话，则表明她打定主意走北线，绕开得克萨斯，经远道去加州。

2　丹佛市是科罗拉多州首府。格里利市距其仅一小时车程。穿过犹他州后，可达位于内华达州的里诺市。里诺是通往邻州加利福尼亚的重镇，从此地西去海拔急剧增高，由唐纳山口翻越险峻的内华达山后方可到达加州。

没错，现在已经是12月的第一周，但我出身明尼苏达州，所以一切都没问题。“盐湖城？你会爱上它的，”我向比尔保证，“它就像冰冻的水银海，这世上可没什么东西能和它一样。”我兴高采烈地说着，把我们即将翻越的草原、平原和山脉历数了一遍。说到最后，我终于恢复状态，重拾抱负。

“这根本不可能是个坏主意。”我断言道。我们都因为这句荒诞的表达而忍不住大笑起来，却又完全相信它的真实性。

当我们往车里塞行李时，我知道了一个更加令人惊讶的消息。比尔真的邀请了几个学生，而且还真有两个人同意。我的研究生特里（Teri）肯定会来。她最近刚回到研究生院念书，之前一直在工作，做过十年顾问。在我看来，尽快建立新的人际关系对她来说迫在眉睫。尽管我们怀疑特里长这么大都没怎么出过佐治亚州，但旅行之前我们确实没料到，她还真的是“零经验”。

诺亚是个很有天分的本科生，几乎什么都会，但只是默默地做，从不吭声。他也同意来（我猜他只是默默地点了点头）。他没有驾照，所以开车这事他帮不上忙，可当我想到他会在五十多小时的自驾时间内开开尊口、向我们打开心扉，我就很高兴。比尔与诺亚共处的时间不短，他认为我过于乐观——他已经开始叫诺亚“闷葫芦”了。

我们再三清点了地图和露营设备，然后把车开到雪佛龙加油站，给我们这辆16座的大胖卡喂满油。接着，我们去了克罗格超市，我把大冷柜塞得满满当当，全是健怡可乐、冰块、面包、威尔维塔美式奶酪、博洛尼亚大红肠。比尔则负责买齐糖果零嘴。我们一致同意，三位司机每人轮值三小时，这样，一个人在两次轮值之间就可以休息六小时。因此，我们大概每过 200 分钟就要停一停，换换司机、加加油、上上厕所。所有的食物都在冷柜里，坐在副驾的人要给广播调台，还要按司机的要求帮他（或她）制作三明治。比尔找来了四个两升装的大罐子，分别写上我们四人的名字，放在末排座位背后，以防我们想方便的时候找不到地方。

我们的计划进展得十分顺利，最初的 24 小时太平无事。午夜时分轮到我驾驶了，车从 I-64 并入 I-70，我们随之跨越密西西比河，进入密苏里。比尔跪在副驾座上，上半身完全探出窗外。圣路易斯大拱门[1]恢宏壮丽，看得他目不转睛。当我们向北转从拱门身下通过时，满月当空悬挂，正好与拱脚的大灯遥遥相对。向西转离开圣路易斯老北区（Old North Saint Louis）时，比尔终于坐了回来。他咂摸着说了一句："这儿真美啊。"话里不带一丝讽刺。

我等了大概一分钟，然后才回应他："是啊。"而身后的两人已然入睡。五小时后，太阳从我们背后升起。堪萨斯原野上空好似开启了一扇门，金光徐徐溢出，抚过这片长年经受风吹的土地。"这儿真美啊。"比尔又轻声说了一遍，那是对他自己说的，但我还是回应了他："是啊。"

我们于第二天午饭时分抵达格里利。到卡尔和琳达的家时，我们走出面包车的样子活像一群追了半天猎物、累得气喘

1 美国密苏里州圣路易斯市的地标性纪念碑，位于密西西比河畔，造型为拱门，高 192 米，为纪念美国西部大开发而建，于 1965 年竣工。

吁吁回家的狗。离开亚特兰大之前，我给他们打过电话，告知我们的行程。但我也只是从他们拥有代理父母资格（Surrogate Parentage）[1]上推断，他们会欢迎我的到来，并且允许我带着朋友。我是对的：卡尔和琳达都做过几十年教师，他们爱我胜过我应得的。我们活动了活动腿脚，“登堂入室”，放开饿瘪的肚子，享受他们准备好的热菜热饭。

“说起来，是什么事情让你们12月来北科罗拉多？”卡尔随口问道。

“因为我们找不到得克萨斯的地图。”比尔回答他。我别无选择，只能耸耸肩表示我认可他的答案。

琳达在他们家的大仓库里为我们每人安排了一张床，我们都像死猪似的睡了十小时。第二天早晨，我和比尔率先起床。卡尔邀请我们徒步到附近的咖啡店坐坐，我们欣然同意。喝咖啡的时候，我告诉卡尔，我计划在接下来的一天半里，先去怀俄明州的拉勒米（Laramie），再去盐湖城，然后到达里诺，翻过内华达山后南下至科罗拉多州的萨克拉门托（Sacramento），最后西穿至旧金山湾区。卡尔生于20世纪40年代，在一个养牛的农场里长大，个性沉稳、沉默寡言。他一边听一边点头，并用商量的语气给我提了一条建议：“最近有场暴风雪。你恐怕可以走I-70过大章克申（Grand Junction），这样就可以避开大

1 代理父母是美国特殊教育中的重要角色，配合学校为孤儿、残障儿童等提供教育方面的监护，不同于养父母，不一定负担经济责任，但在品德和教育背景上需要得到政府认定。

陆分水岭（The Divide）[1]。”

“不不不，这么走的话路就长了，”我拍了拍胸脯说道，“我计算过路程了。”

“嗯……长不了多少，可能还没那么长呢。”卡尔反驳道，但还是一副好脾气。

然而，我把这次讨论当作一场必须赢的辩论，因此坚持道：“不不不，到家我就量给你看。”我们把科罗拉多州、怀俄明州和犹他州的地图展开，用线丈量路程，比较长短。我满意地发现自己胜利了：当我把线搁到怀俄明州的夏延（Cheyenne）上方时，这根线确实短了一丁点儿。卡尔只是摇了摇头，询问我们的面包车里是不是配备了链条。于是我几乎是第十次对他说了声“不”：我们不需要那玩意儿，因为我在明尼苏达州长大。卡尔又摇了摇头，走出去站在门廊上，盯着西北方的天空看了好一会儿。

我这辈子做过的所有后悔事里，用一根线赢那么一场口头之争可算是其中数一数二的蠢事了。我定的路程确实短一些，但也不过比卡尔的短 100 公里。这点路开一小时就够了。仅仅为了省这点路，我就鲁莽地把大家带入了 20 世纪 90 年代最可怕的暴风雪。

当我们再次给面包车上货时，卡尔和琳达 8 岁的女儿奥莉维娅，用蜡笔涂色的万国旗装点了车子内部——她照着世界地图画了那些旗子。当我们拥抱告别时，我脑中闪过一个念头，想

1 纵贯北美洲南北的高山，把北美的水系分为西部（流入太平洋或北冰洋）和东部（流入大西洋）。

起我怎样一次次地挥别这个世上为数不多的几个爱我的人，但我马上就不再想了，直接坐上了驾驶座。

我把车开到怀俄明州的罗林斯（Rawlins）就完成任务了，接着就换特里接手。她会把我们送到怀俄明州的埃文斯顿（西南接犹他州），走过那儿我们就会进入犹他州。我开车的时候听见比尔和特里正在为“小食柜”（the deli）拌嘴——顺便一说，是比尔给放食物的冷柜起了这个名字。冷柜底部被五六厘米的冷水漫过，大红肠漂浮其中，残余的几大块冰支撑着受潮的奶酪。它实在是太臭了，所以特里正在强制推行新规矩：只有两个以上的人想要拿东西时，才能把冷柜的盖子掀开；这样还不够，开冷柜时还得保证窗户敞开。其实我挺赞成特里的意见，因为我非常清楚，在接下来的两天内，冷柜里的恶臭状况不太可能好转。但我觉得我有义务站在比尔这边，因为他是我们当中唯一一个至今仍吃着冷柜中食物的人。这场争执让我们每个人都快快不乐，连诺亚都怕是如此。直到我们停靠在罗林斯西面的加油站时，大伙儿都很郁闷。那次停车后，就要换特里驾驶了。

等待大家轮流上厕所期间，我站立着，定定地盯着地平线看。我突然意识到，明明才下午1点，天色却已经黑沉沉的。我还觉察到，随着风力加大，气温也急剧下降。特里走出加油站，爬上驾驶座，我让她按几下喇叭，提醒大家准备出发。

比尔和诺亚跳上后座，特里发动了车子。尽管天色尚早，我已经极度疲乏无聊，我手里的图显示，前方的道路平坦无趣。我脱掉靴子，把脚蹬在仪表盘旁的暖风口上。我想过系上安全带，但随即打消了这个念头：这是地球上最一马平川的地方，能出什么事呢？

当我们并入 I-80 公路时，特里狠狠地踩下加速踏板，面包车嗖地蹿了出去，就好像她正汇入亚特兰大绕城公路的上下班车流。我在座位上不自在地扭了扭，但在接下去的几公里路程中，我什么都没说。就在我们翻越大陆分水岭时，天一下子变了，空中飘起了小雪。

我看了看潮湿的路面，意识到几分钟内就会上冻、变滑。我又看了看特里，大概知道她的全盘打算——不过是一路猛踩油门、保持 130 千米的时速而已。我用冷静沉着的语调对着特里说话，就像在指导全身心投入危险复杂实验操作的学生："好吧，你瞧，这里马上就要结冰了，你得想着慢下啊啊啊……"

我没能把话说完。车子不是慢慢刹住的，特里哐地踩下刹车，而当她发现路面确实上冻后，又是一记猛踩，结果刹车直接锁死了。车子开始打滑，特里疯狂地转动方向盘试图挽回这一切，但是车子还是扭着 S 形向前滑。特里这时已经尖叫起来，她完全控制不住车！而我也惊恐地意识到，接下去肯定会发生车祸！

限速牌成了我能看到的最后一样正立着的东西，它是方圆十几公里内唯一一件竖着的物体。车子撞向它，牌子就像一支冰棒一样折断了。我们转呀转呀，终于慢慢转停时，车子已经完全调了个头，逆向对着后方前进的车流。我非常害怕，担心其他车会迎头撞上，但这种担心很快被另一种担心取代：车子正向一侧倾斜，快要翻个底朝天了！我发现车子正在慢慢侧翻，很快会掉进路旁的水沟。于是，我试着用手撑住前方的仪表盘保护自己。周围是金属变形的“咯吱咯吱”和塑料断裂的“咔嗒咔嗒”声，特里高分贝的尖叫，还有的听上去像南北战争打响时的火枪齐鸣声。

我惊叹于一切进行得那么缓慢，仿佛坐过山车登上最高点时的感受。我的头撞上冰凉的窗玻璃，然后重重地碰向车顶，最后枕在车顶篷内里的薄毡布上。一瞬间，我们就彻底停了下来。我睁开眼，笨拙地站起身，车顶篷现在可以用作车底板了。另外三名乘客像伞兵似的，大头朝下，被安全带勒住，悬在空中。

我开始踏着车顶篷前后奔忙，检查大家是否安全。我们几个奇迹般地没受伤，只有我出了点鼻血。我歇斯底里地放声大笑，鼻血流得更欢了。比尔第一个解开安全带，毫不优雅地落到车顶上。我发现，面对这整件事情，他好像都没有那么惊慌失措。诺亚在最后面，他双手并用，愁眉苦脸地试图抹平已经乱七八糟的时髦发式。特里就那样挂着，一脸沮丧。

我开始担心车会爆炸，电影里出现车祸时都这么演，但是我不知道车子快爆炸的时候应该做什么。突然后车门开了，传来一个男人的声音：“我是个兽医。你们没事吧？”

后面那辆车显然目睹了我们翻进阴沟的全过程。车主靠边停车，然后就过来帮忙了。

我长出一口气，激动得不能自已，简直想抱着他的脖子亲上几口。“你好！是啊是啊，我们没事！”我满面笑容。

“天气往后会更糟。我带你们进城吧。”我的目光越过那位新朋友，发现后面还有一批好心人，他们的车正为我们打着双跳，提示前方有事故。

“好啊，”我高高兴兴地同意了，“就这么办吧。”

那个男人帮我们离开车子，而我是最后一个出去的。倒不是因为我肩负着“沉船船长”的责任，而是在一片狼藉的车里找靴子浪费了些时间。我们两个人两个人地跳上他们的卡车，驶向未知的地方。

我们不认识这辆车的司机，我们也不知自己身处何方。我们没有代步工具、没有钱、没有实际的计划，但我却感觉很棒。我真高兴还活着，我想我的心都要在胸膛里乐爆了。想到没人受伤我就满怀感恩之心，很想用尽肺活量高歌一曲。不论接下来会碰到什么事，不论会是什么事，那都是我未曾想过的馈赠，是我不配得到的礼物。乘车离开时，我回头望了望：奥莉维娅的万国旗正被风刮出壕沟，在路面上翩飞。牙买加国旗上的黄色十字叉与黑绿背景映衬，非常亮眼。我微微一笑，眼看着它翻滚飞向远方。

20 分钟后，我们在西罗斯林史普鲁斯大街（Spruce Street）的一个加油站下车。我对救了我们的几个人连声道谢。不过，我说得越多，就越能感觉到他们迫切想离开的意愿。特里一副想寻死的表情，生着闷气，躲在我们这群人的最外缘。一个男人把诺亚带到一边开导他：“唉，别害怕啦。你肯定吓坏了。”听他说这话时我才意识到，我们一个个的身上有多脏。翻车时，车里所有的东西都倒了过来，包括“小食柜”。更不幸的是，我们之中有个人没有在方便后把尿瓶的盖子盖严。诺亚形容狼狈，一身尿骚味，我猜他肯定沾上了那些尿液。我觉得那个安慰他的男人肯定以为，这可怜的孩子吓得失禁，然后把尿淋到了自己头上。于是我沉思了一会儿，想帮诺亚澄清真相。

但是比尔打断了我。“哎，你知道吗？”他兴高采烈地说，“我们还有美国汽车协会的小册子呢！”在扔下我们的车之前，他从杂物箱里把加油卡翻了出来，并且开始阅读上面的蝇头小字。一听到这个消息，我马上转过头，对着比尔开心地笑了出来。“我去打电话，请他们把我们的车从沟里拖出来。”他说完这话，便向电话亭走去。

“告诉他们，我们人在速 8。”我发现街区前头有一家汽车旅馆后又朝他喊了一句。比尔从电话亭回来后，我们拎起背包走去旅馆，一进门就闻到大堂里有一股味道，相较之下，我们身上的味道都不算什么了。

我向柜台后面的女人打招呼：“您好啊，我们想在这儿住，行吗？”

“单间 35，标间 45。”她说道，头都没抬一下，嘴里还叼着烟。

我看向特里，她显然还没缓过劲来。“三间房怎么样？”我问道。“他俩一人一间，我俩一间。”我指了指自己和比尔，又加了一句。“一共 115 美元，没错吧？”“还要加税。”女人补充道。

“还要加税，当然当然。”我微笑着回应她，递出信用卡的时候却又胆战心惊。出乎意料的是，她收下这张卡，在开收据的机器上重重刷过。

“行了，之后会越来越顺利的。”我又补了一句，“现在，有谁想吃饭吗？”

特里还在生闷气：“我只想睡一觉。”不知道她是在气我还是气自己。我想问问她好不好，但又觉得这么做可能不合时宜，于是我干站着，什么都没做。当然我心里清楚，这也不合时宜。诺亚一拿到房卡就消失了，我和比尔离开汽车旅馆，走上埃尔姆大街（Elm Street）寻找吃饭的地方。我们找到了一家油腻的牛排店，点了两份肋眼牛排和两罐可乐，吃得喝得有滋有味。真是直到吃起来，才知道自己有多饿。

那次散步回旅馆，和我们往常的每次散步一样，但确又有些变化。我们就像两个杀错人的强盗，因为这件要命的坏事，成了永远绑在一根绳上的蚂蚱。我们回到旅馆，走进房间。房里有张大床，酒红色的被面上画着古怪的图案，床单一看就没换过。墙面色调暗沉，厚重的涤纶窗帘混杂着烟臭味和消毒剂的甜腻味道。地毯污渍斑斑，还黏糊糊的，所以我们都没脱鞋。

夜深了，虽然我的身体疲乏不堪，但脑袋里仍然思绪万千。身上淤青红肿的地方开始隐隐作痛，我在餐馆里上卫生间时也已经看到尿液里带着血丝，但并未感到不安。那天晚上，我似乎觉得，这个世界上不会再有任何事情值得我为之不安。

我和比尔并排躺在床上，凝视着浸有水渍的天花板。房间里唯一的台灯照着这块地方，光线很暗。浴室里的水龙头一直在滴水，轻柔的“滴答”声很有节奏感。大概二十分钟后，比尔说：“我说，这事真的发生了。有个学生想杀我们。”

这么一说可太滑稽了，我吃吃地笑起来，后来又从吃吃轻笑变成哈哈大笑。我笑个不停，笑得越来越厉害，发出笑声的部位也越来越深。我笑到肚子疼，笑到不能呼吸。我笑到不能自已，连内裤都被笑尿了一小块。我笑到一笑就伤身的地步，以至于笑起来就想告饶，只求能让我停住不笑。笑到最后，我笑得和哭差不多了。比尔也笑。我们笑出自己的快乐和感恩，毕竟，从某种程度上而言，我们对死神使了一回诈，而且使的诈还不小。我们的运气太好了，这是天堂赐予的礼物，它展露出一个甜美的世界，甜美得让人不舍。我们又能拥有新的一天，即使我们不配拥有；而且这一天我们又能共同度过。最终，笑声渐渐停止，因为我们的力气已经耗尽。我歇息了一会儿，又一次吃吃发笑。接着我大笑起来，比尔也开始大笑。我们又这么来了一遍。我们并肩躺着，和衣而卧，我们笑啊笑啊，连脚上的鞋都不脱。

比尔站起来去了浴室，但很快就径直走了回来："猜猜怎么着？马桶堵住啦。我就知道，我们被救出来的时候应该带上那些瓶子。"

"直接尿在地毯上吧，"我出了个主意，"我觉得以前的住客就这么干。"

他很嫌弃这个主意。"别跟个畜生似的。浴缸的下水口还是好好的。"我站起身，接受了他的建议，然后我们俩都仰面躺下，肩并肩，继续凝视着天花板。

"你瞧，特里这样我挺难过的，"我坦白，"她恐怕在恨我。"

"哎呀，别这样，她该庆幸自己还活着。"比尔说得很坚决。

"我们全都活着她就该满足了，"我补充道，话里带着强调，但我心里很乱，“现在真是一塌糊涂，她肯定在怪我。而且我觉得这说到底的确是我的错，是我帮她报名参加旧金山会议的。”

“给她提供免费跨州旅行的机会是你的错？让她认识些人好让她毕业后从他们手里讨份工作是你的错？行行行，你就是个狗娘养的。我们就该待在亚特兰大，然后我帮她把所有实验都做了！”比尔言辞间的愤恨之声非常刺耳，我从没见他这样过。“她成年了，”比尔接着说道，“妈的，她得有35了吧。见鬼！岁数比我们还大呢！”

“唉，那也说明不了什么，”我说，“不过确实不一样，如果我做学生那会儿去开什么会，才不会有人管我呢。”我已经退回到自己的愤恨情绪中。

“听好，别和学生做朋友，现在就把这条记到脑子里，”比尔叹了口气，“你和我都得先理清楚自己那堆烂事，再一遍遍地教给他们那些屁话，再他妈的拿自己的性命为他们冒险，到最后他们还是总让我们失望。这是工作。我们就靠这个吃饭。”

“你说得对，”我半心半意地应和着他的愤世嫉俗之语，“我们也不是真的信这些，对吗？”

“对，我们不信，”比尔承认，“但今天晚上我们得信。”

我闭上眼睛，数着从浴室水龙头滴落的水滴，那声音轻柔规律。直到听到比尔再次开口：“但是你的确得明白，你不可能和同事做朋友。”

我一下子睁开眼。他的话太让我意外了，我的心仿佛被扎了一下。我赌了一把，开口问他：“那我们呢？我的意思是，我们是朋友啊，不是吗？”

“不是，”他回答道，接着解释说，“你和我不过是两个倒霉的混蛋，把自己放哪儿了都不知道，只能盘算着在旅馆房间上省 25 美元。闭嘴吧，赶紧睡觉。”于是我们一人占据大床的一边，和衣而眠。我觉得，家的感觉一定是这样的。我为我们度过的时光和即将迎来的奔忙未来感谢上帝。

第二天上午我们睡了个懒觉，等我们走出房间时，天已放晴。特里已经在大堂等我。她还在生气，看上去整宿没睡。

我们穿过马路走向大架卡车站（Big Rig Truck Stop），要了一份培根鸡蛋，这对我们四个来说已经绰绰有余。等比尔喝完第八杯咖啡后，特里看着我说：“我希望你送我去盐湖城机场，这样我就能坐飞机回家。”我点了点头，准备好告诉她，我理解她的决定，并觉得这不成问题。

但没等我开口，比尔就炸了。“什么？”他把银杯子往桌上一掼，双手攥住桌缘。桌子晃得厉害，好像整块大地都在颤抖。“你把车弄翻了，现在却光想着跑路，剩下我们来对付这些？”他质问道，“真冷血啊！这招可真他妈冷血！”他满脸惊骇地摇着头。特里急忙站起来走了，很可能是准备去卫生间大哭一场。我想过追上她，告诉她“一切都会好起来”“没人不犯错误”“这次旅行完全是个蠢主意”，还有“我们所有人都回家”。但是作为科学家的直觉告诉我，如此轻易放弃是个错误。

桌子上方扬起的尘埃慢慢落定，我坐在桌边思考。和实验室里的其他事情一样，这次事故的责任最终会算在我头上，给我的经费支持也会中止。昨晚我就明白，天一亮我就得爬出被窝对付这堆烂摊子，可我还没着手处理任何一桩事情，没有解决哪怕一点点问题。我搞不清车在哪儿，也不知道行李箱在哪儿。我甚至不是很清楚我们离盐湖城的距离。我知道现在距我的会议报告开始不到24小时，但是我们还要跨越整整三个州才能到达。但总的来说，我只是很高兴我还活着，有力气来尝试解决这些问题。那天我看不到任何东西能击垮我，“不会死”成了我定义“好日子”的新标准。现在我没有丧命的危险，我必须咽下培根，然后即兴构思自己的报告。

尽管我同意前进才是对的，比尔的反应还是令我惊讶。我慢慢才意识到，他完全可以有抛弃我的念头，却从来没这么做过。想到这里我才第一次明白，他其实有其他选择，他完全可以离开佐治亚州。比尔以他平素的步调蹚过这段离奇可怖的时光，他大步前行，看不到其他出路，只管埋头苦干，把大家从这场巨大的灾难中扒出来，哪怕祸事的发生没有他一点责任。实际上，所有我想到的这些都没有惹恼他。他因为某人可能想着抛弃我们而恼火。正是这个想法让他大发雷霆，而以前我们碰到过的任何艰难险阻都没让他这么大动肝火。

我把睡前的思绪续接了回来：这是我的生活，比尔是我的家人。学生们来了又去，他们以后该是什么样就是什么样。有些人前程远大，有些则无可救药，但这都与我们没关系。我的生活与我和比尔两个人有关，包括我们同舟共济所能完成的种种。除此之外，一切都不过是背景杂音。以前，我对自己的学术生涯怀揣着各种期许——或崇高，或自诩，或贪鄙。但现在我解放了。我不想着改变世界，不想着教育出一代新人，不想着为所在的机构争取荣誉。我的生活就是待在实验室里，全身心地投入，维持其正常运转。当我活着从那辆车里爬出来时，我找遍全身上下所有的口袋，只找到了一样有价值的硬通货，那就是“忠诚”。我站起身，到前台付完账，然后把门拉开，好让我们每个人通过。“动起来，伙计们，会好起来的，”我告诉他们，“必须好起来！”

当所有人都回到旅馆时，我看到停车场上有辆很眼熟的车，很像我们那辆，但我觉得不可能，因为它看上去完好无损。我们走近后发现，它看上去的确没问题——前提是你从副驾座这边看的话。另一边则塌的塌、瘪的瘪，和压扁的易拉罐没两样。驾驶座一侧的后视镜无影无踪，一并折断的还有挡风玻璃前的一个雨刮器。不过窗玻璃都没破，副驾一侧的门也开关自如。比尔打开车门往里看了看，称赞它“低调奢华”。车祸使得“小食柜”敞开着柜门，里面散发着尿臊味、午餐肉的馊味，还有坏奶酪的酸臭味。腌臜玩意儿都沾在车子一侧的窗户上，因为车子前一晚就侧躺在水沟里，这些东西都滑到一侧，被冻了个结结实实。

比尔宣布，我们的行李箱都在。他哐的一声坐到驾驶座上，试着发动引擎。钥匙一转引擎就响了，它起死回生，突突突地空转起来。我看见比尔咧嘴大笑。“我们开工啦！”他大喊道。我捏着鼻子跳上副驾驶座，特里和诺亚也爬进了后座。

我们回到高速公路上，向西行驶，直奔着怀俄明州的洛克斯普林而去。诺亚充当司机那侧的后视镜，如果后边没车，他就会默默比画示意。我突然发现，他一路上没说过一句话。我系上安全带，反复检查，确认其功能完好。

我们沿着高速公路开，我计算了一下我们到旧金山还要16小时，最多17小时——正好能赶上报告！我没有算上内华达山上肆虐的暴风雪，但那种事情嘛，碰上之前都不算问题。彼时彼刻，一切似乎都很好。比尔突然嚷嚷起来："唉，该死！我们忘记停下来找找后视镜了。"接着他又补充道，"算了，我们也可以回来时再找。"

我都蒙了，满脑子都是"旧金山快到了""旧金山快到了"，我都没想到我们还要把这辆破车再横跨美国国土开回去。我想说旧金山快到了，但比尔就像我肚子里的蛔虫，他指着我说："不不不，我不想听你说。你就坐那儿想你的报告吧。"然后他又加了一句，"都碰上那档子事了，往后可得一切顺利了。"

和这趟旅程比，五天的会议真是毫无波澜。会议一结束我们就出发回亚特兰大。这次先走I-10，再走I-20，包括亚利桑那州、新墨西哥州和得克萨斯州那段缺少地图的300公里路段。比尔每天都能发现沿途的美丽之处，我都认同。当我们到达凤凰城时，特里终于缓过来了，对于过去的一切，我们也都既往不咎。

回到亚特兰大后，我拖到深夜才去还车，把车钥匙往租赁室的晚间返还箱里一塞，就马上溜掉。接下去的一个月，学校里的所有行政人员都对我不假颜色。我坚称，车祸发生时是我在驾驶，而且一遍遍地打消他们的疑虑，说明自己没有懊悔之心是事出有因的；我振振有词道，能活下来就已经感激不尽，我们平安无事简直是个奇迹，哪能挑三拣四地说什么车坏了人遭罪呢？他们不懂，我最后也不指望他们懂。只有一个人懂我，完完全全懂我。我也终于明白，有他在，我他妈是多幸运。

22

锡特卡小城很可能是阿拉斯加最有魅力的地方。它坐落于巴拉诺夫岛，面朝阿拉斯加湾。太平洋的温暖洋流使这个地方拥有温和的气候，月均温从未低于冰点。城中的几千居民就生活在这种宜人的环境下。锡特卡发生过的大事不多，它只在1867年的几天里，短暂地吸引过整个世界的注意。

“阿拉斯加购地案”[1] 发生在锡特卡，俄国（卖方）和美国（买方）的外交官当年就在这里举行正式仪式，庆祝双方签署合约。条约文本早先由美国参议院批准通过，规定美国将以每英亩[2] 2美分的价格购买阿拉斯加，而这块新领土的总面积为50万

1　指1867年美国政府从沙皇俄国购买“俄属北美”（即今阿拉斯加）的事件。19世纪中叶，沙俄与英国处于敌对状态，英国在北美不列颠哥伦比亚的发展，令处于其东北边犄角处的俄属北美殖民地岌岌可危。这块地方易攻难守，若英国打下此地，与不列颠哥伦比亚（今属加拿大）连成一片，则必将增强英国的实力。沙俄新败英、法于克里米亚及堪察加，既无力保全该地，又怕便宜英国。正好南边的美国有意购买，故将其转手给美国。这块地成为美国拥有的最大飞地。

2　1英亩 = 4 046.8平方米。

平方英里[1]，交易总价达700万美元。对于刚刚结束南北战争、家园还是一片废墟的普通美国人来说，这确实非常昂贵。人们的意见分成两种：一派人认为这样做是对的，并且打算把收购不列颠哥伦比亚作为下一步战略；另一派人则认为这样做不对，这种行为只会徒增一块待人进驻的美国领土，加重美国人民的负担。在内战后的美国，签署这项条约就像上演一出逃避现实的戏剧，一场正邪不两立的对抗——只不过战场不在本土，而在遥远的异乡。

另一场大戏则在20世纪80年代拉开帷幕。然而，它无关乎两国之间的条约，而是关于物种之间的死斗。

树木喜爱锡特卡这个地方。即使黑暗寒冷的冬日让植物的身形看起来没那么伟岸，白日绵长、光照充足的夏天再辅以温和的气候，都足以让巴拉诺夫岛变成适宜树木生长之地。这里有锡特卡云杉、锡特卡桤、锡特卡花楸、锡特卡柳，这些树种都是人们探索这片地方时首次发现的。这些锡特卡树种成功地在不列颠哥伦比亚“殖民”，并把自己的身影扩散至华盛顿、俄勒冈和加利福尼亚等州。但是它们仍然身形矮小，其中的锡特卡柳更是毫不起眼：最高也就长到7米，这在森林里可称不上是什么“大树”。不过，锡特卡柳和所有其他植物一样，拥有许多看不见的秘密。

你漫步于桉树林间时，可以闻到一股特殊的气味：辛辣刺鼻，还有点像臭肥皂。你闻到的这股味道其实是由树木产生并

1　1平方英里≈2.6平方千米。

释放的化学物质，能在空气中传播，被命名为挥发性有机化合物（volatile organic compound），简称挥发物（VOC）。以挥发物为原料可以合成“次生”化合物——因为它们不能提供任何营养，所以相对于基本生命功能来说是“次生”的。挥发物拥有许多我们已知的功效，但可能也拥有大量未知的作用。桉树释放的挥发物是一类抗菌剂的有效成分，能够预防感染，当树叶和树皮受伤后，桉树会分泌这些挥发物来维持自身的健康。

大多数挥发物都不含氮元素，所以对植物而言，它们的“造价”也相对“低廉”，大家都“用得起”。即使树木在森林中大手大脚地释放挥发物，也不会带来什么坏处。正因为如此，桉树的气味才会浓到连人类都能闻到的地步。但是，树木产生的大多数挥发物不能被人的鼻子察觉。不过这很正常，毕竟它们不为人类的鼻子而存在。森林中的挥发物产量时长时消，这是因为，植物是否产生某种挥发物，都受到某些信号的调控。茉莉酸（jasmonic acid）就是一种常见的信号分子，植物受伤后会大量生产这种物质。

植物和虫子的熊熊战火已经燃烧了4亿年，双方各有伤亡。1977年，位于华盛顿州国王县（King County）的州立大学研究林遭到害虫狠狠的蹂躏，其中带头的就是天幕毛虫（tent caterpillar）。它们是野蛮残忍、贪得无厌的士兵，有能力吃光几棵树上所有的叶子，再给更多树带去致命威胁，最后能引发一个地区多个阔叶树种群的大崩溃。我们都明白“输小仗、得大胜”，但没有什么比树的历史更能说明这个道理了。

让我们回到 1979 年华盛顿大学的实验室，研究人员把从毛虫攻击中幸存下来的树上的叶片喂给天幕毛虫吃，再仔细观察。他们发现，这些毛虫的生长速度比普通状态下的更慢，而且都病恹恹的。不过才过去两年而已，但它们确实不如两年前进攻相同树木的毛虫健康。简单地说，树叶里的某种物质让它们变得虚弱。

然而，真正令人人兴奋的现状在于：生长在一英里外的健康锡特卡柳，也发生了变化——即使从未遭受过害虫的攻击，它们的叶片同样令毛虫难以下咽。当研究人员把远处健康柳树的叶片喂给毛虫后，这些毛虫的确变得虚弱病态，无法再像两年前那样，轻易毁掉一片山林。

科学家知道相邻的树可以通过在地下分泌信号分子而实现根与根之间的通信。但是，这两片锡特卡柳林相隔甚远，根本不可能经由土壤传递信息。不对！它们肯定在地面上收发过信号。研究人员推断，当叶片刚刚遭到毛虫啃噬时，柳树就开始产生毛虫毒素，而这个过程也会刺激挥发物的产生。他们进一步提出假说，认为挥发物肯定至少可以传播一英里的距离，让其他树察觉并识别其为“痛苦”信号，从而先发制虫，抢先用毛虫毒素武装自己的叶片。20 世纪 80 年代，一代又一代的毛虫因为这些毒素挨饿，然后悲惨地死去。在这场持久战中，植物最终反败为胜。

研究人员根据多年的观察确信，“树木间存在地上通信”是对这一事件的最好解释。他们知道树和人不同，树没有情感——对人类没有情感，它们不在乎我们。但是，也许它们在乎彼此。锡特卡柳实验是个漂亮且天才的杰作，它改变了一切。当时只有一个难题：人们花了二十多年才让所有人相信它的真实性。

23

我睡得着，却睡不实。1999 年早春的几个星期，我时不时地在凌晨两点半醒来，然后因为无法入睡而变得越来越焦虑。比尔让实验室漂亮地运转着，每项实验都很顺利。实验有多成功，我的项目申请就有多失败。所有经费申请书都被驳回了，真是轮番失利！要想让项目获得批准，就得让它通过严格的同行评议。评审意见在很大程度上取决于你的“履历”和“成果”，也就是在过往项目中做出了多少项重大发现。因此，一个彻头彻尾的新人研究员，本来就处于很不利的位置。

有些科学家会假借评审的名义处理私人恩怨，这种事情并不少见。我当时收到过这样的评语：“本评审失望地发现，很显然，该研究者所表现出的能力水平，只够其在原来拿过学位的机构拿个研究生学位而已”我还收到过其他的毒舌评语。在那次去程中差点让我们自己丧命的旧金山会议上，我做了有关植物和其水分摄取的口头报告。正当我准备开口时，一名颇有资历的科学家怒气冲冲地（很多年以后我才知道他其实是个好人）

站在折叠椅上吼道："我真不敢相信你要说这个！"震惊之余我也颇为迷茫，结结巴巴地对着麦克风说了句"没事吧你"。显然，这句话无法缓和气氛。

坦白说，我很早之前就遇到过这类麻烦了。撰写学位论文期间，我曾经短暂地休过假，去拜访一位新晋的教授，她具备杰出且专业的古植物知识，因此她前一次到访之前我就期待了好久。我帮她拆开许多装有化石的包裹，为化石分类，给化石写标签，并送它们入库。她在哥伦比亚波哥大外的雨林中冒着生命危险采集了这些化石，在其中发现了地球上最早的花朵印迹。这些沉积物有着1.2亿年的历史，我的这位同行计划从化石花瓣下方采集花粉和蕨类孢子的样本，并从中提取出细小的化石。通过显微镜检视后，她会一丝不苟地描述出她所找到的每一粒孢粉的形状，并且记录岩石中孢粉数量的变化情况。由此获得的统计数据可以帮助她研究清楚开花植物与蕨类植物的数量存在怎样的关联，同时评估森林中低层级[1]中的荫蔽量——正是这个数值促成了植物界的大变革。

岩样酥脆碎裂、颜色太深，以至于我强烈怀疑，它们还有没有足够的有机碳可以供质谱仪检测出结果。但是当我测试了一些样本后，竟然发现其中的有机碳比我们需要的还多——实际上，有机碳的含量已经高到足以进行一种新的化学分析，这种技术可以测量重碳原子与更加常见的正常碳原子核之比。

最后，我们的工作简直成了首批以碳13方法分析古老陆地

---

1 森林在垂直方向上具备分层结构，最简单的，从上到下可分为林冠层、林下叶层和地面层。林冠以下的部分受到高处树木的荫蔽，故为森林中的低层级。

岩石的研究实例。尽管我有能力用不到两年的时间完成实验工作，但结果却花了整整6年时间去解释这些数据，并最终发表这些发现。因此，我早年的教授生涯都耗在"说服全世界"上，即让所有人相信，我对一些非传统材料施用了一种非常规的方法，然后通过一个未经证实的解释得出了一项令人吃惊的结果。这整桩事情离经叛道，但我还天真地以为自己能从老前辈那里赢得支持——他们走过的桥连起来比我走过的路还长，研究信誉也比我高更多。这些早年的职业历程真像一场漫长且缓慢的学术生涯撞车事故。

那些年间，我日复一日地砸着"学术怀疑"这堵砖墙。我这个最初什么都不懂的傻孩子慢慢成熟起来，意识到要想成功地说服一众科学家"我知道自己在做什么"，就得参加许多会议，给许多人写信，并且每日天人交战三省吾身。然而问题在于，我没有时间了。花完学校拨给实验室的启动经费后，为了维持工作，我们开始从大楼的地下室里挪用化学试剂、手套、试管以及一切拿得走的东西。我念叨着："至少我把它们利用起来了嘛。"而这个自欺欺人的调调，到了我们山穷水尽时就显得更加苍白。走投无路之下，我们不仅捡过垃圾箱和回收桶里的破烂儿，还搜刮过工程楼的教学实验室。我们告诉自己，反正这些实验室里的东西多得很，少个把两件，他们也不可能发现。

最后，我连比尔的薪水也发不出了。每当某个学生鼓起勇气问比尔是不是"那个住在大楼里的人"时，他都会故意表现得愤愤不平，说他们质疑他的人品。但即便如此，那时的状况也开始让我们俩都丧失元气。比尔最初把他的穷困潦倒看作一次新的冒险——短暂的波希米亚阶段——然而随着一个又一个月过去，这种生活状态也已经丧失了它仅有的一丝魅力。在他无家可归的那段日子里，我会通过每天晚上为他准备晚餐等小小的“善举”来减轻自己内心的罪恶感。但是，后来事情变得很清楚：我正在摧毁我们俩的生活！

我还对自己的存在产生了恐惧。从我还是个小女孩起，我就梦想成为一名真正的科学家。好不容易走到这一步，眼看就要成功了，我却面临满盘皆输的危险。我加班加点，但通宵工作的效率不高，解决不了什么问题。

一次，巡夜的保安发现我办公室的灯还亮着。他本来以为是自己不小心忘了关灯，结果发现是我还没走，于是嘀咕道：“无论你有多喜欢自己的工作，工作也不会喜欢你啊。”一边说还一边怜悯我地摇了摇头，并帮我带上了办公室的门。我不愿意承认他是对的，但我开始理解他的看法。

拥有一间自己的实验室是我曾经唯一持有过的具体梦想，一想到即将失去它，我就害怕得像做了一场噩梦。“总有一天我要成为一个真正的学者”（这个想法最主要的体现方式，就是拥有一间门上挂着我名牌的实验室）——大学期间，我就抓着这个念头不放。我希望以后每个人都承认我，自那之后我自然能在科学上取得突破，生活也会变得轻松。我正是怀揣着付出有所值的把握，才在研究生阶段拼了命地工作。

因此，我被自己那些年间作为年轻教授所承受的失败感而深深困惑，不知所措。我第一次感到深深的忧虑，怕我无法完成宏大的天命，怕白白辜负我苦难的女性祖先们的信任（我总是能想象她们用草木灰水搓洗被单，泡在肥皂水里忙忙碌碌）。那些失眠的夜晚我都沉浸在焦虑中，空想出一幕幕情景剧。我会开始想起司提反[1]那个倒霉蛋，想起他起初是怎样干劲十足、圣灵充满，却未及走出耶路撒冷，就在城郊被听他宣讲的民众砸死。临死前几天，他才被幸运地选为七执事之一，承接走出去传播福音的期待。推选他的人有没有向他说明，要是他宣讲自己的新观点，就很可能惹怒听众呢？司提反当然极为虔诚，但他当时有没有觉得自己被耍了呢？

圣经总是缺少细节。难道司提反的自我保护本能，没有扰乱过他以身殉道的决心吗？有人拿石头砸你的头时，你难道不会躲开吗？你难道不会用手护住头吗？还是说，你只是闭起眼睛听之任之，等着又大又硬的石头砸穿你的太阳穴？这些砸人的石头是谁扔出来的？是人们出去的时候在路上捡的吗？扔石头的人计算过吗，他们每个人要扔几块石头？他们仔细考察过自己捡的每一块石头吗，有没有按照一定标准决定某块石头该舍弃还是该留下？女人们也扔石头了吗，还是说只是站在外围傻笑，像拉斐尔画的那样？我想起扫罗[2]，司提反的惨剧正是在这

---

1 《圣经》中，以司提反为首的七人是由早期基督教会选举产生的领袖，为信徒们解决日常食物分配等问题，常被当作如今基督教“执事”职位的先驱。司提反虔诚无畏，在犹太公会面前作长篇证词，简述祖先的历史，谴责人们对耶稣的迫害，痛斥他们冥顽不灵地抗拒圣灵。暴民们恼羞成怒，把他撵出耶路撒冷城，并用石头把他砸死。司提反也因此被当作为耶稣基督殉道的第一人。

2 又名“大数的扫罗”，他出身犹太人家庭，早年认为传耶稣的话是违背犹太教的异端行为，他见证了司提反的殉道，并支持暴民处死司提反的行径。后来，扫罗归信耶稣，成为早期基督教会中最有影响力的传教士和领导者，《圣经》中除开始称他为“扫罗”外，均以“保罗”称之，也称“使徒保罗”。

位长老的监督下发生的，那后来他又怎么能够在司提反“好人不长命”的经验教训之前，反而继续像司提反那样思考，并且凭此为罗马帝国四处奔走、保驾护航，获得极大的声望？

我的脑子徒劳地转个不停，疼痛从双膝和手肘开始，一直蔓延到脚踝和肩膀。我越来越紧张，觉得身上的疼痛越来越难以忍受。我只好坐到床边，花了大概半小时揉按自己的关节，让身体前后俯仰。我实在挨不住时，就给比尔打了个电话。他用来睡觉的那间办公室里装着一部老旧的电话，铃声一响就和火警一样。他很快就接起了电话，与其说是担心我，不如说是想尽快结束这阵刺耳的铃声。

“巫婆要出来了[1]？”他拿起听筒说道。

“我不太舒服。”我小声说着，嗓音微颤，透出一股极度焦虑的情绪。

“你听上去糟透了。你把我送回大楼后吃过东西没有？”

“我喝了点安素营养粉。”我回复比尔。他恼火地叹了口气，顿了顿不说话。

过了一会儿，他哼了一声，接着说道：“我觉得这会儿我应该告诉你，一切都会好起来的。”

我控制住自己，不能失声痛哭。“可如果不是这样呢？要是我申不到经费呢？要是我就是不够聪明呢？要是我们什么都没有了呢？”我神经紧张，说话也颠三倒四。

“‘要是’‘要是’，去你妈的‘要是’。那些个乱七八糟的

1 西方人认为凌晨 2 ～ 4 点是巫婆、恶魔和幽灵力量最强的时间段，这些黑暗力量会在 3 点左右达到巅峰。

改变不了什么！”比尔吼道，“要是你没拿到经费？你最近可能都没算账吧，那我告诉你，你付给我的薪水不可能比现在更低了！要是你被炒了怎么办？我们他妈的都有这地方的钥匙，我明天就再去配两把！我脑子里一直有个想法，我怀疑你即使不在这儿教书了，也可以天天来这儿干活。你可以穿上西装套裙去面试，向别人兜售我们的这些瓶瓶罐罐，看在上帝的分上先把我们从这儿弄出去！如果我们能把这鬼地方建起来一次，就能再把它建起来两次！我们也可以挑个晚上卷铺盖走人，你到下个城市吱吱嘎嘎地吹口琴，我就歪扶帽子满场跑，把一罐硬币抖得哗啦啦地响！”

听到这里，我才虚弱地笑出了声。他这些规劝的话虽然乍听之下很难入耳，却能让我平静下来。接着，电话两端都陷入了一阵长长的沉默。

“我们能读读《玛西之书》吗？”我提议道。

“你总算说了句人话。”比尔同意了。我把手伸到床底下，掏出一本大部头，随便翻到其中的一页。

我们给最近招收的一名硕士研究生起了个绰号叫“玛西”，因为她看《史努比》[1]时最喜欢玛西这个角色。不过她自己还是更像薄荷派蒂，面对功课总得 D- 这件事一直安之若素。她最近离开了我们的实验室，理由很正当：她已经决定，抛下以前那种努力学习也才刚好不挂科的生活。她留给我们的告别礼物是

1　又译《花生漫画》，主角是一只会直立行走的小狗。玛西和薄荷派蒂都是其中的主要角色。这两个女孩是好朋友，但脾性相反。薄荷派蒂直爽果敢，擅长运动，是个孩子王，但学习成绩比较差；玛西戴着眼镜，脾气温和，喜欢读书，头脑聪明。

一份“论文”草稿，其中每修订一次都使得草稿更加臃肿怪异。我一直认为，她的“论文”堪称一种新兴文体的先声。从文字用了 14 点字号和 Palatino 字体，到装订潦草以至于有些页都是颠倒的，整部稿件的每一个角落都荒诞不经。等待失眠症状过去的过程中，我读了《玛西之书》中的一个自然段，那是一节长达三页的废话，接着又读了《芬尼根的守灵夜》[1] 中的一章。然后，我让比尔判断我读的内容中哪些是《玛西之书》、哪些是《芬尼根的守灵夜》，再请他通过严格的分析陈述理由。这是因为，上一晚我刚把《玛西之书》中的“方法”一节与《等待戈多》中著名的“幸运儿的独白”放在一起比较了异同。

我和比尔都假装博学的样子，互相敦促，希望这样一起偷偷做坏事能宣泄掉一部分情绪，带来快感。这些日子以来，打电话和比尔插科打诨，已经变成了刹住我奔腾思绪、助我入眠的唯一途径。

我们的对话中断了一下，有好一会儿我们谁都没说话。我看看窗外，太阳还没有一点点升起的迹象。我看了看时间：“哇，凌晨四点，我们就聊到这儿吧。新纪录。”我心中的焦虑已经平息。

“你知道你的失眠对谁最不好吗？那就是我确定你又让‘野兽同学’睡不着了。妈的。”比尔抱怨道。我看向瑞芭：她正躺在我床边的篮子里，安安静静地睁着眼，非常警觉。

又有一会儿我们都没说话。“上帝啊，你就不能看看医生什

---

1 由爱尔兰作家乔伊斯创作的最后一部长篇小说，以晦涩难懂著称。

么的吗？”比尔问我，语调还算温柔。

对于他的建议，我只是打了个哈哈。“没钱，没时间。而且为了什么呀？”我回答他，“让医生来告诉我，我得自我减压？”

“这样他就能给你开几片百优解。”

“我……我不需要那个。”我说。

比尔马上回复我说：“那就别吃，把药给那个住在你实验室里的人，他都无家可归了。”

一波新的罪恶感向我袭来，我意识到，比尔几乎在向我坦承他过得不开心，之前他从来没向我吐露过。

“我会考虑的。”我向他保证，然后用手挡住电话的话筒，这样他就听不到我正在把想说的话咽回肚子里。最后，我只挑了一句话轻轻地说出来：“谢谢你接我电话。”“这就是为什么你要付给我那么多钱啊。”比尔说完就挂断了电话。

一切都会好起来。六个月后，我们租了辆搬家用的货车，把科学仪器塞进去，让瑞芭坐在前头，改掉不系安全带的坏习惯，系好安全带，驱车开往巴尔的摩。我在约翰·霍普金斯大学给我们俩找了份新工作，并且让身为新旧雇主的两所大学都相信，不把我实验室的设备扔掉而是单纯给它们搬个家，这其实是更明智的做法。搬家之后，我接受了比尔的建议去看了医生，终于对症下药了。自那时开始，我能吃得好睡得香，身体也越来越强健。比尔戒了烟。我们俩坚持工作，坚持敲击命运的门扉，坚持相信，这扇门终将为我们打开。

爱和学习有个相似之处，那就是付出总有回报。比起我刚到亚特兰大的光景，离开时我懂得了更多东西。直到现在都是如此：只消闭上眼睛，我就会想起北美枫香树叶揉碎后的气味，那股辛辣的刺激感真实得就像我手里正拿着叶子一般。你随便往我实验室里一指，我都能告诉你被指到的东西价值几何，而且可以精确到美分；我还能告诉你，这种东西哪家公司卖得最便宜。我可以把水力提升理论[1]解释得清清楚楚，让教室里的每个学生听一遍就明白。我知道路易斯安那土壤水中的氘含量比密西西比的高，尽管其中的原理我才弄清楚一半。还有，因为我知道忠诚的非凡价值，所以我能够去到许多不知道其价值的人永远都到不了的地方。

1 又名“根系水力再分配作用”。该理论认为，当夜间蒸腾作用减弱后，处于深层湿润土壤中的植物根系会吸收水分，将其上提到浅层根系，再通过输导组织送至浅层根系各处，进而释放到上层较干燥的土壤中。

第三部

花与实

24

地球形成后的最初几十亿年间，整个星球表面都是彻彻底底的不毛之地。即使之后海洋中已经充满了生命，陆地上仍然没有一丝生命的迹象。直到一群群三叶虫在海底的淤泥中打滚，大小如拉布拉多寻回犬的海洋节肢动物——奇虾（*Anomalocaris*）捕食它们，陆地上还是什么都没有。直到海绵、海贝、海螺、珊瑚以及奇异的海百合掌管近岸和深海，陆地上还是什么都没有。直到最早的无颌鱼和有颌鱼出现，并且开始辐射分异，向今天的硬骨鱼演化，陆地上还是什么都没有。

又过去了6 000万年，陆地上终于有了生命。它不过是生长在岩石裂隙里的小小植物，全身上下没几个细胞。然而，一旦第一株植物成功驻扎陆地，只消几百万年时间，所有大陆就会变成绿色——先是湿地，再是森林。

30亿年的演化史只孕育出了一种能逆转这个过程的生物，只有他们能够削减地球的绿意。植物辛辛苦苦开荒4亿年，城市化进程却可以一朝就把地表打回原形，使其变得板结贫瘠。

未来 40 年，美国的城市用地会翻一番，这就相当于把宾夕法尼亚州大小[1]的保护林全部夷平。发展中国家的城市化进程更加迅猛，波及更多地方，也牵动更多民众。在非洲大陆，每过 5 年，人们就要把一块宾夕法尼亚州大小的森林转变成城市。

巴尔的摩是美国东海岸树木最少的城市，那里气候湿润，过去曾孕育过茂密的森林。在巴尔的摩市区，每 5 位市民拥有 1 棵树。从空中俯瞰巴尔的摩，整座城市只有 30% 的地方完全是绿色的，其余都是柏油地。就在我和比尔抵达巴尔的摩当天，我在大学附近买了套老旧的联排房，按揭付款，不用付首期。比尔搬进了阁楼，很快适应了不在办公楼里睡觉的生活。离开佐治亚州使我们悲喜交加，毕竟这个地方让我们俩都成长了不少。但是，就像地球上的第一批植物一样，我们需要向新世界进发。因此，我们认定，这块不毛之地可以成为我们的家。

1　宾夕法尼亚州面积约为 12 万平方千米，与我国福建省的面积相当。

25

“你当真觉得这样犯法吗？”我通过对讲机问比尔。

“哎哟，我可不知道。让我们用公共广播频段思考一下吧。”比尔的声音非常清楚，这丝毫不令我意外，因为他正开车走在我前面。我们刚结束了一次短暂的辛辛那提之旅，正在返回巴尔的摩新家的路上，我们中得有一人驾驶拖车。

“好吧，我刚刚在想啊，”我若有所思地说，“我们还要开60多公里，如果警察把我们拦下来，发现这辆车上还拉着上万美元的实验仪器，而且还全部印着‘辛辛那提大学所有’的字样，那么，我们的马里兰州驾照恐怕也无法说明我们是这些东西的主人啊。”

“难道你没有向埃德要一份遗赠书或者财产转让声明，上面写着‘鉴于本人年事已高，目前已经不再工作，兹将我实验室中的全部所有物——无论是否被污染过——都赠予我的师孙，希望她能百尺竿头更进一步，在我的学术发现基础上，探索出更多更伟大的发现’？”比尔当时确实很想聊天，他的车载广播坏了之后，我被下了死命令：必须不停地和他说话。

“不，我没有那东西，我觉得他也没有要给我书面材料的意思。”我权衡道。“我可能是在瞎担心，”我继续说道，“我是说，我们拿着一堆烧杯能做什么呢？警察能给我们安什么罪名？”

“我不知道啊，傻瓜。让我们小试牛刀，在西弗吉尼亚破土动工建造第一万个冰毒实验室——如何？”比尔如此利欲熏心，真让我没话说。

他喜欢这堆器材，至少和我一样喜欢，但我觉得他并没有提出什么建设性的意见。他这话说得就好像他没有往卡车里塞三次东西一样！就好像他没有每次都把前一次塞进车里的东西塞得更紧，以便成功塞进更多箱子一样！

“听好，你说得对。我们得看好这份大礼包，我们得牢记，所有这些破烂玩意儿都不要钱！”最后，比尔从道义角度阐明了现状。

第二天我们就得继续工作，把约翰·霍普金斯大学地质系名下的一个巨大地下室变成一间宏伟的实验室。这项工作从我们1999年夏天搬到这里就开始了。在实验室的几次大工程建设之间的空档期，我们行走于各个国内学术会议。生物、生态、地质……不论什么会议，我都去参加。我的名字渐渐为人所知，我的实验室也得到了广泛的宣传。1999年秋天，我们在丹佛参加美国地质学会会议，在大厅的纪念品展台那儿碰巧遇到了我最敬爱的“师伯”埃德。当时他正忙着为妻子挑选生日礼物。我们很久没见了，他的头发又白了一些，但仍然留着当年我刚认识他时的发型，依旧如父亲般慈祥。当我走向他和他问好时，他停下手上的事情，给了我一个大大的拥抱。

埃德和我的博士生导师是研究生同学（这也是“师伯”称呼的由来）。他和其他一些科学家合作测量出了海平面在地质时间中的升降变化。他和他的团队分析了数以万计的微小海洋生物的壳体，而这些生物曾经一代代地在海洋表面历经生死。这项工作始于20世纪60年代，最终，他们开发出了一种利用壳体化学性质计算北极冰量的新方法，而这个新方法完全是从一次次偶然得到的间接联系中摸索出来的。

当北极的夏天比往常更冷时，冬天的降雪不但不会融化，还会越压越实，直到底部的积雪变成巨大的冰舌探出来。即使远在南方的伊利诺伊州，研究人员都找到过这些冰舌铺展时留下的痕迹。这不禁让我们想去论证，连续的冷夏是否会导致雪球地球（Snowball Earth）的发生：在那样的世界，从北极到南极，地球上处处都覆盖着冰川。先有蒸发才有降水。如果地球极地的冰盖伸展到如此的广度，那么海洋中的水必然会减少，少到足以让海平面下降一两米的地步。海平面下降后，就会暴露出更多的新陆地，无论对植物、动物还是人类而言，这都是一份新的地产。把动物们隔绝千万年的海水消失了，所有的一切都开始混杂和融合。雪球地球是个美丽新世界，满是未被征服的广阔土地，尽是有待打破的权力平衡。

埃德和他同时代的人大胆认定，这种冷暖交替是周期性的。然而每一次，新冰川都会抹去上一周期冰川留下的遗迹，这个事实令人扼腕，也迫使他们寻找新的手段，用以读取末次冰期的历史。当年生活在海水表层的微小生物，经历了短暂的一生后死亡。海水涨涨落落，它们就在这海底留下空壳，固结成一层又一层的岩石。而埃德他们要采集的正是这些生物的遗体，用钻取石油的钻井提取这些岩石的岩芯。

每个小小的壳体，生前都被当时的海水洗刷过，也被冰川的融水浸泡过。当生物在海水中游弋，那时的海洋化学会影响壳体的化学成分，并留下深深的印迹。于是，一个新理论诞生了：通过分析化石壳体的化学成分，就可以知晓全球冰川的历史，了解冰期旋回。几十年来，埃德都在为完善这个理论贡献自己的力量，不断地完善不足之处，使其从荒诞不经的幻想，变成有理有据的事实，再到成为能在如今每本地质课本上都找得到的知识。为了完成自己的工作，埃德建了一座巨大的实验室，里面摆满了当时最尖端的设备，而这个“当时”，已经是遥远的 1970 年了。

埃德问我最近怎么样，我告诉他，我正在约翰·霍普金斯大学建一座新的实验室。我把他介绍给比尔。虽然比尔也在伯克利待过，但埃德对他印象不深。我知道，埃德上次和我见面后就升为系主任了，所以我问他是否喜欢这份工作。“不喜欢，”他一边在一盘宝石里翻拣，一边告诉我，“今年年底我就退休。”

虽然埃德已经快 70 岁了，我还是很震惊。我的导师一辈竟然要退休了？我完全没有准备好接受这个现实。我不能想象，一旦我仅有的几个同盟（比如埃德）离开，无法在暗中保护我，那些老男孩们会怎么对待我啊！

“您的实验室怎么办？”我问他，言辞间仍透着不可置信的口吻。

“要用来摆一大堆计算机——他们刚刚雇了一个地球物理学家，都要摆他的东西，”埃德很伤感，“我的这堆破烂儿全都要扔进垃圾堆喽。怎么啦？你要拿点儿走吗？”

一股热血一下子冲上我的脑门儿。我看了看比尔，他也半张着嘴。于是，下一周我们驱车直奔俄亥俄州。到达辛辛那提时，我们租了一辆单程的拖车。

我们在实验室所在的大楼前见到了埃德，那时正值周二上午。他带我们进去，把我们介绍给楼里的所有人。他骄傲地告诉大家，他在我还是学生时就认识我了，而我现在成了一名教授——做大事的，我来这个城市是因为他的设备具有很高的科学价值，扔了实在可惜。他又念叨起那些每次我们碰面都要讲给我们听的故事，也许我不在的时候他也会念叨给别人听。他说起我当年读了他的论文后，如何给他写了一封长信，向他询问实验背后的细节和逸事。他说起当年他带我出土壤学野外实习时我直接睡在车里，因为我不想在宝贵的白天浪费时间去支帐篷。他说起我是他见过的最勤奋的学生，他见到我的第一眼就知道我很特别。他说话的时候，我一直低着头，这样就没人能看到我尴尬的笑容；我试着用单脚站立来转移注意力，等他把故事讲完。

埃德讲完后，我抬起头向他道谢。被埃德介绍过的人一个个地把我从头看到脚。我有些畏畏缩缩的，因为他们每个人脸上都挂着一种我熟悉的表情，仿佛在说：“那个女人？这可不对，肯定有哪儿不对。”世界各地的公共组织和民营机构都研究过科学界性别歧视的成因，最终得出的结论是：原因复杂，是多方面的。而从我的个人经验出发，性别歧视的成因非常简单：一种日积月累的重压，它源于有人不停地告诉你——“你不可能做你自己”。

“你也没打扮得像样点，扎个马尾辫穿个印花T恤就出来晃了。”每当我装出一副受迫害的样子时，比尔都会这么提醒我。我得承认，他说得对。

埃德把我们带到地下室，为我们打开实验室的大门。这个地方显然已经多年没人来做过实验了，但300平方米的场地上仍然堆满了尘封的仪器，这是一笔巨大的宝藏。比尔站在房间角落里，他脸上的表情告诉我，他正在脑海中比较房间和卡车的容积。我知道，他的第一个念头肯定是把所有东西搬进卡车里。我也一样，想把它们一件不剩地统统拿走，就连放在一小抽屉里的用过的海绵耳塞都不遗漏。

“嗯……你最好可以告诉我们，如果我们拿走这些，你会想念其中的哪一件东西。”我的脑袋已经被欲望填满，都开始不讲究说话方式了。

埃德笑了。“你知道，我都没法儿告诉你这些东西大多是什么。为我工作的人他脑子灵光，名叫亨利克，太可惜了你从来都没见过他，他定做了大多数仪器。我们一起工作了三十年。他三年前就退休了，现在住在芝加哥，但是你可以联系他，如果你想做什么然后需要他帮忙的话。就连从工厂买的东西他都要好好改改再用。他可只有一条手臂。”

接着是一阵长长的沉默。突然，比尔出声了。他把双手伸向天花板，大叫道：“我的上帝啊，你是说他是个残废？这世上只有一件事我不能忍，那就是实验室里有个怪胎！真恶心！”

接下来的几分钟气氛尴尬，埃德转过头看着我，好像在问：“你到底从哪个犄角旮旯挖到的这家伙？”我一动不动地站着，脸上带着平静的笑容，和我往常遇到这种事时一样。埃德摇了摇头，看了看手表说：“我得回系主任办公室了。如果有什么太重的仪器，你可以找后勤部的人帮忙。装完车来我办公室打个招呼——秘书在楼上，她会告诉你办公室在哪儿。”他从公文包里取出领带，穿好西服上衣，然后走了出去。

我和比尔的视线相触时，我朝他咧了咧嘴：“真是哪儿都不能带你去。”我叹了口气。

比尔的右手有残疾，恰好这只手又是他的惯用手。不过，只有与他近距离共事很多年，才会特别留意到这一点。因为他那块皮肤上有很多伤疤，所以很明显：他原来有只好手，结果某天被砍掉了一大块。那时候他肯定还很小，因为他对这一整件事都毫无记忆。我猜，唯一知道真相的只有比尔的父母，但是他们却没有兴趣谈论此事。比尔的母亲有瑞典血统，因此，对我来说，比尔的不知情也情有可原。

比尔用 1.7 只手，可以比世界上绝大多数用两只手工作的人完成更多的事。所以，他手部那点“不一样”只会在一种情况下显得特殊，那就是取乐逗趣时。每当我向别人暗示，比尔是因为搞砸了一场实验而受的伤时，我都享受着扭曲的快感。比尔最喜欢的一种消遣方式，就是走到一个手持锋利手术刀片的学生背后，大吼一声：“小心手指！”

我们把带来的硬纸盒和气泡膜拿进实验室，把家具移开腾出打包区。我们安排了一下分工：比尔拆大件，我对零件和小件进行分选、包裹和装箱。我们工作了好几小时，先集中处理那些明显看得出用途的东西，比如未拆封的手套、常规烧瓶、独立的变压器、电源。接着，我们转向不常用的高级货，比如能够在过冷液接触空气时缓和其暴沸程度的容器。我每打包一件东西，就想到我们又能省下几百美元另作他用，同时把这些东西的名字记成流水账。比尔在他的笔记本上认真地画下大件的形状，拆分之前先从各个角度给这些物件拍照，因为他知道：一旦我们回到巴尔的摩，就没有任何说明书告诉他如何组装了。他还一心二用，自己工作之余还不忘批评我所做的一切。

“搞什么鬼！你快把气泡膜用光啦！省着点！”比尔给我下了命令。

“呀，对不住啦，”我回应道，“我傻嘛，我以为自己还记得读博时学过玻璃是怎么碎的。我猜你在社区大学学得比我好哦。”

“别包那么厚。还有好多东西要包。包紧些，我们就可以拿更多东西，”比尔朝我咆哮道，“我会慢点开车。”

“你脾气怎么这么糟糕？”我问他，“这么多设备我都‘劫’到手了，你该高兴才是。”

“哦，我不知道，”他答道，“可能是因为我开了他妈一整夜车，而你一直在睡觉吧。”

“我忘记对你说谢谢了？”我睁大眼睛尖声问道，“可惜现在太晚喽。覆水难收哇。”

我们避而不谈另一个房间里的自制质谱仪，因为我们还以为会因此发生争执。是的，我俩都想要那台质谱仪，但又知道不可能带上它。最后我们只能靠近它，围着它打转，从各个角度打量它，就像盯着一头狡猾的猎物，慢慢地缩小包围圈。它是一台巨大的机器，不好拆，大小与小轿车相仿，前部的面板上有指针式的读数表，而表里的指针早已停摆。"这东西一半是玻璃，一半是金属，还有一半是'颗粒'板。"比尔开玩笑道。我们正想从导线、仪表和手写标记中识别出从进样口通往检测器的路径。那些写在机器外壳的手写标记，是诸如"切勿系太紧"这样的提示。

我常常把质谱仪比作体重秤。这两种仪器都可以用来测量物体的质量，然后根据它在某一范围内所指出的位置，汇报测量结果。在体重秤上，这个范围可能是从 10 千克到 100 千克。当一个人站到秤上时，秤里的弹簧就会受力压缩，于是这个力就会传到刻度盘处，拨动上面的指针。刻度盘上写有刻度，力越大，指针指向的数字就越大。

一台体重秤可以极为准确地告诉你，置于其上的物体大概是 20 千克，还是近 90 千克。你的体重秤在为你分辨成人和孩子的体重时，还是很有用处，但如果你想称称圣诞贺卡，以此估计需要贴多少张邮票时，它的精度就不够了。称量贺卡，你需要用到邮局中的那种秤。它可能是一座台秤，当你把游码滑到标尺的某个位置时，游码就正好抵消托盘上信的重量，标尺杆也会达到水平平衡。

体重秤和邮局台秤是两种仪器，都设计得很巧妙，可以测量物体的相同属性。二者虽然手段不同，却也殊途同归。现在让我们转换一下测量范围，称一称两类原子，这样我们就能分辨出更重的那一类——多含几个中子的原子会更重一些。我们需要制造一台仪器。好消息是，造一台就够了，因为除了我们，不可能再有其他人想在家里或政府办公场所中使用它。这也给了我们极大的自由，只要我们这批人能用它，仪器造得再丑、再蠢、再笨重、再迟缓都没关系。科学仪器就是这么造出来的。

实验需要这样的仪器，于是就有人发挥奇思妙想，发明出了这些讨喜的怪家伙，让它们和创造者自己一样别致。它们就像艺术品，是一个时代的产物，是为了解决那个时代的问题而存在的。它们还有一点也与艺术品一样：虽然它们助力了创造未来，但等真到了未来，它们已经陈旧过时。但是，当我们驻足凝视前辈们的大作时，仍会深深着迷，为其外围设备中浸润着的苦心孤诣的付出赞叹不已。这就像我们欣赏点彩派画作时的目醉神迷：百点油彩竟能汇聚起来，神奇地绘出地平线处泊着一叶孤舟的诗意。

五十年前，埃德等科学家用巨大的磁铁制造出属于他们的“作品”。对这台仪器而言，这些磁铁相当于搏动的心脏。磁铁产生的电磁场强度与磁铁的质量成正比，因此，一块足够大的磁铁可以产生足以拉动不同原子的磁场。于是，埃德他们想了个主意，让两类原子穿过相同的磁铁，使它们加速，然后测量各类原子在电磁场中穿行时偏离轨道的程度。如此一来，通过观察原子的飞行轨迹就能确定哪一类原子中含有更多的中子。

简单的计算就能说明仪器的工作原理，因为几百年前就已有人揭示了磁铁强度与质量的关系。而加速各种粒子和测量粒子路径偏移量这类实际操作问题，却是由一个小小的研究团队解决的。这个研究团队隶属于芝加哥大学，只由几名科学家组成。后来，该团队成员的学生转战加州理工大学，并改进了相关方法。他们的技术最终传播到许多地方，其中就有辛辛那提。许多年后，这种仪器经过不断的改进而变得更自动化且更易操作，也就是如今我们实验室使用的那种版本。

早些年，需要测量的样品也和今天一样，需要首先处理成气体并离子化，然后再加速。由样品打出的粒子束会发生磁偏，并打到一个靶子上，而每一次轰击靶子时都会产生一个微弱的电信号。一排检测器会收集这些电脉冲，并且在一个频段内标出它们的位置，而这其中的峰值就指示出了待测质量。与体重秤类似，首先需要按照人们熟悉的标准质量校准这些质谱仪才能使用，然后就能用它们来测量可以转化成气态的几乎任何物质，当然也包括海底的微小壳体。

我们正在看的这台仪器就是埃德的老质谱仪，它现在就是一堆高科技的废铜烂铁，至少重达一吨。载入样品前，需要先用机械泵把仪器金属舱的内部抽至真空，同时，供样品磁偏用的飞行管也要抽至真空。在埃德使用它的年代里，这些泵和铁盒子装的汽车马达差不多。机械泵飞速旋转，从而产生强大的吸力。而要保持气泵不断运转，就需要不停地提供动力，同时控制噪音，使其不至于震耳欲聋。

从进样口送入气体的方式和货船通过大坝水闸的方式相似。气体先待在等待室，等前方闸门内室的空气被抽完才能进入，再如此地一级级向前。为了封锁每个等待室里的空气，要先往室内灌入水银，使其形成一道墙，等到这堵墙完成使命后再排空水银。这种金属液体几乎完美，化学性质不活泼，体积不易压缩，还能导电。不过它有一个小问题，那就是有剧毒。我和比尔凝视着这台漂亮的老仪器，心里明白要它也没有用：看到一个个玻璃罐里盛着一升升闪亮的水银，我们不禁摇头叹息。

万一水银体温计摔碎了，那么里面的每一小滴水银都将归入危险废弃物之列，需要清理人员严阵以待。仅仅看着这么多水银，就足以让我们心生敬畏，想想埃德（或者不如说是聪明的亨利克，比尔是这样认为的）面对它们时所置身的巨大危险吧，他竟然和这些东西一起工作了几十年！这一罐罐水银连接着一个改装过的水银血压计套袖，通过它便能轻松地操纵水银的进退，这样的操作很可能是为单手操作设计的。经年累月的小心摩挲使得一些旋钮上的漆有所脱落，熟能生巧前的反复尝试让某些地方裂出了大缝，能看到焊接修补的痕迹。仪器上的忠告循循善诱，以不掉色的红色或黑色记号笔写在气阀上，告诉使用者“氢气关了吗？”“最后关闭这里”，等等。一个奇怪的角落里系着一个用红线打成的蝴蝶结，很可能是用来提醒大家牢记一个容易忘记但又不可以忘记的步骤，或者可能只是个幸运物而已。

等到我们把这台仪器前前后后、上上下下看了个遍后，我评价道：“把它扔掉太可惜了，应该由谁把它送进博物馆。”

“没人会这么干的。”比尔说。

正当我们准备离开时，我突然发现仪器后面探着个东西。

这是个一英尺[1]见方的木块，上面插有十多组螺丝，尖头朝外，套着螺母。木块上画着网格，螺丝就按这些网格排布，每组下面都标着各自的直径：1/16 英寸、3/8 英寸、5/8 英寸、9/16 英寸，等等。这个工具的用处很大，有它在就能立刻知道没在机器上的螺母、垫圈或螺钉的尺寸，这样就能帮人搞清楚它们是从机器的什么地方掉出来的，有什么用处。

“怪不得埃德能评上院士，”我感叹道，“我们得把这个带上。”

“不行，”比尔说，“不能带走。”我很惊讶他会这么强硬。

“你犯什么浑啊？它这么小，我们都不用给它打包。”我开始软磨硬泡。

比尔看着它，若有所思道：“不，它是他们的。它得和埃德在一起。”

“可是它很牛啊，”我申辩道，“它能改变西方文明史。你知道的！”

“想开点，我另外给你做一个，”比尔说，“我保证。”

装车完毕后，我们找到了埃德的办公室。我敲了敲门，门开了。我把四张纸递给他：“我列了份清单，上面是我们带走的东西，请您拿着。”埃德随我们走到楼外，检查了一下卡车，又帮我们把所有东西固定了一遍。然后，我们就得走了。

“谢谢您给我们这一切，它们对我们而言太重要了。”我想再找些话说明这一切意义非凡，却不知道说什么才好。“您这些好东西怕是能让我多混几年，让他们晚点再炒我鱿鱼。”

1　1 英尺≈30.48 厘米。

“哪儿的话，我有预感，你肯定会干好的，”埃德大笑着摇了摇头，“回去的路上多注意，别让自己太累了，知道吗？”

他认同我这些年的努力，这种偏袒勾起了我的心酸，喉咙口一下子哽住了。就在那个停车场，我们两位科学家举行了一场简单的交接仪式，他把他生命或事业赖以维系的工具传给了我。

埃德认为地球海洋的化学成分会在某些时候被完全重置，这个想法在他年轻时被认为很危险。他的朋友看乔·迪马乔（Joe DiMaggio）的棒球赛或谈论麦卡锡案时，他却总在熬夜做研究。40 年过去了，我已经理所应当地沿着他的思路大胆前进，探索我自己的未来。我仔细想过，我们这样其实有些凄惨，因为我们用自己的生命工作，却没有真的做到非常好，甚至都没有完成它。我们工作的目的在别处——科学是一条急流，埃德在急流中投下一块石头，而我的研究就是站在埃德投下的石头上，弯下腰从水底扒出另一块石头，然后把它扔得更远一些，只求上天让我遇见下一个人，让他踏着我的石头前进。而在遇到这个人之前，我会把我们的烧杯、温度计、电极都保养好，只愿等到我退休时，它们还没成为垃圾。

当时，我的脑子里满是这样的念头。我看向埃德，心中突然漫过一波荒唐的惧意——我害怕他不等我们下次见面就离世了。于是，我用力抱了抱他。当埃德握住比尔的右手说再见时，我都有些不敢看他。而当我上车在驾驶座坐定后，我确确实实地看到，他们已经从握手转为熊抱。

我和比尔出城时走错了路，等我们终于开上州际公路时，比尔的声音透过对讲机传过来："该死，再过两小时这东西就得加油了。你在那儿扮演金发姑娘[1]的时候，我真应该去把油加满。"

我骂起他来："闭嘴吧小矮人！你得谢谢自己有份童话故事里才有的工作。白雪公主供你吃供你喝。不是所有人都和你似的，咬了衣食父母的手还能像个没事人！"

"哼哼，话说，这卡车可不会自己装车啊。所以你给我记住，谁才真拿你当朋友！"他反唇相讥。

我笑了笑，眼睛瞥过比尔那辆拖车的宾夕法尼亚州牌照上印着的标语——"美国从这里出发！"——没有接话。我把一张 CD 塞入车载音响，唱片的名字是"《恋爱时代》[2]歌曲集"（*Songs from "Dawson's Creek"*）。我按下对讲机的通话键，用绝缘胶布缠了一圈，让按键保持按下状态，然后小心翼翼地摆好对讲机，让它的麦克风正对着我车载音响的喇叭。我很确信，对于这种泡泡糖流行乐，比尔听到第三首就得跟着疯跳。我们开上慢车道，向东驶去，也不知道是他跟着我，还是我跟着他。

---

1 在童话故事《金发姑娘和三只熊》中，金发姑娘在三只熊外出时闯入它们的家，在未经允许的情况下用了它们的家具，吃了它们的食物。三只熊回来后发现了金发姑娘，金发姑娘认错后三只熊原谅了她。在这里，比尔把霍普拿了埃德的仪器（虽然是经过允许的）后与埃德话别的场景，比作金发姑娘最后向三只熊认错（同是乞求心灵安慰）。

2 《恋爱时代》是一部 1998—2003 年间在美国播出的青少年电视剧。

26

在雪地里的树看来，冬天是一场旅行。植物与我们不同，它们没法儿在空间中穿越，不能从一个地方走到另一个地方。但是，它们能进行时间旅行，挨过一桩桩大事小事。从这个意义上来说，冬天就是一场特别漫长的旅行。去乡野进行长途旅行之前，旅客必须用心准备行装，树也要这样准备。

在零度以下的气温中不动不摇地赤身待上三个月，这对几乎所有地球生命而言都相当于是死刑，也只有树能在这种条件下存活下来，而且一亿多年来，大多数树都是这样活过来的。云杉、松树、桦树，以及其他覆盖阿拉斯加、加拿大、斯堪的纳维亚和俄罗斯的树种，每年都能够忍受近 6 个月的冰雪天气。

不结冰就不会死，这就是树的生存诀窍，一点儿都不稀奇。活着的生物体大部分由水组成，树也如此。树木体内的每个细胞都是一个小水箱，而零摄氏度下，水会结冰。水结冰时还会膨胀——这个特点与其他大多数液体恰好相反——而这种膨胀能把装水的“容器”撑裂。如果家里的冰箱温度过低，你就会发现放在冷藏室的芹菜先是蒙上一层薄霜，然后便会化成软趴趴、水叽叽的一摊烂泥。这是因为芹菜细胞结冰时撑破了细胞壁，那么芹菜也就自然保不住了。

动物细胞能在短时间内忍受冻害，因为它们能够通过不断燃烧糖类的方式产生热量。相反，植物则通过吸收光线中的能量来制造糖类。如果阳光太弱、气温无法保持在零摄氏度以上，那么树的体温就没法儿保持在零摄氏度以上。一年之中，北极点总有一段时间随地球公转而偏离太阳，这样高纬度地区接受的热量就会减少，北半球便会迎来冬日。

为了提前为漫长的冬日之旅做好准备，树会经历“抗寒锻炼”（hardening）阶段。首先，细胞壁的渗透性会快速增大，从而使纯水流到细胞外，而剩下的糖、蛋白质和酸则在细胞内大大浓缩。这些化学物质是强效抗冻剂，如此一来，即使在零摄氏度以下的环境中，细胞内的溶液也只会呈现黏稠的液体状态，而细胞间则充填着从细胞内流出的水。它们极为纯净，相当于蒸馏水，其中不含任何能充当晶核的杂质原子，冰晶也就无从形成和生长。冰是一种具有三维立体结构的晶体，结晶时需要晶核，也就是说，需要一些化学性质不同的点，作为搭建立体结构的起点。没有这类杂质点的纯净水，即使“过冷”到零下40摄氏度，也仍然可以保持无冰的液体状态。受过抗寒锻炼后，树的一部分细胞盛满抗冻剂，另一部分细胞则被过冷纯水隔离。于是，树开始踏上冬日之旅，无论遇到霜冻、冻雨还是暴风雪，它们都岿然不动、卓然而立。冬日，它们会停止生长，当北极点最终再次朝太阳倾斜时，才会回归夏季状态。

绝大多数北方树种都会为冬日之旅做好充分的准备，死于冻害的机会微乎其微。无论秋天是冷是暖，都会触发相同的抗寒锻炼程序，因为树不是靠温度变化来判断季节变化，而是靠白日渐短来识别夏秋更迭。每 24 小时为一个循环，若是总光量随一轮轮循环减少，抗寒锻炼程序就会启动。每年冬天都不一样，可能今年不太冷，明年却能冻死人，但秋天的阳光变化却年年相同。

多方实验表明，正是变化的“光周期”启动了树木的抗寒锻炼程序。即使在七月盛夏，用人工光照模拟秋天也能让树木上当。抗寒锻炼程序已经运行了亿万年，因为太阳值得信赖，即使天气反复无常，树也可以通过太阳得知冬天是否已经来临。植物明白，世事多变、诸行无常，所以，你得找到值得永远信赖的东西，认准它，依靠它。

27

我身上盖满了压扁的枯叶。我头发上都是叶子。我可以感觉到，细小的枯枝，从头皮窸窸窣窣地滑进领口。碎掉的叶片挤进我的鞋子，钻进我的袜子。我的手腕上黑乎乎的，那是戴脱手套时沾上了枯叶上的污渍。只要打个喷嚏，就可以扬起泥点，泥里全是腐败的叶子，嘴里舌头上，舔一舔都是干枯的碎叶。每次我挥动刀子，一层层枯叶都会让我淋一阵"枯叶雨"。根本犯不着从眼前拂去它们，与其这样折腾，还不如在挖土的时候闭上眼睛。

我和比尔正在加拿大努纳武特地区（Nunavut territory）的阿克塞尔海伯格岛（Axel Heiberg Island）过夏天，这个地方在阿拉斯加北海岸以北 1 000 千米开外。幸亏有 GPS，我们才知道自己在地球上的准确位置，而且可以精确到厘米级。然而，我们还是强烈地感觉到自己正身处一个无法在地图上找到的角落。我们这个由 12 名科学家组成的小队，是方圆 500 千米内仅有的人类团体。加拿大军方每隔几个星期都会飞过来检查我们的情况，但在他们检查的间隙，我们是完全孤独的。与我们做伴的，只有自己的思想和队友。

远离尘嚣时会产生些奇特的感觉，其中一种就是无以复加的安全感：不会受到惊吓，不会撞见陌生人。冻土融化，融雪潺潺，土地变得像海绵般松软，即使摔倒也不会受伤。从理论上说，饥肠辘辘的北极熊会在内陆游荡，把你当作猎物，但是我认识的在那儿工作过的科学家告诉我，近十多年来，他们从没在那么深的内陆遇到过一头北极熊。

大地平坦无垠，空气澄澈，你可以极目十几甚至二十千米。这儿没有草，没有灌木，当然更没有树；也看不见多少飞鸟走兽，因为它们几乎找不到食物。这里的物种种类单调且密度极低。也许有一片地衣贴着石头生长，也许有一头麝牛在广袤的原野上踽踽而行，也许有一只不知名的鸟儿划过高空。

太阳没有，也不会落下。它只是低低地挂在天际，围着你不停地打转，就像一圈圈地玩旋转木马，而你就是它的中心。日子静谧无声，毫不真实。你抛弃了刻板守时的习惯，不在乎今夕何夕，不关心此时何时。睡到自然醒，吃到饱时停，做到累时息——睡觉、吃饭、工作，来来回回就在做这三件事。不管你在北极待多久，只要是夏季，你就只待了一天。度过这漫长的一天后，你就得回家，避开极地的冬日，因为那意味着整整三个月的黑夜，整整三个月太阳都不升起。你不会在那儿过冬，但那些地衣、麝牛、鸟儿还在那儿，在黑夜中磕磕绊绊，为寻觅食物奔忙四处。

我们在北极的工作地点，距离最近的一棵树也有 1 600 多千米，但这并非自古以来就是如此。加拿大和西伯利亚的土地中沉积着古代的森林，它们是落叶的针叶林，从5 000万年前就开始存在，茂密的绿荫一直蔓延到北极圈以北。这片森林挺立了数千万年。树栖啮齿动物爬上树枝，俯瞰陆地上的巨大陆龟和鳄形爬行动物。这些动物已经全部灭绝，它们当时组成的生态系统不像今天的任何生态系统，反而更像爱丽丝的仙境。显而易见，当时的极地比今天温暖，不像今天这样气候严寒、满地冰川。

有一件事情让我们这些植物学家困惑不解：这些森林竟能通过某种方式挺过长达三个月的漆黑冬日，最终迎来三个月的极昼夏天。极端的光照分配会对现在的植物造成莫大的负担，它们在这种条件下一般活不过一年。然而在4 500万年前，北极却是落叶树的家园。它们组成的森林绵延几千公里，任极昼极夜疯狂变幻，树木自欣欣向荣、丰饶茂密。找到能生活在黑暗中的树，就好比发现能在水中生活的人。我们得说，要么是过去的树具备今天的树所没有的能力，要么是今天的树隐藏了这种才能，在演化适应之路上留了一手。

我和比尔，再加上宾夕法尼亚大学古生物系的十名学者从多伦多出发，一路北上，到耶洛奈夫（Yellowknife）后再到雷索卢特（Resolute），然后继续向北。先是一趟趟地转普通飞机，再搭乘双引擎飞机，最后由直升机送达。这条路我们走了好几天。到达目的地后，我们站在泥地里望着直升机越飞越远。低下头看看背包，再抬起头看看彼此，这时我们才意识到，我们这几个人是多么孤独。

在接下来的五周里，古生物学家会停在一个地方日复一日地工作，小心地把埋藏在地下的树木化石一件件挖出来。这项工作费时费力，基本上就是人手一支牙刷挖沟刮槽。与简陋的工具相比，挖出来的化石却极其令人惊叹：树干直径近两米，几乎完整无缺。由于土地冻结，要去掉覆盖在化石上的沉积物，就必须等太阳融化掉最上面的土层，再一厘米一厘米地刮除。这就像冰激凌冻太硬时，得一点点挖才能吃到嘴里一样。古生物学家还需要挖掘几种不同于木化石的标本，对付它们就要以小塑料片为工具。具体的做法，很像你用门禁卡刮挡风玻璃上的冰花。古生物学家围着化石忙活，不落的太阳慢慢地帮助他们。

这里的木化石还是木头质地的，这正是它们的珍贵之处。人们知道的大多数木化石都已经石化——流水流过埋藏在地下的树木，经年累月地渗透进去，木头里的分子逐渐被交换成矿物，最终完全变成石头。然而，阿克塞海伯格岛的化石中，仍然含有尚未变成石头的木头组织，你甚至可以把化石点着，烧一锅洗澡水。如果传说是真的，那么，20 世纪 80 年代第一批到这里进行地质勘查的地质学家中，就有几个壮汉做过这桩傻事。

与我们同行的古生物学家不像传统的地质队员那样粗放，但还是一样能吃苦，一样爱喝酒，一样爱玩枪（为了防北极熊，加拿大政府要求我们配枪）。我已经懂得，自己需要和这类同事保持距离。因为我明白他们不会接受我，即使资助方觉得我对这个化石点提出任何科学问题、有任何诉求都合理合法，他们也不会这么想。我在他们眼中就是个肩不能挑手不能提的黄毛丫头。我也由着他们，毕竟他们这么看我的话，我就能安安静静地不受人打扰了。于是，我们的睡眠节律岔开了，每当我和比尔一起工作时，古生物学家就睡觉，而我们睡觉时，他们就工作。

我和比尔在化石点工作时所采用的思路，也和这些用传统方法工作的同事有着根本的不同。他们是对每一块漂亮的化石着迷，而我则把古代森林看作一个整体，为它能持续这么长时间维持如此稳定的生态系统而深陷思考。它不是一个昙花一现式的生态系统，全世界的生物都以这种配置方式存在了数百万年之久。在这数百万年间，巨量的碳和水汇集到北极，转化成叶子和木材，然后年年落木萧萧，一波波凋零。这个系统到底是如何自给和运转的呢？毕竟，在如今的北极，我们已经找不到那样的液态淡水，更不要说面对现在这样贫瘠的土壤了。

一般的研究方法，是挖出几截树干，从每一块标本中得到一幅久远时间中的“快照”。但我和比尔决定反其道而行之，在土壤中打一口“竖井”，在木乃伊化的木头、树叶和树枝中寻找其化学性质随时间推进而发生的细微变化。换句话说，我们需要和其他古生物学家分开工作，到别处挖土，并且顺层采集数百万年来压扁堆积的死亡植物碎片。我们在枯枝败叶中垂直挖掘，开出剖面，一厘米一厘米地采样，精确记录每个点在土壤剖面柱中的位置。我们经历了三次夏季野外考察，考察结束之际，我们采集的样本已经涵盖了30米深的土壤层；它所记录下的地质历史，让我们至少能识别出一次在古代森林所能承受范围内的气候大波动。我们就此可以论证：古代的北极生态系统不是一成不变的，它是一个有“弹性”的系统，具有较强的恢复力。

我们远离古生物学家的挖掘点，在盆地中选了一处地方，一挖就是好几个星期。沉积物层层堆积，厚达 3 米，其中间或夹着砾石层和泥沙层。每周我们都要另挖一处 4 000 万年前的“干性堆肥”，对着 3 米多高的剖面抽抽打打。我们经常在一个坡度和缓的断崖上工作，那里土质酥软，会不停地在脚下崩塌。我们经常跌倒，还会灰头土脸地滚下小山坡。

虽然我们挖掘时总是站不太稳，但还是设法采集未受污染的样本，从而试图追索出我们所在的土层高出基底的位置。在这种环境下工作很困难，以至于干活的时候都显得笨手笨脚。在长长的极昼中，我们一次次地摔下小山坡，一会儿放声大笑，一会儿捶胸顿足。有一次，我用地质锤的尖头扒拉土层时敲到了什么东西，接着，一堆闪亮的透明琥珀像雨点一样砸在了我的头上。“做一条蚯蚓也就如此吧。”比尔经历了一次特别大的塌方后给出了这样的感想。我还记得自己当时特地停下了手里的活，对他总是能想出这么精确的描述表示赞叹。

我们每天至少要有那么一次享享福的机会，一屁股坐上齐腰高的碎石堆，来份茶点。在冷飕飕的荒郊野岭，没什么比士力架加热咖啡更美味了。一天一次，我们凝神静气，彼此为伴，全身心地体味这种快乐。

一天，我们吃完最后的茶点后，比尔抬起手臂，悄悄地指向几米外的一个灰点。我一开始没反应过来，不过很快发现那是一只北极雪兔。在北极地区碰见一只动物——任何动物——是一件难得的好事。这里的食草动物靠零星分布的苔藓和地衣过活，想获得食物就得经历长途跋涉。同样，这里的食肉动物也不得不紧跟着追踪走远路的猎物。

兔子先走近了些，在石头间蹦跳了几下，接着又走远了。我和比尔起身跟上，与它保持一段距离，却把我们的仪器设备抛在了脑后。我们走了近两公里，谁也没说话，只是跟着它、观察它。周围的景色荒凉单调，我们充分体味着发现兔子而眼前一亮的感觉。这只兔子很大，个头和皮毛都和喜乐蒂牧羊犬类似；它的耳朵很长，身形也瘦瘦长长的。它并不介意我们隔着 400 米左右的距离跟踪它，所以我们就这么蹑手蹑脚地跟了它一个多小时。在这里其实不会迷路，即使走上一天，我们一转头也就可以看见营地上的亮橙色帐篷。

如果你在不多的几个人中被孤立，那么很快，和他们相处就会使你喘不过气。我发现与所有同事相处都确实如此，只有比尔是个例外。参加那次野外考察之前，我从来没有一周 7 天、一天 24 小时地和谁连续相处数周之久。随着时间一天天过去，我和比尔的关系没有变坏，反而越来越轻松。无论是醒着还是睡着，就算总是待在各自的帐篷里，我们之间的距离也都不超过三米。有几天我们聊个不停，有几天我们说不上两句。后来，我们根本想不起对彼此说过什么、没说过什么，不记得我们聊过多少、没聊过多少。我们只是做自己。

追兔子那天，追到最后我们发现自己站在了一个小高地上。我回头看，远处挖掘点的同事们都变成了模糊的小黑点，我们在他们眼中也肯定一样。掉转头，前方几千米开外是一片冰川的边缘，像一层厚厚的糖霜。我坐下来欣赏它，比尔就坐在我身旁。我们静静地坐了半小时，直到比尔开腔："我们不干活有点儿奇怪啊。"

"我知道，"我说，"可我们采样的时候，已经把每一层都挖过两遍了。再挖一遍没意义。"

"可我们总得做点什么，"比尔反驳道，"否则那边的'灰熊亚当斯'们（Grizzly Adamses）[1]会质疑我们来这儿是干什么的，不是吗？"

我大笑起来："他们已经在质疑我来这儿是干什么的了。就算我们挖个坑到中国然后再挖回来，他们也不会觉得我是个合格的科学家。"

"真的？"比尔惊讶地看着我，"我一直觉得，只有我才是个意外的错误。"

"不不不，"我让他相信我的话，"看看那些家伙。我也会做这份工作做个三十多年，和他们一样努力。成就吧，不说更多，也能和他们一样。但是他们现在谁都不拿正眼看我，谁都不承认我和他们是一伙的。"

"好吧，至少你两只手都好好的，"比尔不同意我的意见，晃了晃他残缺的手指，"怎么说都算开了个好头。"

我仰面躺下，看着天空。"得啦，没人注意你的手，"我说，"说实话，你看上去比我认识的任何人都正常，你怎么就不明白

1　本名约翰·亚当斯（John Adams），曾化名詹姆士·卡棚·亚当斯（James Capen Adams），19 世纪美国传奇探险家和驯兽师。20 世纪下半叶，以他和他驯养的灰熊为题材的故事被写成小说，并搬上银幕，在美国广为流传。在这里，比尔用灰熊亚当斯指代他们的古生物学家同事。

呢，我就不懂了。”

“你确定？你怎么不叫些小孩来投票表决一下？”比尔问我，“就像我二年级的同班同学那样，还有三年级的，还有高中的，等等。”

我一下子坐了起来。“他们捉弄你了？在学校里？因为你的手？”想到这些我愤怒极了。

“对啊。”比尔承认道，声音很轻，双眼仍然望着天。

我决定继续这个话题：“所以这就是你的烦恼？这些年来你都没走出来过？就是这个让你住在洞里，不交朋友？”

“差不多吧。”比尔承认道。

“你从没进过幼童军，没参加过社团，这些屁事你都没做过？”我把自己认定的人生中的里程碑给他列了一遍。

“你总算明白了。”比尔示意我理解得对。

“你也没约会过吧，是不是？”我问他。这事情明摆着，说出来也很正常。

比尔站起来，向无垠的碧空伸出双臂。在那个明媚的七月天里，白日不可能罩上黑夜的暗影。“我从没去过毕业舞会！”他大吼道。

我们笑了一阵，我想了想，最终还是向比尔提议：“那干吗不现在跳呢？这个地方鸟不拉屎的，没人会看见的。你现在就能跳舞。”

过了好长时间比尔才回答我：“我不知道怎么跳。”

“不对，你知道，”我坚持道，“现在还不晚。来吧，我们都到这儿了。天哪，这才是我们来这儿的原因。我刚刚反应过来！这就是你跳舞的地方。”

令我惊讶的是，这一次，比尔居然没有笑笑就把事情打发掉。他朝冰川走了几步，背对着我站了很久，然后开始慢慢转圈，重重踏步，在几次踏步间又会粗粗地跳几下。他一开始跳得很笨拙，但很快就全身心投入，不停地转圈、踏步、跳跃。不一会儿工夫，他已经在尽情舞蹈了。但是他的每步舞步都经过深思熟虑，没有疯狂乱跳。

我就坐在他面前，抬头注视他。我注视着他，如同一名眼明心亮的证人，见证他做的事，见证他是谁，见证他的一切。这儿是世界的尽头，他在无垠又无止的极昼中舞蹈，我接受他，因为他已有的模样而接受他，而不是因为他希望成为的模样而接受他。这种强大的认同感让我有点好奇，好奇是否能让这种认同感钻进内心，让我去接受自己。我不知道自己能否做到，但我向自己保证，总有一天我会做到的。今天已经有事做了，今天要做的，是看一个伟大的男人在雪中起舞。

28

从生物学层面而言，地球上的所有性行为都是为了一个演化目的而存在的：把两个不同个体的基因混合，然后产生一个新的个体，而这个新个体的基因，与双亲中的任何一个都不尽相同。这种新型基因混合方式可以产出种种前所未有的可能性，消除老弱点，创生新弱点，而这些新弱点很可能会变成长处。这就是演化之轮的运转机制。

任何性行为要想发生，都得互相接触：两个不同个体各自的活组织必须接触并连接。与其他个体接触并连接，这对植物而言是个大问题：它们固定在一个地方不动，而且自身能否存活正取决于这种固定性。不过，绝大多数植物每年都要开出一批新的花，权当为繁殖大计尽职责——虽说这些花中，最终能受精的比例很低。

大多数花的结构简单。它们就是一个平台，花瓣着生在外围，环绕着中间的“雄性”部件和“雌性”部件。靠外的雄性部件是一根根长长的柄，成团的花粉松散地黏着在前端。中间有个下行的凹槽，底部坐落着子房。在所有能滑进凹槽的东西中，只有同种植物的花粉才能激活受精反应。自体受精的可能性偏大，也就是说，胚珠可以接触到同一朵花上的花粉。这样可以形成一颗种子，接着可能产生一棵新的植株，但这个过程不会引入任何新的基因。一个物种要想存续和演化，必须周期性地发生真正的受精作用，这意味着，花粉必须远道而来，并且成功停驻在子房中；它们必须来自 1 米、10 米，甚至千米之外的其他花朵。

有一种蜂离开无花果的花就无法繁殖。同样，无花果的花少了这种蜂就无法受精。雌蜂把卵产在无花果的花中，同时也留下了上次产卵时在上一朵花中沾到的花粉。蜂和无花果这两种生物已经如此搭档了 9 000 万年。它们协同演化，熬过了恐龙灭绝，挺过了数次冰期。和所有旷世绝恋一样，这种关系的个中魅力恰恰在于其超今绝古。

这种特殊关系在植物界中极为罕见，稀少得都不值得提及，除非是为了给生物共生提供良好例证，否则不怎么会谈及这类生态学意义上的灵魂伴侣。世界上多于 99.9% 的花粉都不知去了哪里，更别提使花朵受精。而对于最终找对地方的极少量花粉而言，讨论它们到达的方式是否重要，似乎也没什么意义。风、虫子、鸟、啮齿动物，甚至快递包裹的边边角角——绝大多数植物对于花粉的传播方式没有偏好。

木兰、枫树、山茱萸、柳树、樱桃、苹果——这些树依靠各种各样的蜂、蝇、甲虫散播花粉，用甜甜的花蜜引诱，却只让它们浅尝辄止。昆虫身为传粉者的价值体现在它们的传播距离上，因此，它们在一朵花上耽搁的时间越短，在空中飞行的时间就越长。北美和欧洲的许多灌木，一旦花朵承受虫子的重量，花瓣就会回弹，然后抽打在虫子身上，沾它们一身花粉后再放它们离开。

与此相反，榆树、桦树、栎树、杨树、核桃、松树、云杉，以及各种草，都依靠风来散播花粉。风刮得比虫子飞得远，却从来不会把花粉直接送到另一朵花中。风媒花的花粉远走几千米，然后无目标无差别地纷纷落下。然而，它们的数量多到足够命中目标，让世界永远覆盖绿色的森林，既有加拿大的大片松林，又有太平洋西北海岸的巨杉林，还有从斯堪的纳维亚一直延伸至西伯利亚的宽广云杉林。

一粒花粉足以让一个卵细胞受精，使其成长为一颗种子。一颗种子可能长成一棵树。一棵树每年可以开出一万朵花。一朵花可以生产一万粒花粉。植物性行为的成功概率恐怕寥寥，可一旦发生就如超新星爆发，可以产生数以万计的新的可能。

29

32 岁时，我明白了一个事实，生活可能改变于一夕之间。

在一些已婚人士的社交圈里，年过三十的单身女性所能引发的同情，和人们倾注在一条友善的大流浪狗身上的类似。尽管狗邋遢的外表和自给自足的倾向暴露出它没有主人，但它渴求人类接触的样子却告诉我们，它曾经可能过过好日子。当你确定它没长疥疮后，可能想过在门廊下喂它点儿吃的，但你后来还是决定不那么做，因为你稍稍有些担心，怕它以后因为无处可去而总在附近徘徊。

在合适的场合——也许是一次平常的野餐——流浪狗就像西洋景，甚至像攒得的本钱。它满身泥水的怪模样会开启人们的粉红色幻想，去想象单纯的动物所过的自由生活。它是每个人的宠物，却不需要谁为它负责。即使它不怎么卫生，也至少是友善的。考虑到它卑贱的地位，它也已经足够快活。如果把一个单身女人看作这个场合下的一条狗，那么一名三十几岁的单身男人就和掌管汉堡包烤架的人毫无差别。不管他喜不喜欢动物，他都肯定会被这条狗从头缠到尾。

我就是在那种烧烤野餐会上认识克林特（Clint）的，哪怕他真的赶我走，我也不会走，因为他确实是我见过的最帅的男人。一个星期后，我鼓起勇气向组织野餐会的女主人要了他的邮箱地址。我给他写了封信，表示要请他吃饭。他答应了，我打电话告诉他地点。那家餐厅在杜邦环岛附近，据我所知是当地最受追捧的一家。我当然没进去过，但是那里看上去就适合安排一次阔气的约会，而且华盛顿特区也比巴尔的摩酷——这些道理我都懂。告诉他去那儿的路怎么走之后，我继续提了自己的条件："只有你同意让我买单，我才会去。"我这一路走来，都是自己为自己买单，现在我也不准备放弃这个传统。

"好吧，"他温和地笑了笑，"但你下次得让我买单。"我没应承他的话，但我把这句话视为一个好兆头。

饭间我什么都顾不上吃，因为这种好事将近的感觉让我不愿分心。这顿饭吃了整整三小时，服务生都在瞪我们了，离开餐厅时我们还边笑边聊着服务生的嘴脸。然后我们去了几个街区外的一家酒吧，聊了好几小时，却没动一口酒。我们争论测量和建模的根本差异，讨论苔藓和蕨类，发现我俩竟然是伯克利的校友，还同时学过相同的科目。我认识不少他的朋友和同学，他也碰巧认识不少我的朋友和同学。我们还断定，我们不止一次地坐在同一间教室听过相同的讲座。我们都很惊讶，这些年我们到底怎么会错过彼此的，显然，从现在开始应该把过去的都补上。

酒吧打烊了，但我还是不愿回家。我们决定去他的住处。

他问我愿意走路还是打车后，就读懂了我脸上的神色。他走上街道，拦下一辆出租车。在我长大的地方，大家只在电影里见过出租车。它是为上流人士准备的，这些人出门都穿着金贵的鞋子，几乎都不用走路。出租车司机都是接引你去到未知之乡的向导，智慧卓然，忠实可靠，绝对能把你送到那个凭你自己无法找到的要津重地。我震惊地发现，最终证明我陷入爱河的不是什么震撼人心的东西，而是一个简单的小动作，只需多花一点心思逗我喜笑颜开。爱情被我扔在一个小盒子里，包得太紧，搁置得太久，所以盒子一旦打开，爱情就喷涌而出。源源不断的爱意，绵延无尽。

我们情不自禁地相爱了。无须刻意经营，也不必为爱牺牲。我原以为自己不配拥有它，所以当我轻松把握住它时，就觉得更加甜蜜。我又一次发现，如果一件事行不通，那常常是上天入地、移山填海都行不通的；同样，有些事情却是止都止不住的。我知道自己离开他也能活：我有自己的工作，自己的使命，自己的财产。但我不愿意。我就是不愿意。我们想好了：他借我体力，我借他脑力，“饱暖思淫欲”时我们还可以卿卿我我；我们要飞去哥本哈根度周末，南下法国消夏；我们要用一种听不懂的语言举行婚礼；我要养一匹马（一匹叫“糖糖”的棕色母马）；我们要去看先锋派戏剧，散场后在咖啡屋里与陌生人谈天说地；我要像我外婆那样生一对双胞胎，但我们得把狗留下（“废话！”），而且我们出门时要一直打车，过电影里才有的日子。这些愿望，有些达成了，有些没有（比如养马），但是我们的生活比电影更美好，因为它还没有终场。我们也不是在演戏，我也不用涂脂抹粉，不必粉饰自己。

我花了几周时间，终于劝动克林特辞掉华盛顿的工作搬到巴尔的摩和我同住。我知道他很有数学才能，所以在哪儿都容易找到工作。他搬来不久后，就重新踏足学术圈，在约翰·霍普金斯大学找到了一份工作，研究深部地球（Deep Earth），就在我实验室所在的那栋楼上班。他每天都在编写无比复杂的计算机程序模型，用它们预测岩石中以百万年计算的流体运动。这些岩石位于深达几千公里的地底，顶部正是产生岩浆的火山，它们热得难以想象，承受着巨大的压力，以至于变成了准固相（pseudo-solid）[1]。我直到现在都还想不明白，他怎么能光凭他的脑子来研究地球，他怎么能光凭几个写得很溜的数学式子就去想象和了解地球的运作。他的嘴角总是墨迹斑斑，因为他思考这些问题时总是无意识地咬着圆珠笔尖。

我着手开展自己的科学研究时，需要看到实实在在的东西：我必须把它们抓在手里，操控它们；我需要见证植物生长，亲自判其“死刑”。我要的答案只能从人工控制中求得，而克林特却让世界动起来，然后观察其运转。他瘦瘦高高的，穿一身卡其布的衣物，无论长相打扮还是一举一动都是一名科学家该有的样子。所以，他想被科学界接受总是相对简单的，但是他亲切、可靠又有爱心的品格却总被人忽视。是我发现了这笔宝藏，而我一旦发现，就永不放手。

1　直观上（室温下形态、密度等）与固体相近，但内部晶格形态和质点排布与液体相似的物质相态。比如玻璃、地球深处的岩浆等。

我和克林特初识于2001年，那年夏天我们一同去挪威旅行，这样我就能向他展示我最爱的地方：绵延低矮的小山，粉红色花岗岩的岩缝中绽放出紫色的野花；波光粼粼的峡湾，海雀在上面肃容巡管；还有被橙色落日映红的白桦林，要知道，这日落会持续整整一晚。我们去奥斯陆的旅行变成了一场未经筹划的婚礼。我们拿了个号，排队等了二十分钟，然后在奥斯陆的市政厅结了婚。

回到巴尔的摩后，我们直接去找比尔，想告诉他这个好消息，给他一个惊喜。比尔从来没有评价过那些我约会过的男人，这恐怕是因为一个明摆着的事实：我根本没约会过几次。所以他很缺乏素材。但是自从克林特出现后，比尔开始变得怪怪的，他能不和我们见面就不和我们见面，仿佛一个改过自新的恶棍情愿绕路也不经过监狱。克林特很肯定，比尔只是需要一点时间来习惯目前的情形。他坚持认为，这就和他的三个妹妹需要时间习惯我的存在一样。

大概一个月前，比尔搬出了我的阁楼。他买下一间和我家只隔几户的破房子，现在也算拥有一幢四层小洋楼了。这套联排房当年肯定非常漂亮，只是现在早已风光不再。搬进去后，比尔把他的所有家当都堆在一楼，这都是他从我家花了好几天时间，像蚂蚁搬家一样搬过去的。他把一些重要的东西（咖啡壶、剃须刀、螺丝刀）放在洗衣房旁边的角落里，然后就把那儿当作卧室，困了钻进去，醒了钻出来。比尔对那个地方有一番宏大的改造翻新计划，但在那个夏天，那里除了没有毒品，真和制毒窝点没什么两样。

从挪威回来的当天，我们在比尔家门口又是嘭嘭嘭地敲门，又是猛按门铃，过了好一会儿才听到里面有动静，又过了好一会儿才听见开锁的声音。门开了，比尔穿着条纹T恤和一条很像泳裤的褪色短裤站在我们面前，顶着一头乱糟糟的头发，一边还揉着眼睛。显然我们扰了他的好梦，虽然那时已经是下午三点。

“嗨！”我站在门口和他打招呼，克林特搂着我。然后我控制不住地高声说道：“你猜怎么着？我们结婚啦！”

比尔好一会儿都没接话，只是呆呆地看着我们。“这是不是意味着我得买份礼物送给你们？”他终于开口问道。

“不用。”克林特答道，但与此同时我却回复道：“需要啊。”

我们又站了一会儿，我和克林特的脸上都挂着如春花般灿烂的笑容。最后我对比尔说：“换衣服。市中心的麦克亨利堡（Fort McHenry）正在演南北战争的历史剧呢。我们走吧。”

“我倒是想跟你们去，可是演的很可能是1812年战争戏[1]。你个傻蛋，我的事情还多着呢。”比尔答道，看上去很不自在。

“注意你的措辞，你这个混球，”我指责他道，“你对过去的英雄如此不敬，我饶不了你。”我又补充了一句：“把他妈的裤子套上。现在马上！有个美国人的样子！滚到丰田车里！”

比尔还在盯着我们看，我知道他正在纠结犹豫，在去和不

---

1 于1812—1815年间在美国和英国间的战争冲突，有时也被视作美国的“第二次独立战争”。在此次战争中，英国海军于1814年9月进攻巴尔的摩的港口麦克亨利堡时，遭到了坚决的抵抗。麦克亨利保卫战极大地鼓舞了美国人的士气，美国诗人弗朗西斯·斯科特·凯伊（Francis Scott Key）由此役所感而作的长诗《星条旗》（*The Star-Spangled Banner*）后来成为美国国歌的歌词。

去之间摇摆不定。我抬头看向我的新郎——我遇见过的最坚强、最和善的男人。我深信，所有从我这儿赢得爱的人，都能从他那里获得友情，这天经地义。

“来吧，比尔，和我们一起走吧。”克林特一边说着，一边把车钥匙交给比尔，“你开车好不好？”比尔接过钥匙。我们在麦克亨利堡玩叼苹果、做手工蜡烛，甚至打了一块真正的马蹄铁。我们吃热狗，咬棉花糖，观看二人三足绑腿跑，在宠物园里逗宠物。我们买门票能打折，因为——那天毕竟是家庭节（Family Day）啊[1]。

---

1 该节日最早是美国亚利桑那州的法定假日，定在每年8月的第一个星期日。政府鼓励人们在这一天和家庭成员共度好时光，不提倡买礼品等物质礼物。市中心常举行公众集会活动，供市民看戏、游戏等。

30

农林学家为成百上千种植物绘制过重量增长图。这项工作始于1879年。那时的一名德国科学家发现，如果记录玉米全株的重量增量，用这个数据和玉米的生长天数进行比较并制作成图表，那么就能得到一条平缓的S形曲线。科学家们每天都会称量种在花盆里的玉米，结果发现，在最初的整整一个月里，植株都几乎不增重，到了第二个月突然飙升，而且几乎之后的每个星期都会翻一倍。这种情况会一直继续到第三个月，此时植物的重量会达到最大值。令科学家惊讶的是，植株接着又开始变轻，而减重阶段恰逢玉米开花结籽。此时，植株的重量只及最重时的80%。这项科学结果可以反复验证，从那时起，被记录过图表的成千上万棵玉米植株都留下了相似的平缓S形曲线。我们并不十分清楚这个现象背后的运行机制，但是，哪怕这条生长路径迂回盘旋，一棵玉米也清楚自己将变成什么样子。

其他植物的生长曲线则完全不同。小麦叶片的生长曲线就像脉搏：突然上涨，又突然回跌。甜菜的生长曲线升高后也会回跌，但曲线本身会画出一道长长的平弧，并在夏至日被等分。而作为杂草的芦苇，其生长曲线则像金字塔：初生和生长就像衰老和死亡的镜像。这类曲线在农林业中的价值不可估量，因为农林生产以收获粮食、砍伐木材为长远目标。根据这类标准曲线可以估测植株所处的生长阶段，这样就能预估最佳的收割时间，并在这个基础上确定可行的收割日期。

与小棵植物的曲线相比，树木的生长曲线铺展得更宽，因为它们不是一年生植物，而是会生长百年。每种树都有自己独特的曲线。蒙特利松（Monterey pine）[1] 的生长速度比挪威云杉快两倍。但是这两种树都会在达到相同粗细时被砍伐，然后被用作造纸材料。也正因为如此，挪威造纸公司比美国造纸公司的偿付能力更强，拥有的造纸林地面积更大。

森林中树龄相同的树，其高度差异比其他任何生物（包括动物）的都大。在美国，同样是10岁的男孩，个子最高的要比最矮的高出20%，这种差异在5岁男孩和20岁成年男性身上也同样存在。而在针叶林内，同样是十年生的树，最粗的树干是最细的4倍。这种差异规律同样适用于二十年生树和五十年生树。我们可以发现，要长成一棵百年大树，根本就没有所谓“正确”或“错误”的方式，只有可行或不可行。

长成一棵树是一趟漫长的旅程。因此，就算是最有经验的植物学家，也不能只凭小枝上的小小样本，就精确地预测出50年后它会长成怎样的树枝。植物生长曲线可以用来猜测植物的

---

1 *Pinus radiata*，原产于美国，于19世纪中叶引入新西兰后，得到广泛种植。在中国常被称为“新西兰松”或“辐射松”。

生长，但是你需要记住，它们不能指明未来，而只能呈现过去的数据。这点非常重要。它们是即兴而作的线条，提供数据的植物如今大部分都已死去。定义这些曲线的数据集合并非一成不变，每测量一株新的植物，就会获取一个可以整合到图表中的新数据。每个新的数据点都可以改变整体走势，同时也可以让生长曲线发生改变。我们不可能从数学上预测这些曲线的形状，即使采用新近刚开发出来的大型计算机处理数据也无济于事。在这些生长曲线中，你找不到什么东西能说明一棵树应该长成什么样子，这些数据只告诉我们，曾经的树都长什么样。每一棵植物都必须找到自己独有的成熟之路。

植物学课本中有一页又一页的生长曲线，但是最让我的学生们困惑的，总是那些平缓的S形曲线。为什么当植物接近最大生产率的那条水平线时，它们的质量会减轻？我提醒学生，这种减轻标志着植物进入繁殖期。绿色植物成熟后，会从身体中抽取出部分营养，供给花朵和种子的形成。生育新一代会让父母付出极大的代价，你从一片玉米地中就能看出这一点，哪怕只是远观。

31

怀孕是我有生以来经历过的最难的事。我呼吸不畅，我坐立不安，我放不下飞机座位前的小桌板；我不能趴着睡，可我过去 34 年里只会趴着睡！我想知道是哪个天堂里的哪位上帝规定，50 千克的女人怀个孩子要胖 15 千克。我不得不由瑞芭护送着，在附近一圈圈散步，因为只有运动时，我肚子里的孩子才会静下来。他动起来时并不是“妈妈我在这儿”式的开玩笑的轻踢，而是像个男人脱紧身衣那样的扭动加上打滚，这对我来说真是一种折磨。我走啊走啊走啊走，就像独自模仿某种异教徒的生育游行。我不禁觉得，无论是我还是孩子，都不喜欢这种令人窒息的安排。

一名有躁郁症症状的孕妇不能服用德巴金、卡马西平、思瑞康、锂盐、利培酮[1]以及其他任何精神药物。而这些药物是她过去许多年里必须每天服用的，以防她出现幻听或拿头撞墙。

1　均为治疗躁郁症的药物。

一旦确认怀孕，她必须马上停用一切药物（这是引发躁郁症的又一诱因），然后就让她站到铁轨上等着被火车撞吧。因为统计数据非常好懂：一名具有双相情感障碍的妇女在怀孕时经历重度发作的概率，是孕前或孕后的7倍。然而，让她在不服药的情况下挺过前6个月的孕期，就是医生坚持强调的残酷现实。

妊娠早期，我早上一醒来就开始狂吐，直到跌在卫生间的地板上，几小时都爬不起来。我不停地干呕、大喊，精疲力竭，最后都绝望了，开始拿头撞墙撞地，试图把自己撞昏。我重拾儿时的习惯，乞求基督的救助或宽恕。后来等我恢复知觉，我可以感觉到，我的脸和地板砖之间隔着一层冰凉的液体，其中混合了鼻涕、血、唾液和眼泪。但是我说不出话，也不知道我是谁。我忠实的丈夫在电话那头都急疯了。他冲进家门扶起我，帮我擦洗身子，再次给医生打电话。医院让我看诊，把以前用过的方法又通通给我用了一遍。但是一周后，我又变回了以头抢地的老样子。我的状况并没有好转，到了最后，克林特和狗成了我在这世上唯一认识并且叫得出名字的存在。

我毅然决然地住了院，一住就是好几周。因为其他方法都没用，所以只能用皮带把自己绑住。医生还给我进行了无数次电击治疗，以至于我忘记了2002年的大多数事情。我乞求医生和护士告诉我，为什么为什么为什么这些事会落到我头上。但是他们不回答。我们什么都做不了，只能天天数日子，等着我“服药也安全”的日子快点到来。第26周是神奇的一周：它意味着妊娠期的最后三个月开始了。胎儿的发育进入了晚期阶段，美国食品药品监督管理局批准孕妇可以在这段时期服用一系列精神类药物，以解决她们的健康问题。

同意服药的许可一下来，我就立即开始服用各种药物，病情也慢慢得到控制。我开始拖着病体上班，其实大部分“工作”时间，我都躺在办公室的地板上睡觉。我也想教书，但发现身体虚弱得无法上课，只能请病假。在我怀孕 8 个月的一天上午，我拖着沉重的步伐穿过大楼的前门，停在大楼前台休息，同时做好心理准备，要把身上多出来的 30 斤肉拖进位于地下室的我的实验室里去。我不去摆弄化学药剂——这理所当然，但是只要能坐在嗡嗡响的机器旁检查读数，我的内心就能得到莫大的安慰，我就可以假装：这些仪器只有在我的批准和鼓励下才能继续每一项任务。

乘电梯下楼对我来说很艰难。为了攒足力气，我在复印机旁的一张访客座椅上坐下，挺着肚子往后仰。我对大家说：“我现在明白了。现在的我已经是全新的我了。他是要在我肚子里长到 18 岁再出来了。”尽管我没想说笑，那些秘书还是略带同情地轻笑起来。

系主任沃特走了进来，我不自觉地起立，好像士兵见到长官就要立正一样。在这所大学的这幢被百年常青藤覆盖的系大楼中，我可能是第一个，也是唯一一个获得终身教职的女性，所以我本能地知道，我应当把怀孕导致的任何体质弱点都隐藏起来。

不幸的是，我起身太快，血猛地冲上脑门，只感到一阵晕眩。我不自觉地坐下，把头埋到双腿之间，因为我知道，这个动作能帮助我在一两分钟内消除眩晕感。我很熟悉这种眩晕感，因为我总是低血压，而且会恶心得吃不下饭。对我而言，这种眩晕感早已是一而再再而三地无休止出现的日常。沃特困惑地左右看了看，然后看向我，我在他面前就像一条搁浅后平躺在海滩上的鲸。他走进办公室，关上门。有人给我递了一杯水，但我谢绝了。我一步一拖地走进电梯，心中平添了一桩自己无法摆平的烦心事。

第二天晚上6点半，克林特来到我的办公室——就位于他办公室外门厅的下方。他的脸拉得老长，我都怀疑他是不是来告诉我某人的死讯。他倚在门框上，语气沉重："你听我说，沃特今天到我办公室来了。"他停顿了一下，看上去很痛苦，"他通知我，你病假期间不得进出这幢楼。"

"什么？"我大叫起来，与其说是愤怒，还不如说是惊恐，"他们怎么能这样？这是我的实验室，我把这地方建成……"

"我懂，我懂……"我丈夫叹气道，"这些混球。"他声音轻柔，试图安抚我。

"我不知道他们居然能这么做，"当我弄明白自己的遭遇后，我问克林特，"凭什么？他有没有说为什么？"就像我生命中无数次、无数次地询问那些手握权柄的人"为什么"一样，我请求他们给我答案，可事实上，我没有——从来没有得到过一个说得过去的回答。

"唉，就是麻烦多、保险高一类的烂事，"克林特回答我，然后接着安慰我，"他们和原始人差不多。我们都明白的。"

我怒吼起来："这他妈是什么？这些男人有一半在办公室喝醉过……还调戏学生……到最后倒是我成了麻烦？"

"听我说，这就是现实。他们不愿意看见一个孕妇，而你是这幢楼里唯一的一个。这些人不会做事，就这么简单。”他轻轻地对我说。他也愤怒，但比我冷静。

我还没完全摆脱目瞪口呆的状态：“他让你来告诉我？他怎么不自己来告诉我？”

“他怕你，我猜是这样。他们都是懦夫。”

我摇着头，咬紧牙齿。“不要！不要！不要！”我固执地不松口。

“霍普，对于这件事，我们什么都做不了，”他放低声音，充满了屈辱，“他是老板。”此刻，克林特脸上露出的担心，是我曾经在一头体形巨大的老年大象脸上见到过的，那时的它刚失去陪伴自己30年的伴侣。克林特知道禁止我进自己的实验室会给我带来多大的伤害，因为实验室让我感到快乐和安全——特别是现在，因为实验室是真正被我当成家的地方。

沮丧之下，我抓起空的咖啡杯，用尽全身力气往地上摔。杯子在地毯上弹了两下，没有碎，反而是得意地晃了几晃，懒洋洋地侧躺在地上。我看着它，越发觉察到自己的无力——就连这种小东西和小问题都对付不了。我瘫坐下来，把头埋进掌心，趴在办公桌上啜泣。

“我不想这么下去了。”我抽泣道，恸哭出声。克林特站在我身边，见证我的痛苦。他心中承受的痛苦加了一倍，又加了一倍。我的哭声渐渐止住后，我俩坐在一起，默默无言，一天的难处一天当就够了[1]。

1　语出《圣经·马太福音》6:34：“所以不要为明天忧虑。因为明天自有明天的忧虑。一天的难处一天当就够了。”

两年后，克林特告诉我，他对霍普金斯的热爱之情在那一天全部消失了，他永远都不会原谅他们对我的伤害。过了一段时间，我们远离了那个地方，谈论起这件事，谈论怎么会因为一时无人敢于承担责任，在无人犯错的情况下就变成这副样子。然后我们双双站起，交握双手，召集所有爱我们的人，整理自己的家当，搬到了千里之外。我又一次从零开始，建起我的实验室，比尔就是实验室的核心骨干。但是在我扔下杯子的那一天，我哭是因为我只看到了我失去的，却看不到我即将拥有的——他还藏在我 5 厘米厚的子宫中。

被禁止出入系大楼后，我整天无所事事，所以就预约了上午的产检。我去的时候，护士和技师会给我称体重、做 B 超，告诉我“你比一周前又多了一周的孕龄”这样的“重大新闻”。不认识的人会问我：“几个月啦？”而当我回答“十一个月”时，他们会希望我和大家一起欢笑，可是我连这种小事都做不到。

我知道，我应该高兴，应该兴奋。我应该出门购物，应该画画，应该亲热地和肚子里的孩子说话。我应该为爱的果实即将成熟而欢欣，应该沉浸在身子渐沉的幸福感中不能自拔。但是这些我都做不来。因为这个孩子，我的一部分生活终结了，我为此久久难过，深深伤心。我应该陶醉在期望中，一次又一次地想象这个即将从我肚子里出生的小人儿长什么模样。但是我没有，因为我已经认识他。从一开始我就知道他会是个男孩，我就知道他会有他父亲那样的金发碧眼。

我清楚他将拥有我父亲的名字，但会有自己的个性。他会和一切维京男人和女人一样坚强，他会因为我是个不合格的母亲而恨我，这无可厚非，因为我身上的母性在我的成长过程中见不到光，还没好好开花就已枯萎。我呼气，我吸气。我一升升地喝牛奶，一盘盘地吃意面。我每天睡很多觉。我试着让自己专心对待这件事：至少我让他共享我富含营养的血液，暂时被动地给予他所需的一切。我试着不去想自己脑子的毛病。我试着不去想我什么时候会再次失去理智。

我和几个 15 岁的少女准妈妈一起坐在等待室里，她们每个人面前的麻烦都堆得比我高。但是我很麻木，无法因此而感恩自己拥有的一切。我悲伤到哭不出声，空虚到无法祈祷。医生叫号了，我发现医生没戴耳环。我也没戴。我脑子里的想法很奇怪，我在想，碰到一个不戴耳环的女人，真是少见。

“嗯，你的肚子比较大，不过没事，这属于正常情况，”她看着我的孕期记录表（chart）告诉我，“胎儿的心跳很有力，你的血糖也正常。差不多就是这样。”她说着，认真地看向我，递给我几本小册子，然后问道：“你有没有想过生下孩子后避孕？我想你应该知道，哺乳期也会怀孕。”

我有点犯晕。妊娠期的最后阶段好得不真实起来。熟人都问我准备什么时候要二胎，医生却鼓励我节育。如果一个女人都无法想象自己如何与一个孩子一起生活，那问她是否有生二胎的打算该有多奇怪！

我脑子一片混乱，说话也结巴起来：“我想我恐怕不能亲自哺乳。我是说，我得工作，而且如果我服用药物或者做其他事的话……”

“没事的，”我的医生打断我，“他吃配方奶也能好好长大。我担心的不是这件事。”

孩子一出生我就不能为他做好第一件事，医生对此却很宽容。这宽容是如此自然，给得又如此随意，以至于我的内心都被刺痛了。我孩子气的旧时愿望无意识中掀起了波澜，我猜想，也许这个女人关心我，理解我——毕竟，她拿着我的孕期记录表。也许她注意到了所有的电休克疗程，所有的住院记录，所有的处方。可是接着我就不让自己想下去，再一次无精打采地质问自己，我正在为我的哪些罪过受惩罚。心中的这个伤口总也无法愈合，我对此已经受够了；我恨自己总是幼稚地把某个女人的一点点善意当作母亲式的柔情或祖母式的宠溺。我已经厌倦了这种无聊的孤儿般的痛楚，尽管它已经没有力量令我吃惊，但是每到这种时候，它都会从我的心田中收割一波新的伤痛。这个女人是我的医生，她不是我的母亲，我坚决地对自己说，有这种需求太丢人，就算自己怜惜自己也不行。而且不知道哪里的哪个人已经排好了产检日程，规定我们每人只有 12 分钟时间。

我们约定了下一次产检的时间，然后我离开了医生的办公室。出门后，我冲进卫生间，一边吐一边发抖，吐完后我都认不出镜子里的那个人。她看上去悲伤、疲倦、全身油腻，我都为她难过。到最后我才反应过来，那个人就是我。

下午 5 点过后，系大楼里的所有人都回家了，我带着瑞芭溜进实验室。我干不了什么建设性的工作，但我就是本能地用“一个怀孕女人的坐像”这样的“表演”，去抵制系主任的残忍命令。7点半，比尔吃完他今天的第一顿饭后走进实验室，发现我正黑灯瞎火地坐着。我赶紧抹了两把脸，不想让他看见我哭哭啼啼的样子。他把灯都打开了，然后开始有条不紊地告诉我每个项目的新动向，一条条细数每位成员的详细情况。这些话冗长乏味，却也安慰人心。它们是实实在在的证据，证明一切都好。比尔一个人干两人份的活，已经精疲力竭，但是他像一头老牛，地越硬，他犁起来就越拼命。

他并不十分清楚我出了什么事，也不清楚为什么我总是心不在焉实验室。我的亲戚朋友——说得好像我有似的——也不清楚。也没有人过问我这些事。我想，我的家族已经把发狂的症状瞒了一代又一代，以至于我对这类事保密的天性都固定到了基因里。

比尔让我放心，宽慰我说待在家里也没有关系。“说实在的，没人会到这儿来。晚上你没必要守在这儿，”他鬼鬼祟祟地往四周看了看，又说道，“你也没必要带刀子和其他乱七八糟的东西，我这儿都有。”他一边说，一边装出紧张兮兮的样子，在一个柜子里摸来摸去。这些胡话代表了比尔逗趣的新高度，他真是在绞尽脑汁地逗我发笑，或者至少让我想起，在我俩共有生活轨迹中的那个曾经的自己。他最好的朋友挺着大肚子迷失了，虽然我们都不知道怎样才能让我走出来，但他确实在努力尝试。

“老天，你看上去很不好，”他说，“干吗不杀头猪什么的？干这事不是会让你们这些人高兴点吗？”比尔很懊恼。

“呃……我饿了……”我转移了话题。

费了好大的劲，我们才走（我是摇摇摆摆地走）到比尔家。我吃着一盒半路买的甜甜圈，和他一起看正在回放的电视剧《黑道家族》（*The Sopranos*）。9 点，克林特过来接我，开车送我回三个街区外的家。他拉开后座的门，牵着我的手坐进车里，假装我们坐的是辆出租车。泪水从我的脸上滚落。

如果你紧密留心实验进程，充分做好准备，让实验数据达到差别甚微也能区别记录的地步，那么，你眼中的结果就是清晰、有说服力且显而易见的，它们不会被误读。能做到这些，便是个好兆头。我被反复告诫“判断羊水是否破了很困难”，但是那天晚上，后来我坐在沙发上发现自己已经身不由己地被三四升水浸透时，就知道羊水确实破了。当越来越多的羊水流出来时，我咬紧牙关告诉克林特，我们恐怕得去一趟医院。

他扶我起来时注意到我的手在发抖。“我们要去的是世界上最好的医院。”他和我说话时非常冷静，这确实能给我带来信心。我鼓起勇气。我们收拾好东西就开车进城。那时正是晚上 10 点半，我们的车开过巴尔的摩城中数公里长的廉租房地段，我看见人们结束一天漫长的工作，拖着沉重的步伐回家，却还是得不到充分的休息。

走进医院，明亮的灯光和嘈杂的环境立刻给予我安慰。真是奇怪，过去在医院药房打工时的安全感又回来了。这些忙碌的人，每一个都身负使命。照顾好我，只是他们精心安排的集体大任务中最常规的一小部分。无论发生什么，我都不会孤单，总会有谁在的，而且他们强健有力、胸有成竹、机警敏捷、认真负责。所有人都准备好了，大家会一起熬个通宵，一起把事情解决。于是，我渐渐放松下来。

我们去产科病房时，一个满脸无聊的年轻护工推着轮椅和我们走进了同一架升降电梯。轮椅上坐着一位老妇人，她看看我猛犸象般鼓胀的肚皮，问道："准备好了吗？"我愣愣地盯着她，想不出怎么回答她。她哭笑不得地摇了摇头。

当我们到达住院登记处时，一个高大健壮的女人看了看我，立刻扑到前台说："她归我了，她的血管容易找。"于是我就有了一个毛遂自荐的护士。我看向自己的手背，它和我父亲的很像，总是分布着清晰的血管。我认为这是个好兆头。护士把我们带进单人病房，领着克林特走到角落的椅子上。他得服从安排，坐在病床尾部，不给任何人添乱。

"这儿没你什么事了。"护士一边带我去卫生间，一边扭过头去向克林特解释。

我费了好一番工夫才上了趟厕所，换上病号服。护士扶我躺到床上，在我的两只手腕上都涂了点酒精。她掏出十几二十样东西，其中有针管、电极、夹子、绷带，然后以好多种方式把它们接到我身体的不同部位。接好后，她把每个接头都插进不同的仪器，观察读数。这些仪器汇聚在我的床边，就好像它们都渴望参与目前的行动一样。所有仪器一打开，我就被它们友好的电子面孔包围，每台仪器都在不停地安慰我。仿佛它们全都明白，在我面对这次痛苦考验时，接受再多的安慰都不为过。

助理医师走进来问我："生产过程中，你需要用药物减轻不适感吗？"

“要，要的，我要的。”我用和他一样干巴巴的语调回答他，其实我这辈子都没有这么真诚地渴求过一件事。

“太好了，”我的护士压低嗓门儿嘟哝道，“你没必要受那份罪。”听她这么说，我才意识到，我刚才的决定让她倒这趟班时会轻松很多。

每过两三小时，就有不同的医生带着一大群医学生走进我的病房。他们以我为教学案例，用简明扼要、事不关己的平板语调总结我的产检结果，列出我服用的药物，这让一切听上去就像卡明斯[1]的诗，而且还是结集成册时未收录的那首。接着，他会问那伙学生：“那么你们觉得在这种情况下胎儿会怎样？”学生们总会以沉默应对，仿佛他只是在对牛弹琴。

最后还是我的护士打破沉默，对他们说：“哎，你们看看她。孩子足月了，体重也达标。”她不满地摇了摇头。我看见一个站在后排的学生看着我的眼睛打了个大大的呵欠，他甚至都不屑于挡一挡。

突然间我怒气攻心，而且我的情绪很可能显示在左手边的心电图上。我好像一下子被扔回了15年前，又变回了一个女大学生，拼了命地想进医学院，却从一开始就知道自己没有钱也没有门路。我的女性先人们能徒手抓猫头鹰、拔猫头鹰毛，她们帮孩子煮熟猫头鹰肉，敲骨取髓喂养婴儿，只剩些汤汤水水给自己。我是那个从自己身上抓虱子的女孩，不怕蜘蛛和蛇，

1 美国诗人埃德华·埃斯特林·卡明斯（1894—1962, Edward Estlin Cummings），诗作通常没有句读、语法奇特，且以不用大写字母闻名，他甚至在书作的作者栏中把自己的名字记为首字母不大写的 e.e. cummings。

不怕脏，不怕黑暗。我一下子又变回了那个获得奖学金的女孩，因为其中囊括书费，我一拿到钱就奔到书店买全了所有我需要的课本和辅导书。

可是这些医学生呢？他们已经身在那扇对我紧闭的大铁门内，然而他们不仅不为身处圣殿之内而自豪，还弃之如敝帚。我不禁愤愤不平——这些小混蛋凭什么觉得，自己配量我的宫颈开口大小？我的愤怒唤回了部分原本的我，我在头脑中“放电影”（我后来还把这些画面讲给比尔听），并且配上我的怒吼：“记下来，你们这些狗娘养的！考试会考到的！”

医学教授打断了我的内心戏，他对所有人说：“她患产后精神疾病的风险很大，要按照这个思路观察下去。”就这样，他把我们都在怀疑，但因为爱和期望而保持沉默的事情说了出来。我振作精神，对他接下来会怎么说既咬牙切齿又感到好奇。学生们听到这条“趣闻”后开始重新审视我，发现我神智健全后显得很困惑。我甚至考虑假装出现幻觉来成全教授的观点。

我惊慌失措地环视着房间，最后把视线定格在克林特身上。他交叉双腿，委屈地坐在角落。夫妻间是有心灵感应的，我们俩无言地交流着，同时意识到那一刻的荒谬。于是，这么长时间以来，我第一次放声大笑。我发觉这是自己几个月来感觉最好的一刻，而此时的我正安心地趴在电线缠就的小窝里，周围的机器嘟嘟作响。

医生对大喜大悲都已免疫，他看了看表走出病房，学生们跟在他的身后，那场景就像全世界最废柴的狗仔队跟着全世界最乏味的明星。当我假定他们因为加班所以今晚要熬个通宵时，我的怒气才逐渐平息。冷静下来后我才反应过来，梦想当医生和上医学院可能不是一回事。而且我也承认，依照我过去几个月的所作所为，别人对我冷漠时，我其实没资格责怪他们。

手术室护士进来了，手里拿着的东西就像一块卷好的沙滩毛巾。他顺着两个不锈钢托盘的长边把它打开，我看到消毒毛巾里摆放着一把把手术刀、手术剪，还有各种各样寒光闪闪的小刀具。助理医师离开后又带回另一条同样的毛巾，并且再次在另外两个托盘中铺开。

“天哪，”我发表了一下自己的感想，“好多刀啊。”

护士瞧了我一眼，一边继续干活，一边向我解释：“对啊，这位医生喜欢多备一套手术刀，他怕什么东西会脱手掉下来。”两套手术刀是为了应对刀片乱飞的突发情况而准备的——听到这样的保证，我可没办法像他们设想的那么安心。但是等他走出去后，我还是把疑虑烂在了肚子里。

不力劝我用母乳喂养的那名医生居然走了进来，并且宣布由她为我接生。这真是令我既惊讶又欣慰。一直有人一遍遍地告诉我，说在我孕期护理团队的众多医生中，任何一名都可能为我接生。过去的9个月间，那些医生护士来来去去，其中一半人我都记不住脸。所以，事实上，孕妇要做好接生医生是陌生人的准备。

“太好了，是你为我接生。”我对她说道，像个孩子似的表达对她的信赖和喜爱之情。

她看了看我的检查表，说：“感觉怎么样？”

“我很害怕。”我说，我是真的害怕。我一直相信自己会因为难产而死，因为我没法想象自己成为一个母亲。不仅如此，我怀疑我外婆就是难产去世的，这更增加了我的惧意。我母亲很少谈起自己的母亲，她也从不谈自己的兄弟姐妹，只提过她没夭折的兄弟姐妹的数量有十个以上。Diskutere fortiden gir ingenting（挪威语，意为谈论往事无法改变过去）。

医生停下来看向我。“如果你出了什么事，”她向我保证，“我们能在45秒之内准备好，把你推进手术室。”我立刻被她话中的“手术室”迷住了。这个房间的角落里肯定有另一间手术室，里面的工具比这里的更多，也更好。

接着，她转过头去对克林特说：“丑话说在前，如果你出了什么事，比如昏倒，我们会把你踢到一边继续接生。”克林特的母亲是费城一名出色的产科医生，曲折的接生故事是他童年餐桌上的日常话题，因此他并没有昏厥的危险。但他还是点了点头，对医生的话表示理解。

医生检查了我的宫颈开口，下了个“一切正常”的结论。然后她说：“硬膜外麻醉（epidural）[1]之后我再回来，有事立刻联系我。”说完便转身走出了房门。

接下来的两小时，测血压的套袖每隔20分钟便会勒紧我的手臂，用轻快的哔哔声提醒我一切正常。两小时后，宫缩得越来越厉害，我开始随着每一次收缩小声呻吟。

“我的上帝啊，你可真没怎么叫疼。”护士帮我换输液袋时

---

1 医学手术时常用的一种麻醉方式：从脊椎间隙穿刺，注入麻醉剂。主要用于腹部及以下的手术，包括泌尿、妇产及下肢手术。下文所述的罗哌卡因（ropivacaine）为配合硬膜外手术常用的麻醉剂之一。

说道。

我把她的话当作恭维，承认道："嗯，叫了也没用啊。"

"对，叫了没用。"她附和道，同时打开从输液袋到我手臂的静脉输液管上的阀门。

阵痛越来越厉害，我开始哀求克林特，睁大眼睛轻声请求他的帮助。他注视着我，脸上的表情镇静且友善，就像一只刚把你从雪地里刨出来的圣伯纳德犬，向你保证救援队随时会到，并且问你要不要一边等一边吮两口冰条。

时间仿佛过去了好几小时，一位气宇轩昂的医生走了进来，身边跟着一个仆人般的助手。他介绍自己是麻醉师。"你以前用过罗哌卡因吗？"他的助手尖声问我，同时医生检查了我下背部的脊椎。这让我不禁想问，他是不是真以为这个问题普通人就能回答。

过了一会儿，我的护士替我回答道："很有可能。她的检查表有 5 厘米那么厚。"我开始怀疑这种万金油式的回答是她的个人标志，因为所有人都习惯性地没有理睬她。

"我去，我现在恐怕就用着这药呢。"我接着护士的话开了个玩笑，同时看向她，声音因为疼痛而发颤。无论你在医院里说什么，医生们都不会被你的笑话逗笑。我猜正规的医学院会这么教导学生：无论病人对自己的病情有多乐观，身为医生，你都不能乱笑一气，更不能因此而冒进治疗。不过话说回来，对着这么一群正经人演滑稽戏确实令人沮丧。

想到他们要把针头直接扎进我的脊椎神经，我就兴致勃勃。我特别希望亲眼看着针刺进去。几小时之前，护士往我的手臂静脉上扎了好多针，我当时就睁圆眼睛看着他们做这一切。

医生停了停说道："干得不错。位置很准。"我想，他这话是对着帮我打麻药的实习生说的。

"嗯，好极了。"我跟着说道。我的大腿开始刺痛，不一会儿，我感到腰部以下的部位全都舒舒服服地失去了知觉。疼痛感并没有消失，但我身边好像有一只看不见的手，不停地旋转控制疼痛度的旋钮，旋啊旋啊旋小了。

没过多久，我的医生回来了。她向我说明，如何通过监视器上的情况来判断宫缩的到来，然后根据这个信号使劲，有意识地收缩肌肉，让已经有些不由自主的身体动起来。我在她的看护下这么做了，耗时整整三小时。

"好的，又出来一点了，"她高兴地说道，"你是在冬天会下雪的地方长大的吗？"

"是的，"我丈夫帮我回答道，"她是。"

"好的，你知道车陷到沟里什么样吧？你得把它'颠'出来——上下颠，然后往前推——这样可以让它动起来吧？"她问我。

"在明尼苏达，我们连停个车都得这么做。"我气喘吁吁地回答她，于是她给了我一个微笑，那笑容就像一张百元大钞，我可以把这笔奖金直接塞进心里。

"好的，瞧，我们就得这么做，准备好颠三次，然后你再推。"她指示道。我们就这样试了一会儿。

"加油，宝贝，头顶已经漂亮地出来了，让我们看看你的脸。"一个老护士轻拍着我的膝盖，咂着嘴说道。我在监视器曲线出现高峰的同时拼命使了把力，但做完这个动作后，我发现医生的脸色变了。

她仍然很镇定，但你能感觉到她全身都绷紧了。她对助产护士说："脐带绕颈。上真空泵。"他们三人在我的脚边准备好了一托盘的手术工具，动作又快又好。医生直视我的眼睛，认真严肃地对我说："接下来你可能会受伤。"我点点头表示心里有数。电光火石间，我只注意到她没戴耳环，我也没戴，接着，我的眼前就闪过一片白光。

医生把一个吸盘那样的吸罐连到我儿子头上。她身体前倾，调整好重心，然后使出全身力气把孩子与我分开。我听见自己在尖叫，不明白这个潜力无限的世界为什么有这么多不完美。等到我能看清东西时，我才意识到，刚刚听到的哭喊声是我的孩子发出来的，其实，我早就知道并认出了这声音。

我和儿子并排躺着，一组人正抱着他，帮助他；另一组人则扶着我，帮助我。我俩身上都沾满了我的血，但我俩都平安无事。我什么都不用做，只需要舒舒服服地躺着，在心中赞叹身边的孩子。这家医院的每个员工好像都在忙着服侍我们两个，给我们擦拭、清洗，一遍又一遍地检查我们身上的每个角落。他们会用一张张图表、一次次读数记录下我们的每一个细节——因为我们已经达成了共识：这些数据珍贵到一点儿都不能丢，一点儿都不能忘。

照顾我的这组人在帮我止血后，立刻轻按我的肚皮，把目前已经沦为废物的一大块胎盘从我的肚子里挤出去。另一组人则把洗过澡后已经裹在襁褓里的宝宝抱过来，让我亲亲他。"你的宝宝很健康，重 4.1 千克。”一位年轻的护士微笑着对我说。

我也对她报以微笑：“我肯定比我看起来更强悍。”

“所有女人都是。”我的医生说道。她正在帮我检查我身体上最女人的那部分，手下不停地缝合裂口、平整撕边。

克林特紧靠我站着。终于轮到他抱孩子、亲孩子了。我仔细看着我的儿子，他脸上像我的地方已经足够多，以至于我能清楚地知道他在想什么。他很高兴被生下来，他终于可以“开始”自己的生命了。克林特把他放进我的臂弯。他睡着了，于是我开始出神地盯着他漂亮的小脸蛋看，这是我第一次这样做，但在接下去的好几个月里，我会一次又一次地做这件事，看上几十、上百小时。他心满意足地睡觉，而我任由医生为我缝合。他们缝啊缝啊，缝了一个半小时还不止。最后，他们帮我裹上纱布，为我量好血压（血压套袖紧箍了我一次，就好像拥抱着说再见；它又开始哔哔作响，仿佛在祝贺我），打了个手势表示晚些再来，然后准备离开，留我与孩子和克林特在一起。灯灭了，我们三个肩并肩躺着，睡了好几个小时。

接下来的几天如同一场长长的美梦。我还是什么都不用做，只需躺在床上，隔一段时间让人检查我的精神状态是否正常。不知道什么原因——也许只有医院自身才知道，院方每隔 6 小时就要让病人陈述当天是星期几，同时要求病人告知他们美国目前的总统是谁，借此判断病人是否神志清醒。为了满足这个要求，我会对路过的每个“白大褂”都喊一句诸如此类的话：“星期二好啊！小布什执掌白宫，可不是个好日子吗？”

我住院的第二天，医生把儿子抱给我，然后检查了我的缝合处，告诉我伤口愈合得很好。他们重新为我裹上纱布，帮我把床摇直，让我坐好。于是我又能重新吃东西了。我大口大口地吸食着草莓奶昔，吃得太快，都呛到了。我剧烈地咳嗽起来，一些黏糊糊的东西从我肚子里脱落，喷涌而出。我的两腿之间慢慢渗出血液，在床单上浸出餐盘那么大的一块血迹，所有人都看见了。

“我不想打扰大家哈，”我问道，“但流血流成这样正常吗？”

“你身上没一点儿赘肉，”我的医生回答道，“那些多出来的重量都是你不再需要的体液和组织。把它们全部排出来需要时间。”

护士帮我换了一套新的床单，医生在他们这么做时补充道：“别担心。我们都在看着你呢。”说完，她就走出了病房。如果不是我死死地把持住自己，我真的会以为，我天上的外婆正在通过医生的身体对我说话。

于是我在床上躺下，体会那些我不需要的东西从身体里排出的感觉。一连好几天，大量不定型的血块在我身体中崩塌，再外渗。随着它们汩汩而出，我心中的罪恶、歉疚和恐惧也慢慢消失。等我入睡后，那些比我更强健的人就会默默地把这些东西清理掉，丢出去。而当我清醒时，我会抱起孩子，思考他如何是我的第二块蛋白石，我如何永远都能画一个圈，指明“他是我的”这一所有权。

我们又在医院里住了一周。潮湿多雨的四月过去，阳光灿烂的五月来临，我们的新生活也开始了。克林特抱着儿子时，我要么写论文，要么远程登录质谱仪，要么拒掉某人的投稿，要么绘制图表，我们在这段时间培养出来的日常习惯保持了很多年。我们轮流抱孩子，每次交换时都用微笑传递对彼此的爱意，同时练习一心三用。比尔居然到医院探望我们，这真让人惊讶。他还拥抱了我，这是十一年来第一次，也是我生命中唯一一次。看到他很乐意而且轻轻松松就进入“亲爱的舅舅”这个角色，我真是又惊又喜。

我在延长住院期间接受的各项化验都说明，虽然我怀孕期间过得很艰难，但生产阶段却正常且健康。在医院的最后一夜，我久久不能入睡。我意识到，和平时一样，自己找不到问题的答案并非因为问题无法解决，而是因为常规的解决方法不适用于我。于是我做了个决定：我不要做孩子的母亲，而要做他的父亲。这才是我的道路，这样做才正常。我不会去想自己的打算有多古怪，我只要爱他，他就会爱我。会奏效的。

也许这是一场已经历经千百万年考验的实验，所以轮到我身上也不可能搞砸。也许这个被我看在眼里、刻在心里的漂亮小男孩，会把我与某种比我更高超的事物紧密相连。也许看着他长大，给予他所需，使他理所当然地接受我的爱，这些都将成为我生命中的一项伟大特权。也许我能做到这些。我有帮手，我有足够的钱，我有爱，我有事业，必要时我还有药。流泪撒种的，可能真的必欢呼收割[1]。也许我也能做到这些。

1　语出《圣经·诗篇》126:5：“流泪撒种的，必欢呼收割。”

32

每个活着的细胞其实就是一袋水。从这个角度看，活着，其实与搭建并重建亿万袋水没什么差别。如果水不够，那么这个过程就不会顺畅。世界上永远不可能有足够的水供所有细胞生长。地球表面的每个生物都被卷入一场永不停息的战争，都要去争夺少于这颗星球总水量十万分之一的水。

树在这场战争中处于劣势，因为它们不能在大地上漫步，不能自己去寻找所需的水源。而且它们身形巨大，需要的水远比会动的动物多。如果你走 I-10 州际公路横穿美国，从迈阿密开车去洛杉矶，其间经过路易斯安那、得克萨斯和亚利桑那，那么你可能要花上整整三天时间，而且这趟旅程肯定会让你明白一条植物学的普适规律：一个地方的绿色植物覆盖率与该地的年降水量成正比。

假若我们以一个奥运会标准泳池中的水量来比拟地球上的所有水量，那么植物能从土壤中获得的水只够注满一个汽水瓶。树需要许多水——制造一把树叶就需要将近 4 升水——想象根系从土壤中卖力地吸水确实有趣，然而现实却与想象不同，树根吸水完全是被动的。白天，水被动地流进树根；晚上，水又被动地从根中流出。整个过程好比大海受月亮影响而形成潮汐一样，始终不改。根系的作用有如海绵。把干燥的海绵放到打翻的牛奶中，它会自动膨胀，吸进牛奶。接下来，如果我们把沉甸甸的海绵丢到干燥的水泥地上，不一会儿就会看到牛奶又被倒吸出来，在路上留下一块湿迹。不论在哪里挖土，我们都会发现，越接近下面的基岩，土壤就越潮湿。

树成年后会通过竖直向下生长的主根来获取大多数水分。接近地表的树根则向侧面伸展，交织成网，通过这样的支撑结构防止树翻倒。这些位于浅表的树根会向干燥的土壤倒吐水分，太阳落山、树叶的蒸腾作用不明显时则更是如此。整个夜晚，成年枫树都会把提取自地下深处的水分交由浅表根系吐出，从而被动地实现水分的再分配。有证据表明，生长在这些大树旁的矮小植物，要依靠这种类型的再循环水解决自身半数以上的水分需求。

树苗的生活举步维艰：度过一岁生日后，95% 的树苗都会在迎来两岁生日之前夭折。一般的树木种子都无法进行长途旅行。树干支撑着树枝，结在树枝上的种子落下，再萌发出树苗。大多数枫树苗扎根的位置都距离母树树干不到 3 米。因此，枫树苗必须努力奋斗，博取光照，毕竟它还被笼罩在成年枫树的浓荫之下，而许多年来，成年枫树一直在成功地摄取和利用此地的养分。

但是，在枫树和它的子女之间，还是有一招可靠的妙手可以体现出父母的慷慨。每个夜晚，最珍贵的地下资源——水——都会上涌后再排出，从强壮的一方转移给弱小的一方，如此一来，树苗恐怕就能再多存活一天，再多一天时间可以奋斗。它们光靠这点水是活不下去的，但这些水肯定有用。如果一百年后还要让一棵枫树守护同一片土地，那么枫树苗就需要获取到它可能得到的所有帮助。父母给子女的不可能十全十美，但总会努力给他们最好的。

33

我们在过去十年间了解到，树能记住自己的童年。挪威的科学家从同一棵云杉的“兄弟姐妹”（相当于各自拥有一半相同基因的“半克隆体”）身上采集种子，而这些“兄弟姐妹”有的生长在寒冷的气候带，有的则生长在温暖的气候带。种子在相同条件下播种、萌发，成活的树苗被移栽到同一片森林中，长成大树。

每年秋天，每棵云杉都会做一件事，那就是长冬芽。接着，它们就会停止生长，迎接第一场霜冻。挪威科学家观察了几百棵基因相同的树，他们发现，即使是在同一片树林里肩并肩地从树苗长为成树，那些在寒冷气候下度过胚胎（种子）时期的树也还是集体早早地长出冬芽，比在温暖气候下度过胚胎期的树提前两到三周，它们仿佛在期待一个更长、更冷的冬天。科学家对这项研究中的所有树都一视同仁，但早生冬芽的树记得自己寒冷的童年，即使它们因为不改乡愁而连年在异于故乡的环境条件下备受煎熬。

我们不清楚这种记忆到底是如何运作的。我们认为它是几种复杂的生化反应和相互作用的共同结果。研究者也不知道人类的记忆到底是如何运作的。他们认为那也是几种复杂的生化反应和相互作用的共同结果。

儿子入学那年，我们搬去挪威生活了一年时间。当时我作为富布赖特学者（Fulbright Scholar）[1] 加入了一个科研团队。我们想搞清楚，树的记忆对当下的云杉有什么意义，因为当下的云杉可能在童年期经历了一种气候，在成年期又经历了另一种不同的气候。把人类记忆准确记录下来是个困难的科学问题。一个人连自己的记忆都记录不好，监测树这种寿命两倍于人类的生物的记忆，可想而知也就更加困难。

我们在实验中找出了植物和动物的最大区别，那就是大多数植物组织具有冗余性，且富于变化。如有需要，根可以变成茎干，茎干也可以变成根。来自同一个胚胎的碎片能够成长为一棵植物的好几个副本，每一个副本都包含相同的基因蓝本。新的育苗手段使我们能够让一株幼苗忍饥挨饿数年，同时却让与它拥有相同基因的“双胞胎”兄弟享受充足的养料，并以这些实验结果来回答“树能记住它童年期经历的极端营养不良事件吗？”这样的问题。上述实验是寻找确定答案的唯一途径。在人身上做这类实验令人反感，而且明显不道德。但在植物身上做做这样的实验却无妨。

---

1 由美国参议员 J. 威廉·富布赖特（J. William Fulbright）于 1946 发起的教科文项目，旨在为美国公民和他国公民的文化、外交和科技交流提供经费支持。该项目目前已成为享有世界声誉的科学访问项目，每年支持约 8 000 名学者、学生和艺术家进行跨国交流。

开始实验时，我会先数出一百粒比芝麻还小的云杉种子，把它们放在无菌水中浸泡几小时。我在一面能鼓风的墙前坐下，调好实验凳的高度，感受到轻风拂面。我失了会儿神，有些多愁善感，因为我记起了二十年前在医院打工的经历，那时我还是个年轻的小姑娘，坐在与眼前的墙相似的无菌橱前，在痛苦的试炼和不断的犯错中寻找自己的未来。“我面前的东西都是干净的，我背后的东西都是受到污染的。”我自言自语地吟诵，规规矩矩地把我的工具一字排开，不在它们和墙之间放任何东西。

我使用的种子是由斯堪的纳维亚地区的上一代护林员从一棵普通的树上采集的。我手上有对这棵树长达数页的挪威语描述，是在 1950 年用不流畅的字体书写而成的。我想象着沉默寡言的金发男人们脚蹬肮脏皮靴的场景，很想知道他们会不会为我骄傲。我的结论是，他们不会为我骄傲，因为我在昏暗房间的窗玻璃上看到了我的倒影：油腻的头发紧紧地绑在脑后，顽固的痘痘消了又长。

我把右手边的煤气喷灯点燃，把火苗调到 2.5 厘米高。它在气流中摇曳闪烁，为空气消毒。我落下右手肘，把酒精棉签放到左侧，本能地使左右两边都远离明火。接着，我左手持镊子，夹出一粒种子后继续用镊子稳住它。我让它躺平在显微镜底下，同时为自己的手抖而懊悔，在同一天第三次发誓要戒掉咖啡。然后，我右手握手术刀，在种子上切出一个宽而浅的口子，以便剥去种皮，露出里面的胚胎。

我下压手术刀，让种皮翘起，把镊子的一臂轻轻垫到胚胎下方。接着，我把胚胎往前移，用镊子夹持这颗小得看不见的种子，把它转移到盛满明胶的培养皿中。为了制作明胶培养基，我昨天煮煮倒倒忙活了一整天。把胚胎放入培养皿后，我盖上盖子，再用紫色的胶带封好，因为紫色代表星期二。然后，我在培养皿的盖子上圈出胚胎所在的区域，如此一来，我们想观察它的生长或受感染情况时，就可以更准确地定位。画完圈，我用黑笔在圈下方写下一串长长的编号，指明年份、培养基批次、亲本株、种子批次。我不用写下自己的姓名缩写，因为同事之间早就对各自的笔迹非常熟悉，就好像我可以认出每个挪威护林员的笔迹，尽管他们已经逝去多年，尽管我从未见过他们。与我同在一个实验室的同事喜欢开我这个美国人的玩笑，故意不在数字 7 上画横杠（他们知道我会看见这些刻意写成的编号）。[1]我把自己写下的编号检查了两遍，以防出错，每次都要念出声。处理一粒种子需要两到三分钟，我得这么处理一百次。

每年都有数百万粒种子落到每亩土地上，但其中只有 5% 的种子能发芽。而发芽的这部分种子中，又只有 5% 能活过周岁。在这样的事实面前，每一项树木学研究要做的第一步实验——培育树苗——实在是一场前途未卜的战斗，几乎注定失败。因此，如果能在一项林业研究的起步阶段就培育出幼苗，那么这样的成功一定是由目标坚定、坚忍不拔的研究者用一轮轮的失败换来的。

这是对智力的折磨，正是它塑造了树木实验者的性格，让愿为科学信仰献身、愿在真相未明前受苦的人脱颖而出。核物

1　书写数字时，欧洲人习惯在“7”上画横杠，而美国人很少这样做。

理学家因为发现新粒子和大谈光速而受人追捧、荣誉加身，树木实验者却从不要求这些，也未能赢取这些。我在显微镜下学习胚胎发育阶段时也习得了他们的思维模式，而在此期间学到的无论是知识还是思维模式，都很吸引我。我们于晚间植下小树，让它们接受晨露的洗礼；我们坚持自己的信仰，相信测量它们能够给这条科学之路的后继者——两百年后的植物学家们——提供知识。

我收拾好培养皿，走过地下室，把它们放进大型恒温箱。我会把它们置于黑暗中，并把温度保持在 25℃。恒温箱就像一座潮湿的陵墓，我很想知道那股微微的霉味是确有出处，还是只是我的幻觉。每一个胚胎都躺在由数千个其他种子制成的胶体上。这种培养基能够欺骗胚胎，使它们疯狂发育；况且我移去了种皮，它们将生长得更加自由。

据我预计，只要真菌污染没有严重到率先夺取养分的程度，胚胎在二十天内就能长到自然状态下的好几倍大。到那时，我会选出健康的胚胎，慢慢撕开它们，然后把这些碎片放入由大量肥料和生长激素组成的胶体中。如果我足够小心且幸运，我就能在显微镜下把一个胚胎分割成 12 份。今天，我挑选了几个两周前放入恒温箱的完整胚胎，把它们分成 50 个细胞质四溢的碎片，希望它们能愈合并伸长，长成一头冒绿、一头生根的东西。这些胚胎碎片要在模拟日照下度过一个月，被迫进行光合作用，使自己的生长速度超过该死的真菌。

就像茱莉亚·查尔德[1]拿出做好的蛋奶酥后再往同一个烤箱里放入生胚一样，我从人工光照箱里选出100个已经分化的健康胚胎，换入一批我刚刚分割的胚胎。我把每一个植物碎片都塞进由蛋托改成的小花盆里，制作方法是用一根冰棒棍在土里戳个洞，再用另一根冰棒棍把小苗压进去。种小苗的过程中，我有时会发现奇怪的样本，比如一个蠢蠢的绿色螺旋。这时我会允许自己盯着它看上十分钟，在一天天、一周周、一月月的千篇一律的工作中，感受非凡一刻的快乐。

我应该记下“这棵不一样”，但我没有。我曾经忠实地记下每一个异数，但一年年过去，我越来越少这么做了。我觉得这太像一个不可外传的秘密。萝卜最早长出的绿色组织是两片对称的叶片，每片都呈现完美的心形。二十年来我种过成百上千株萝卜苗，但我确实见过两棵变异株，每棵都长有三片完整的叶片——本来应该长一对叶片的地方奇怪地变成了绿色三叶草的样式。我经常想起这两棵萝卜苗，甚至有时会梦到它们，这令我好奇：为什么我会遇到它们？被莫名地托付疑问，有时似乎是份沉重的责任。

那天结束时，我正好把一百棵小树苗种进网格状的花盆里。我给它们拍照，心怀罪恶感地放纵自己，听了45分钟无趣的流行音乐广播节目（听音乐会让你写错标签）。种好的树苗就像一群绿色玩具兵，我把它们想象成参加第一次世界大战的17岁新兵，对出征充满期待，实际上却并不知道自己将要面对什么。

1 Julia Child（1912—2004）是美国著名法派大厨、美食节目主持人。

我们会把小苗移进温室。它们会在这个天堂般的地方生活 3 年。每当它们需要再拓展一圈生长空间时，我们就会尽责地为它们换大一点的花盆。

存活下来的树苗最后会被移植到森林中，并开始接受实验处理。胚胎会因为受到的所有人为关照而有千分之一的概率进入成年阶段。与单纯在自然界生存相比，这些实验处理会把树木的存活概率提高好几个数量级。未来 30 年，如果学校没有砍掉我们的森林去建宿舍、日托中心或者露天快餐店，那么你面前的树里，就可能有一棵结出种子，回答我们今天提出的问题。

晚上 11 点半，我打电话给比尔。铃声响过两遍后，他接起了电话。“西线无战事。”我告诉他，他懂我的意思。他那儿正是早晨，我的电话把他吵醒了。

“行啊，我一会儿就到，”他回答我，接着问道，“你泡过冰棒棍了吗？”

“哈？”我假装听不懂他的话。

“你这次用消毒水泡了那些该死的冰棒棍吗？”

“泡了。”我撒了个谎，他哼了一声，表示他不信。

“泡了，”我不改口，“我用消毒水泡了冰棒棍，泡了胚胎，我还在开工前喝了一杯消毒水。”

他自顾自说道：“一年后我们就会因为污染的问题忙得不可开交，到时候可就没这么轻松了。”

“哼哼，恐怕用不了那么久，”我跟他顶嘴，“因为那些该死的消毒水已经用光了。”说完我俩都大笑起来。

我们大笑是因为这其实是个玩笑：那晚比尔其实并没有出发来看我，他还在世界的另一头。

儿子出生后，当一名科学家变得更容易了，尽管我到现在都不太确定这是为什么。我很惊讶——虽然我没有改变自己设计实验和谈论想法的方式，但是科学机构却改变了他们对我的看法。我签下了不少合同，不仅有国家科学基金的，还有能源部（Department of Energy）和国家健康研究所（National Institute of Health）的。像梅隆基金会（Mellon Foundation）和西弗基金会（Seaver Foundation）这样的个人基金会也认为我值得资助。多出来的资金并没有让实验室变身大财团，但我们第一次能造新设备了，还能更换坏掉的部件，出差的时候可以睡像样的宾馆；最妙的是，我终于可以一次性给比尔开一整年的工资，再也不用一个月一个月地数着给他钱。

一旦我不再因为生存而焦虑分神，我的耐心便回来了，我发现自己又开始热爱教书。自由和爱好相结合可以产生无穷的力量，它们让我比过去任何时候都更加高产。我用更长的篇幅和更系统的章节总结我对植物发育的思考，这也更加丰富了其中的细节。这些思考经完整表达后，我便开始获奖。最初是美国地质学会的青年科学家奖，接着是美国地球物理联会（American Geophysical Union）的麦克文奖章（Macelwane Medal）[1]。后者也让我 2006 年的终身职位评定变得毫无悬念。我

---

1 由美国地球物理联会颁发的奖章，为纪念地震学先驱詹姆士・B. 麦克文而设立。每年评出 3 ～ 5 名获奖者，候选人必须为博士毕业不到 10 年的年轻学者。该奖被视为地质和行星科学领域年轻科学家的最高奖。

备受鼓舞，开始了一场更大的冒险：我申请奔赴挪威进行云杉实验。我想学习种植树苗。我想知道有关树之记忆的一切。

我住在挪威时，比尔在家里操持实验室的所有事。这些年来，克林特随和的个性和少见的数学天分让他获得了好几份长期职位，他接受了其中一份工作，我们就一起搬到奥斯陆居住，把儿子送进了一所挪威幼儿园。

挪威东部闪闪发光的峡湾总给我家的感觉，那儿没有人会觉得我冷漠无情。我可以做我自己。我喜欢说挪威语，这种语言简洁明快，每个词都能当两个用，只要变一个元音，整个词义就变了。我爱黑暗积雪的冬夜，我爱蜡笔画般柔和的夏天。我爱在云杉的针叶间穿行，采摘莓果，享用鱼肉和土豆，一周七天都不会腻烦。

那一年间，除了非常想念比尔，我真的喜欢在挪威生活的一切。但是在内心深处，我和比尔都知道，分开对彼此都有好处：我们年岁渐长，我也得养家。情理和时势都在敲打我们，敦促我们像同事那样相处，不能再像十二岁的异卵双生子那样紧密相连。

在挪威生活了半年多，我给比尔发了条短信："我想你了。"

这条短信一经发出，就出现在我的"已发送邮件"文档中，排在一大串未回复信息的最后。整整三周，我每天都要发一条短信给比尔，每条文字都一模一样，只有个别两条是"希望你一切都好"。

我没有比尔的消息已经月余。我知道他没有失踪，可我感觉自己好像迷失了。四周前，我早上醒来就收到来自他的一封邮件，里面是这样写的：“嗨，我刚收到消息，说我爸今天去世了。我想我该去一趟加州。走之前我会关掉质谱仪。”我立刻开始发短信给他，发上面那些“祷词”。最初发得很频繁，话也多，随着日子一天天过去，我变成了一天发一次。但我从未收到过回音。

比尔的父亲去世后的那几周，他都没有回复我的邮件，那串长长的未回复信息好像在我的生活中捣出了一个空洞。我按照往常的钟点工作，但经常会盯着墙壁发呆。我生平第一次问自己，为什么我要做这门学问。而我也最终意识到，独自做学问没有意义。

尽管我联系不上比尔，但还是清楚地知道他在干什么。他每天夜晚都努力工作，从晚上 7 点一直到早上 7 点，遇不到别人，也不和别人说话。这是他“恐慌沮丧”时的一般做法，通常发生在偏头痛发作后。实验室里的所有人都知道，在他的特殊时期结束前，得让他一个人待着。

然而，这次恐慌沮丧期拉长了。我控制不住地去想，他在加州办丧事的那一周是什么样的。黄昏来临时，支撑他整个白天的那股劲是怎样松掉的？紧随其后的悲伤只有在睡着时才归于麻木。第二天早上，他睁开沉重的眼皮，意识到又要开始悲伤的一天，这悲伤渗进生活的每一处，甚至让食物都索然无味。我明白，当自己爱的人离开人世，我们会觉得自己也跟着去了。我也明白，我什么都做不了，我帮不了他。别人也是。

我坚持每天给他发短信，但还是没有收到回复。最后，我给比尔发了一封邮件，信里说："嗨，我俩出野外吧。去爱尔兰。你一直很喜欢爱尔兰的。我给你买好票了，附件里的PDF就是。你爸是个好人。他对你妈妈很好，对她忠贞不贰。他爱你们这些孩子，他每天晚上都回家陪你们。他不酗酒，他不打人。这就是他给你们的礼物。这就是你得到的东西。这是笔财富。这也是我们得到的东西。你得到的这笔财富比一些人得到的多，比大多数人得到的多。眼下你该走出来了。你比我先落地，但是租车时用的是我的名字，所以你得等我。"

我其实有很多想说的话，但没有说出口。我想壮着胆子说比尔是他爸爸的宝贝，是他的最爱，是他最小的儿子，而且是老来得子，给了他自己最后一次珍贵的机会去陪伴孩子成长。我想告诉比尔，他是他父亲一生的欢喜结局，他是他父亲提过的有关种族屠杀的黑色幽默中堪以告慰的点睛收官之笔——可以安抚人心，妙在不言而喻，而且，他作为他父亲的骨肉，正代表着人类面对不公和杀戮的胜利。我想告诉比尔，他是他父亲的心血，是上天给予他父亲的赏赐，是没人能打垮的强健男孩，即使钻入地下也聪明灵活。我想向他保证，他会像他爸爸那样存活下来，但我不知道怎么表达。邮件里的文字已是我能想到的所有内容，我点击"发送"，为自己整理好行装。

我飞到爱尔兰，下飞机后在香农机场找到了比尔。他站在三个巨大的露营用的粗呢包旁边，里面塞满了工具，包外裹着胶带。"天哪，你是在逃荒吗？"我笑着问他，"你以为我们这次要去哪里采样啊？大洋底部吗？"

"我不知道到底要'以为'些什么，"比尔回答道，"你邮件里屁都没说。我不能冒险，只能把这儿当作第三世界国家。所以我把所有东西都带来了。”比尔有点中气不足，看上去有些疲倦，不过除此之外一切都还好。他会挺过去的，我想，我们俩都会挺过去的。

我确实制定了一个计划，但只是个大致方案。首先，我们去机场商店买两包糖果，要买全他们卖的所有口味。“作为补给。”我向比尔解释道。在租车公司的服务台前，站在桌子后面的男人问我们是不是已婚夫妇。“算是吧，”我没有正面回答他，“这个对租金有影响吗？”他向我解释，如果另一方是已婚伴侣，那么就可以减免他的驾驶费。“好吧，那么，是的，我好像记起来了，咱们结过婚。是不是啊，亲爱的？”我朝比尔扬了扬眉毛。我发现比尔脸色煞白，他看上去正强忍着不让自己吐出来。我满意地笑了。

店员问我们是否自行买过车险。“是的。”我回答道。他又问我是否要追加一项保险，我不假思索地回答“是的”。然后他问我们是否想让保险范围完全覆盖车和——我打断了他，又回了个“是的”。

店员狐疑地看向我，告诉我们：“这个贵到大出血，你懂的。”他困惑的原因可能是，就在几分钟前，我为了每天省下5美元都敢谎报神圣的婚姻关系。

“它不像其他一些东西那么贵。”我神秘地回答他，然后在一沓纸上签下自己姓名的首字母。

最后，店员向我们说明了车子的性能，带我们去取车。“那么，好了，油钱预付过了。洗车服务预付过了。车子上保了，两位驾驶员都上保了，撞坏任何其他车都有保险。如果发生什么事——”

“我们就走，”我把他想说的话说完，“我们只要走开就好。”

“对。”店员确认道，但他把钥匙交给我时还是有点搞不清楚状况。

“贵到‘大出血’，你懂的，”出门找那辆车时，比尔学着店员的腔调，“为什么这儿的所有东西都贵到大出血的程度？”

我开始大谈特谈中世纪脏话在缩略形式上逐步演进的历史，它们与圣母玛利亚的经血、基督伤口流出的血污有关。我惊讶地发现，自己大学时代学过的中世纪文学居然还有点用处。我开着车，终于安静下来，心境平和地从路的左边观察这个陌生的世界运行。我们以前来过爱尔兰很多次：西海岸的断崖上有成层的煤层，这是教学生认识含化石层并据此制作地图的好地方。但是这次出野外得换一换分工：由我开车。我现在比比尔强壮，我得照顾周全。

“我们从利默里克城（Limerick）中间穿吧，别绕着它走了，你说呢？”我问比尔。他耸了耸肩，表示无所谓。我从N18绕城公路下来，轻轻松松地开上恩尼斯路（Ennis Road），然后一路向南，往香农大桥进发。

“呜呜呜呜！”突然，比尔冲窗外一阵干呕，把一团柏油一样的东西吐进了香农河。“不管那是什么，它正好掉进了我的嘴里。”他指着一袋黑色的糖果说。原来是味道浓烈的甘草软糖啊，上面裹着盐粒，而非糖霜。“咄（Zounds）！”他又嗤了一声，这个字眼正来自刚才关于中世纪脏话的讨论。

“你慢慢就会习惯这种味道啦。”我评论道，看着他不舒服的样子，我咯咯地笑起来。比尔没有笑，但他的眼睛亮了，我想，有那么一会儿，我看见他的悲伤飞走了。“你要我把剩下的甘草糖扔给这个警察吗？或者说博比（Bobby）[1]？或者随便哪个人？”我摇下我这边的车窗，给他出主意。

“别，”比尔身子一仰，倚到座位上，“剩下的我可能过会儿吃。”我们北转走上奥康奈尔大道（O'Connel Avenue），往牛奶市场区开。比尔问道：“我们在这儿干吗？”在我看来，这个问题很有哲学意味。

“我们在找爱尔兰小妖精，”我沉思着回答他，“把你的眼睛睁大点。”我迷路了，被“Sráid Eibhlín”和“Seansráid and Chláir”这样的街道名弄昏了头。但是我不在乎。我不是在找什么东西，而是等着什么事情发生。

路变窄了，我继续往前开，拐过逼仄的险弯，开进幽深的小巷，穿过“约翰斯门手臂”（Johnsgate Arms）、“帕尔默斯城手臂”（Palmerstown Arms）和其他几条“手臂”。我转过头，刚想大声问比尔“手臂”到底是什么，突然听见“嗙”的一声，车子噼噼啪啪地战栗起来，我的骨头也随之咯咯作响。

我猛地踩下刹车，想知道在这么个平和的地方，为什么会有人用棒球棒砸我们的车窗玻璃。我扶着方向盘的手还在颤抖，往左边看，只能看到比尔头部的剪影。他副驾那一侧的窗玻璃出现了蛛网状的裂纹，光透进来，在他的脑袋周围形成一圈光

1 英国人和爱尔兰人对警察的别称。

晕。我们愣愣地从我那侧下车，比尔拖着沉重的脚步，绕到车的另一侧查看情况。我在马路牙子上坐下，试图冷静下来。

“天哪，这些个车祸可没以前那么有趣了。”我对比尔说，他表示同意。

我在右舵驾驶时没法准确判断车子偏左还是偏右，所以会把车子开得太贴近左边的路缘。更糟的是，我擦过了一个路灯，它打掉了副驾侧的后视镜，而后视镜又砸上了比尔身旁的车窗。

“好啊，你们可是出风头了。”一个穿着围裙的男人从附近的酒吧里走出来。其他几个人和他一样，听到玻璃的碎裂声后都走到街上。他朝车子吹了声口哨：“要修好可得花不少钱啊。”

比尔找到了一个施展外交辞令的机会。“我们是美国人，”他说，“我们的办法是：只要走开就好。”

“那你们到底想在克莱尔郡找到些什么呀？”一个五短身材、长相特别爱尔兰的围观者快活地问我们。

比尔上下打量了他一番，然后回答道：“我想我们是在找你。”说完他转过身，捡起坏掉的后视镜，随随便便地丢进车里。他在一个粗呢包里翻找了一阵，掏出一大卷透明胶。

一个从酒吧里走出来的老绅士对比尔说：“如果天气再热上5度，窗户开着的话，你的头就会被削掉！”他和他身边的人都因为这一发现而哈哈大笑。“她想杀掉你哦，这么看的话……”他摇摇头，顺手指了指我。

“我知道，”比尔同意他的话，“更惨的是，我们今天早上刚结婚。”

围观者们兴高采烈地劝我们进酒吧喝两杯，但我全身发抖，又羞又窘地拒绝了。比尔开始固定碎掉的窗玻璃，用透明胶带仔仔细细地在外面贴了好几层，再在内侧贴了好几层。我则帮他把胶带拉开到他指定的长度。渐渐地，我感觉自己恢复如常，比尔看上去也更像原来的自己。雅各和约翰同他们的父亲在船上补网，等耶稣招呼他们。[1] 我们会把一切都修补好，哪怕补好后的样子和原来不同。

"你来开吗？"当我们给修补工作扫尾时，我怯怯地问比尔。

"别，"他说，"你干得挺不错的。"他哧溜一下钻进车，用一只手稳住我们那块破破烂烂的窗户。"但是咱还是先他娘的出城吧，"他提议道，"我需要绿色。"

我们沿着 N21 公路向西南方前进。从 5 年前初见爱尔兰起，我们一次次地加深了对它的印象：世界上最绿的地方。爱尔兰被绿意浸润，因而这里只有不绿的东西才引人注目。道路、墙壁、海岸和羊群都与绿色形成鲜明对比，它们似乎是有意被摆放在那些地方，用来分解一望无际的绿色，把爱尔兰梳理成亿万片不同颜色的绿：浅绿、深绿、黄绿、绿黄、蓝绿、灰绿、新绿。在爱尔兰，这些最早且更好的生命形式在数量上远超我们，你可以快乐地享受这个事实。位于丁格尔的泥炭沼泽让你不禁想问：当人类和其他灵长类爬上海岸之前，爱尔兰到底持何种面目？从太空望下去，它是否如蓝色海水中的祖母绿，光华四射，又有些毛茸茸的；如果不是身处陆地，它是否会被人

---

1 语出《圣经·马太福音》4:21：从那里往前走，又看见弟兄二人，就是西庇太的儿子雅各，和他兄弟约翰，同他们的父亲西庇太在船上补网。耶稣就招呼他们。

们当作青色赤潮泛滥的海域？

我们最终抵达不死鸟农庄。这是一家有机农场，同时提供住宿和早餐，我们经常在这儿住。农场主萝娜（Lorna）和比利（Billy）像往常一样欢迎我们。当他们一边摇头一边说利默里克有些“扮蛆拱的傻瓜”[1]时，我们不太确定他们是不是在说我们。

“喝茶吗？”萝娜问我们，“我知道，天不好就出不去，你们在生闷气。”我们坐下喝了一壶茶，往苏打面包上涂了一层厚厚的黄油和醋栗酱，然后吃掉。吃饱喝足后，我们就坐着看窗外的风景，等候身体里的不安分因子发作。

“那什么，”最后还是比尔开口了，“我不会把鞋弄湿的。”

“湿了也好办。”我回应他。我们那天已经为出门做好准备。那时，我们已经形成一种默契，但凡开始一次野外之旅，都要先驾车到高地，停车后徒步登上我们能找到的制高点。然后，我们就会站在上面极目远眺，直到脑子里蹦出个好主意。因为一旦有了高屋建瓴的着眼点，世界上所有的“最佳计划”都可以变得更加完美。也正因为如此，我们不再提前制订过于详细的计划，而是相信只有到达制高点后才能找到解决方案。

比尔凝视地平线，但并不像平常沉浸于一望无际的空间那样平静安心。他神情凝重。心怀悲伤地穿越大半个地球令他身心俱疲。我们肩并肩站着，向前看。

最后我说话了：“我没法相信你爸已经走了。”我说得很简单，这是我对他爸去世的最初反应。

1　爱尔兰俚语（langers acting the maggot），指“制造混乱、惹人烦的人”。

“是啊，我懂。”他表示同意。“很让人意外，”他承认道，“我是说，谁他妈会觉得一个人都活到97了，居然能一下子没了？”比尔的爸爸再过3年就满100岁了，却突然在一个上午离世，让所有人都大吃一惊。

“我们没有人怀疑，结果他还是老得不像话了。”他讲述着。我也说，一个人活过95之后，他身边的所有人都会有种错觉，以为他永远都不会死。直到生命的最后一刻，比尔的爸爸都在家里的工作室中工作，坚持不懈地剪辑着大卷大卷的电影胶片，而它们正代表着他60年来的电影制作人生涯。

“是啊，不过他是中风、心脏病发作，还是得了其他什么病？”我柔声问他。

“谁知道？谁在乎？”比尔无精打采地回答道，“他们不会给97岁的老人做尸检。”

“我刚才在想，他一头撞进天堂，”我说，“侧身挤过那个神圣的地方，即使人在那里能得到一切终极答案，能想明白为什么世上有那么多痛苦，明白我们为什么在这儿，等等，他也只是直奔一个角落，展开生锈的铁丝网，用几个旧衣帽架固定好。这样就可以开始种番茄了。”

“噢，我不是担心他，”比尔回话道，“他走了。这事也就了了。实话说，我得承认，我是在为自己难过。”他从我身边走开，向南方眺望。“在这个世界上，没什么比失去父母更让人明白自己的孤独了。”他说。

我屈膝跪地。在几米开外的地方，比尔背部佝偻，但是他还是站立着。我想说很多话。我想告诉比尔他并不孤独，以后也不会。我想让他知道他在这个世界上还有朋友，他们与他有着比血脉更紧密的纽带，这纽带不会消减、不会断裂。只要我还有一口气，他就不会挨饿受冻、无人照料。他即使没有完整的双手、固定的住址，即使抽烟、社交礼仪顾全不周、性格也不乐观，他仍然受人珍视，而且无人能取代。不管我们的未来如何，我都会先在这个世界中踹出一个大洞供他容身，哪怕他的行为异于常人，也能够安全地做他自己。

最重要的是，我想把死神狠狠地扳倒在地，让他从哪儿来回哪儿去。现在，他已经从比尔身上抢到够多伤害值了，拿上一张留待未来支付的借据，他就应该可以满意地滚蛋。不幸的是，我不知道怎样才能大声说出这些话，因此只能擤掉鼻涕，在心里自言自语。

我用手触地去抚摸苔藓时，惊讶地发现像海绵一样柔软的草皮竟然如此舒适。我的膝盖陷入上层的草皮，按压出的水滴汇成小水洼，浸湿了我的裤子。我后背着地躺下，抓起满手的苔藓，用两只手搓揉，就像我们爱说的那样"把手洗脏"。我看了看沾在手上的苔藓碎片，凑近看就会发现它们像小小的羽毛，上面呈嫩绿色，下面呈黄绿色，有些叶缘还有淡淡的红色条纹。那种红色即使再黯淡，也存在于每一缕阳光中，我抬头望云时心中就是这样想的。

山涧水涨，毛毛雨变成了瓢泼大雨。我站起身，感到寒气由腿部上行，渗为刺骨的凉意。羊毛裤下的水顺着我的腿下滑，洇湿了下面的袜子。我知道，在我离开爱尔兰之前，身上的衣服都会处于这种干不了的状态。当你又湿又冷地在泥里踉踉跄跄时，四周的植物仿佛都在炫耀自身的优越感，因为它们不仅能忍受这种令人痛苦的天气，还能在这种天气下茁壮成长。

“对对对，你们爱死这种烂天气了。”我讥讽面前的一堆苔藓，像熊孩子那样狠踏着苔藓构成的小草包，因为不相干的事情沮丧，但却不理解其中的缘由。苔藓向下弯折，却完好无损，它们消失于一洼清澈的水中，可只要我把脚撤开就会立刻回弹，甚至连一个鞋印都不会留下。我叹了口气。“你们赢了，混蛋。”我认输了，意志消沉。我想了想，又一次踩踏苔藓，得到的却是相同的结果，我踢它们，结果还是一样。

“你跳《大河之舞》[1]呐？”比尔转过身看着我，兴致不高。

“你带25毫升的取样瓶没有？”我问他。

“只带了300个，”他回答道，“其他的都装在灰呢口袋里。”

“你瞧……因为这些东西看上去就和长在地势低洼地带的一样壮，活得一样开心……”

我一说起苔藓，比尔马上就领会了我的意思，帮我把要说的话说完：“……尽管长在低处河床边更容易获得水。”

“它是一块有生命的吸水海绵布。”我一边说，一边用脚上下踩踏，给他看植物受到挤压时其中的水如何聚成水洼。

“可是这里的苔藓能像低地苔藓那样吸那么多水吗？”比尔凝视着地平线问道，同时，我俩都明白，我们找到了当日要解决的问题，这恐怕也是本次出野外所得的最佳问题。

人们一般认为，植物只会待在一块地方不动，等待水，等

1 爱尔兰踢踏舞剧。

待阳光，等待春天，等待万事万物降临到它栖居的角落，被动地受到刺激后才开始生长。如果植物真的如此消极，那么显而易见地，水就会直接流到疏松多孔的基底中，汇集到低地上；如此一来，低地就应该绿得更明显。但是，万一是苔藓自身让高地的土壤变得更加绵软的呢？万一是它们自己把水留在高地，不让它流下山丘，怀着“为我所用”的目的把水分扩散到指定的地方的呢？

万一是这种苔藓迁到此地时觉得这里不够湿润，于是坚持不懈地改造这块高地，把它变成自己想要的这种湿答答的样子，让原来高低有别的景致变成了同样的绿野呢？万一这块地方原本没有为苔藓准备好恰当的舞台，但苔藓自己打造出了属于自己的舞台，让绿生发绿、再生发绿呢？万一它本就踩不扁、打不倒、渴不死呢？万一这些能让我们滑倒、跌跤、磕磕绊绊的东西比我们还强壮，还稳健呢？

我开口总结了自己的猜想：“叶片中的碳同位素可以显示水分状况。我们可以直接拿高地的值和低地的值进行比较。”然后开始在背包里翻拣阿瑟顿等人（Atherton et al.）所著的《不列颠和爱尔兰的苔藓植物》（*Mosses and Liverworts of Britain and Ireland*）。这本厚达800页的巨著，对英国和爱尔兰约800种苔藓植物进行分类，并描述了它们的重要特征。我打开书阅读，略微弓起背，用身体挡住四溅的雨花。

那本书的序言告诉我，我需要把每片苔藓叶放大到一弯剪下的指甲那么大，相当于放大了10～20倍，这样才能看清用来区别物种的特征。“我们有放大镜对吧？”我问比尔，“阿瑟顿那个烂人还说了，苔藓湿的时候最好认。”

“嗯，这天气正好。”比尔一边说，一边把水从他的连指手套中拧出去（“把钱浪费在连指手套上真让我烦透了。”他去年在 REI 商场里买这副手套时这么说过）。

我们双膝跪地，开始清点身边的苔藓物种。两小时后，我们非常确定已经找到了青藓属（*Brachythecium*）的苔藓，这得多亏近看它时注意到的毛茸茸的外表和细长的茎（“放大 20 倍后，羽叶类似芝麻街奥斯卡的阴毛。”比尔在野簿上用一丝不苟的笔迹记录道）。但对它种一级的归属我们却不太确定〔最像卵叶种（*rutabulum*）〕，所以我们还是暂时把它的名字记作奥斯卡青藓（*Bachythecium oscarpubes*）。

泥炭藓科（Sphagnaceae）的苔藓不难找。它们新叶鲜红，亮丽华美。不过，我们俩拼了老命也定不了种。在该不该记录大块头的大金发藓（*Polytrichum commune*）上，我们聊了好久的题外话（“因为它们长得很可爱。”我提出的理由很“科学”）。但是言归正传后，我们还是同意把记录种类限制在青藓和泥炭藓（*Sphagnum*）上，毕竟在低地也很有可能找到这两个属。

比尔事无巨细都记录得十分详尽。“每种要采多少样本？”他一边问，一边心算，计划如何把每个样本瓶里的样本物以致用，让它们足以完成三项互相独立的质谱仪分析实验，从而检验其中的碳同位素组成。把我们随身带的样本瓶的数量快速重数了一遍，比尔自问自答道：“我猜不到 150 个。”

我沉思一番后说道：“天黑就收工，到时候再看看我们都忙活出了些什么。”我一边说，一边在地形图上仔细定位我们的工作地点，然后用GPS加以验证。我们商量着定了一个标签号，把日期、地点、苔藓种类、编号、采集人信息都囊括在内，接着就掏出小镊子开始干活。“我们做过和读过的一切都表明种内变异度很高，所以，我们带回家的样本越多，测到的某地平均值就越接近真实值。”

“如果真的存在某地的同位素平均值这种东西的话。”比尔一下子戳中了我们这项研究的症结所在。

采到第20个泥炭藓样本时，我们找到了采样的节奏：采一个样时，先由我递一截植物组织，再由比尔确定它属于哪个可识别的苔藓类别，接着我会在植物旁放上比例尺，为它照相，同时比尔把它身上值得注意的特征都记录下来，然后我会把植物夹起来，放入样本瓶中并盖上盖子，再由比尔编号，按顺序排好。每次采样最后，我们都会一步步倒着往前检查一遍，确保没有出错。我要重读标签上的编号，比尔则要对照野簿上记录的条目核对编号。

给每个样本都拍照这种事，我认为有些过了，但我还是由着比尔去做，毕竟数字时代为我们节省了数千美元的开支——过去那些年里，我们得购买和冲洗成卷的胶卷，才能为面貌相似的叶子分门别类、汇编成册。

我们蹲在潮湿的草皮上，因为彼此距离太近，脑袋一会儿碰到一起，一会儿分开。“我得告诉你，我现在感觉好多了。”比尔一边工作，一边说。他深吸一口气后接着说道：“这还挺令人惊讶的，看看我现在顶着的满头包。”

我们一直忙到影子拉长、黄昏降临时才收工。我们把样本瓶聚作一堆，一捆捆地扎起来，塞进拉链口袋，再一批批地写上标签。然后我们驱车回农场，脱掉湿淋淋的外套，坐在火堆旁烤身上的内衣裤，直到深夜。

我们在 7 个野外点重复了同样的采样程序，其中 3 个野外点在高地，4 个在低地。当我们收拾好东西准备离开爱尔兰时，一共采集了 1 000 多瓶样本。每个瓶子上都贴有手写的标签，每个瓶子里都装有一片叶片，而这每一片叶片都经过鉴定确认了所属种类；我们还描述过特征，为它们照过相、分过类。

“如果你们要的是苔藓，我俩就可以出去采更多，这样还能留住你们当回头客。”凌晨四点，比利在为我们送行时说道，并且给了我们一个大大的拥抱。我们坐进车子，去赶早班飞机。

比尔开车，我打着瞌睡，脑袋一下下地撞着车窗。路很长，天色很暗，我因为无力让他不感到无聊而满心愧疚。到达机场的租车返还处时，我们把后备厢里的后视镜取出来，和车钥匙绑在一起，把这一坨东西塞进工作时间之外启用的钥匙返还箱中。我们乘坐公交车到达航站楼，托运了行李，打印好登机牌，朝安检口走去。

苔藓样本在我们的背包里。我们早就明白，除非万不得已，否则永远都别托运样本。因为不论一趟航班弄丢托运行李的概率多么微小，只要涉及样本，我们就担不起“弄丢”的风险。当我们把背包放上安检传送带时，玻璃样本瓶叮叮当当地响了起来。我们脱下鞋，乖乖走到另一头的检查点，结果发现一位安检员正等着我们。

“是这样，你们有这些东西的通关许可吗？”她打开我们的背包，手里捏着样本瓶，那姿势就像她刚从垃圾压缩机里拽出了垃圾。

啊糟糕，通关许可，我想道。我们没有通关许可，而且我不清楚把它们带去挪威也需要通关许可。我应该在出野外前就申请好通关证，不该光顾着担心比尔。我绞尽脑汁，想编两句像样的谎话，讲个搞笑的故事或者其他怎样都好，只要能让她把样本还给我们就行。

然而比尔回答身穿制服者的问题时总是直截了当，诚实无欺，每次都让我印象深刻。“不需要许可证，因为它们不是濒危植物。我们是科学家，这些是我们的收藏品。”他沉着镇静地解释道。

安检员已经把一个背包的拉链打开，她用手抚过样本瓶，粗粗地检查。有几个瓶子已经从包里掉了出来，落到地上。她从包里掏出一个瓶子，举起来对着光看，并且摇了摇，接着拧开瓶盖，把瓶子颠倒过来。对我们来说，这就像在看别人瞎摇一个婴儿。我伸出双臂，无声地希望她能因为女性基本的同情心注意到我，并把这些样本瓶还给我，让我拥抱它们，把它们放回去，轻轻哄它们入眠。

“不行，”她厉声说道，“没有许可，生物样本就不能带出国。”她捧起所有的样本，一股脑儿地扔进了垃圾桶。它们被丢弃了，变成了一堆垃圾。我最后看了它们一眼。垃圾箱里满是饮料瓶和发胶瓶、瑞士军刀和火柴，还有一罐打开的苹果酱，剩下的就是一大堆小玻璃瓶，每个瓶子上都贴着一丝不苟的手写标签，每个瓶子里都装着一小片珍贵的绿。我们 60 小时的生命也连同那堆瓶子一起被埋葬了，同样被埋葬的恐怕还有某个重要科学问题的答案，我想。比尔掏出他的相机，朝垃圾桶俯下身，照了张相后才走开。

我们趿拉着鞋子，一步一拖地走到比尔的航班登机口。他一小时后就要回美国了，我的航班则要到今天晚些时候才飞挪威。我们坐下等待，比尔开始翻他的电话本，草草地记下一串1-800开头的免费服务号。他看了看表："我早上九点到纽瓦克，东部时间。我一落地就会打电话给农业部，弄清楚搞个爱尔兰的植物出境许可需要准备些什么。"

我垂头丧气地坐着，心里想着"因为没办许可证而丢失的样本"，又默默对比了一下"申请许可证所要耗费的时间"。"我什么时候才能学乖呢？"我责问自己。

比尔打断了我内心的对话，意味深长地看着我说："你知道的，我们不是真的一无所获。我们把所有东西都记下来了。我们可以重新开始。你得这样想，这次出野外我们干了不少事。"我点了点头。很快，他开始登机。那一天，我第二次感到有什么我不想放手的东西离我而去。

我凝望着比尔的飞机，看它撤出机位、滑行起飞。我想着，一个东西在我的生命中越重要，就越不需要诉诸言语。然后，我掏出我的爱尔兰西南部植被分布图，对照地形图，有条不紊地规划起野外计划，标出能找到更多苔藓的地点。

后来，比尔一直把那次野外考察称为"觉醒之旅"，我则戏称它为"蜜月旅行"，而且我们每年都要把这段经历的高潮部分情境重视至少一遍。每当我们的实验室添了一位新成员，他或她的第一项任务就是给空置的样本瓶写标签，写上几百个。我们会说这是为一次大规模采样工作而做的必要准备，这次采样已经列入计划，要求用同时包含字母和数字的一长串号码编号。这些编号中有大量的希腊字母和非连续性数字，要按照所采样本的顺序，用墨水笔写到每个样本瓶上。

新人勤勤恳恳干了一天活后，我们会开一个责任人碰头会。开会时，我和比尔一个唱红脸，一个唱白脸（我们会不时地交换角色）。会议开头，我们会问新人，他或她觉得这个任务怎么样，是不是能忍受这类工作。然后，话题就会慢慢转到讨论后面的样本采集，以及实现目标的原理等问题上。

唱白脸的会一步步变得越来越悲观，对计划的采样方案能否验证假说提出质疑。唱红脸的一开始会反驳他的论证，要求唱白脸的想一想，新手已经花费了大把时间准备。但即便如此，白脸还是不能打消那个念头，他或她仍觉得这样采样得不到答案。最后，红脸也束手无策，只能承认必须重来。这时，白脸会板着脸，捧起一堆样本瓶，把它们统统扔进实验室的垃圾桶里。然后，红脸和白脸会交换一个眼神，白脸迈着沉重的步子不高兴地离开，红脸则留下来观察新人的反应。

新人哪怕流露出一点点“自己时间宝贵”的情绪，都不是个好兆头。基于这个原则，“几小时的努力都付诸东流”就是一次很能说明问题的测验。而另一方面，若认为一切都是白费工夫，这样的人恐怕更糟。有两种应对这类重大挫折的方式：一是停下来，深吸一口气，什么都别想，调头回家，晚上做点别的事，等第二天有了精神再重整旗鼓；二是马上重来，沉下心，比前一天晚上再多干一小时，找到出错的那一步。做到前者，你就能获得从事科学研究所必备的素质；而做到后者，你就可能做出伟大的发现。

有一年，我唱过白脸后把老花镜落在了实验室，因此，我折回去时为时尚早，实验室还是一片混乱。我们那位叫乔什（Josh）的新人正忙着从垃圾桶里刨出他的样本瓶，认认真真地把每个瓶子与废手套等垃圾分开。我问他在做什么，他回答我："我就是有些难过，我把这些样本瓶都浪费了。我想我可以把瓶盖拧下来，把这些节省下来，恐怕能做个备用什么的。"他说完就忙活去了。我和比尔相视一笑，因为我们明白，我们又找到了一个定能成器的家伙。

34

和大多数人一样，我年少的儿子也拥有一棵特别重要的树。这是一棵狐尾椰（*Wodyetia bifurcata*），一种在夏威夷永恒夏天中随风摇摆的棕榈树。它立于我家后门几米开外，我儿子每天下午都要用棒球棒狠狠打它半小时，能打多重就打多重。

他这么做已经许多年了，只不过不是一直都用棒球棒打。树干上的伤痕从矮处向上攀升，记录下了我儿子的成长轨迹。四岁时，小小的他会使尽全力用大铁锤一下又一下地砸这棵树，以为自己是雷神托尔[1]。后来，大锤被老旧的高尔夫球杆取代，而到了那个阶段，连我家的狗都很快明白，我儿子打树时要绕道走。他最近对棒球的迷恋其实给他的打树行为提供了合理的借口：每天打树整整一百下能够“提升他的击球能力”。这套木头撞木头的新手法，在我眼里倒是一桩“旗鼓相当”的趣事，而且我必须承认，我没有兴趣干涉他。

1　北欧神话中的雷神，武器是一把大锤。

我儿子并不能伤到这棵树。如果比较这棵树和附近其他树的树冠，你就会发现，它们顶上的健康绿叶数量相当。它一如既往地开花结实，不说长得更好吧，但也不比周边任何一棵狐尾椰差。我儿子从来没有兴趣殴打其他生物，他的行为与其说是殴打，不如说是定时定点地制造噪音，打树的鼓点已经成为我们生活的日常旋律。每天我坐在饭桌旁写东西时，都有我儿子打树的声音相伴。

2008 年，我们移居夏威夷。让我们心动的既非这里的好天气，也非成荫的绿树，而是一纸承诺。夏威夷大学保证，将“永久性地”为比尔提供每年 8.6 个月的薪水。除此之外 14 周的薪水，我确实还要从政府合同里讨，不过那又怎样呢？毕竟他们不想让我变得好吃懒做。

搬到夏威夷后，我才知道棕榈树不是真正的树：它们是不同的存在。你在它们的树干里找不到向外生长的硬质木头，找不到新的树轮一圈圈扩大的痕迹。你只能找到一堆海绵状的组织，它们散乱地分布着，一点儿都不规整。正是这种非常规的结构让棕榈树干坚韧且富有弹性，使它非常适应我儿子最大的嗜好。小岛上的微风周期性地汇成狂风时，这种结构也能保它无虞。

棕榈树有几千种，都属于棕榈科（*Arecaceae*）。棕榈科非常重要，因为它们于 1 亿年前就已出现，是最早演化出“单子叶植物”的科。[1] 单子叶植物萌发的第一批叶片只有一片，而比

---

1 确切地说，是现存的所有单子叶植物科中，在地质历史中出现最早的。一些出现更早的非棕榈类单子叶植物化石类型现已灭绝，此处不做考量。

它们更古老的双子叶植物则会先萌发两片子叶。与并立于一旁的雨树相比，我儿子的那棵棕榈“树”反倒和脚下草坪中的小草有着更近的“血源”关系。

最早的单子叶植物很快演化成了草。地球上的有些地方，其湿度不足以低到成为沙漠，可是也不至于高到供养森林。于是，草在这些地方散播、扎根，最终长成广袤的草原。在人类的选育驯化下，草又演化成谷物。时至今日，仅仅依靠水稻、玉米、小麦这三种单子叶植物，就可以为全世界70亿人提供基本的口粮。

我儿子不是我，他不同于我。他天性乐观，很有自信，从他父亲那里继承了稳定的情绪，而我往往紧张敏感，忧思难安。他把世界看作一辆赛车，认定自己就是赛车手，而我总是把注意力放在“别被车子碾过”上。确实，他对自己在生活中扮演的角色很满意，从来没有提出过质疑——至少到目前为止都没有过——而我却总是左右为难，被活活地夹在两种状态之间。

我既不高也不矮，既不漂亮也不“路人”。我的头发从来都不是正宗的金色，也不是褐色，最近还开始变得有点灰白；就连我的眼珠也是不绿不棕的。有关我的一切都是栗色的。我太冲动、太好斗，以至于没办法把自己当成一个像样的女人，但我的脑子里又总有一个愚蠢的念头挥之不去，它让我错误地认为：自己是个逊于男人的存在。

我和我儿子是如此不同，所以，我花了很久才明白我儿子对我的影响。而且，直到现在，我还在研究这个答案。我努力了这么多年，就是想让生活变成这样：当真正值得宝贝的东西从天而降时，我能把它当作惊喜，而非理所应当。过去，我祈祷自己能够变强；现在，我祈祷自己懂得感恩。

我每吻儿子一下，就能治愈一道心伤。这些伤口起于对慈爱亲吻的求之不得，只有我自己付出慈爱亲吻才能抚平。在我儿子出生前，我不确定自己能否爱他，并为此苦恼。可是现在，我却担心这爱太多，多得让他无法理解。他需要了解母爱，然而我这个母亲，却没有能力把这份爱充分展现在他面前。不知不觉中，我一直在等待什么。现在我明白了，我儿子就是这场等待的终点。他是个不可能发生的奇迹，又是份无可避免的宿命。他让我有机会成为母亲。是的，我是他的母亲——现在我可以这么说了——也只有把我从对自己母亲的期待中解放出来之后，我才意识到，为人母的自己能够实现这种期待。

如此看来，生活还真是有趣。当我怀着儿子的时候，我要承担两个人的呼吸。现在，我去他的学校观看儿童剧表演，坐在观众席里，尽管舞台上全是孩子，但我的眼中只有他的脸。每当他吟诵完一节诗，我就要深深地吸入一口气。我相信，即使与他相隔几十米，我也能凭借母爱为他的身体送去氧气。他一天天长大，我也要一天天放手。我早就听说过，养育孩子其实就是一个慢慢放手的过程，它漫长而痛苦。但我怀疑，自己所有为人母时的沉醉欣喜私人体验，与任何母亲对儿子的舐犊之情相比，都没什么特别。这种想法让我心里好受多了。

如果我生的是个女儿呢？我想说我也会爱她，但我没机会知道了。为人女对我母亲和我来说都很艰难，也许我们的家族正需要跳过一代为人女的过程，以防止恶性循环继续。因此，我决心把相同的爱倾注到未来的孙女身上——我总是这样，想追寻爱的念头总是起得那么早。在我的预期中，我还是有一定概率死在她出生之前，如果我儿子没生女儿或者先有儿子再生女儿，这个可能性就更大了。万一真是这样，那就是命中注定，是我命该如此。

不过，在这个阳光灿烂的日子里，我特别想往一个漂流瓶里塞进一条信息，告诉后人："请谁来记住这事吧。"谁来在某一天找到我的孙女或者曾孙女或者曾曾孙女，告诉她我今天的所思所想。告诉她，有一天，她的祖母或者曾祖母或者曾曾祖母正手握钢笔，坐眺厨房窗外；告诉她，她看不见未洗的餐盘，看不见窗台的灰尘，因为她正忙着做决定；告诉她，她最终决定想做就做，即使提前几十年也要给予她自己的爱；告诉她，她坐在阳光下，在敲击树干的砰砰声中梦见了她。

35

我一踏进实验室的门，比尔脸上的表情就告诉我两件事：一、他熬了个通宵；二、今天会是个好日子。

“你去哪儿了？都他妈 7 点半了！”这二十年来，比尔式的“早上好”几乎没怎么变过。他还住在车里时，让他早起去实验室的是亚特兰大闷热的高温。而现在，如果他十点前就在实验室，那一定是前一天晚上发生了什么好事让他舍不得离开。这天早上，他打电话叫我快来。

“我体虚需要睡眠！”我朝他吼道，“发生了什么事？”

“是 C-6，”他回答我，“那个小混蛋又干了一次。”

他把我带到植物生长实验处，那儿有 80 株长了 21 天的萝卜苗，成长环境中的光照和湿度精确受控，空气安静无扰动。讽刺的是，根据我们当初的假设，在编号为 C-6 的植株身上应该不会发生什么有趣的事。当初设计这个实验的实际目的，是测量一些我们看不见的植物部位。

无论什么植物，我们能看见的部分都只占它身体的一半。

生活在地下的根系和在地上伸展的绿叶没有半分相像。它们分别为全然不同的目的所生，就好像你的心脏完全不同于你的肺，分别为全然不同的目的所生一样。地上的植物组织向天空汲取阳光和气体，然后在叶片中把它们转化成糖。地下的植物组织则努力吸水，提取溶解在水中的丰富养分，为把糖转变成蛋白质做好准备。绿色的茎在土壤表层优雅地转变成褐色的根；而在转变区的某处，植物需要做出重大决策。如果叶和根都胜利地完成了任务，那么这一天的成果该用于何处呢？可以用来制造糖，也可以用来制造淀粉、油脂、蛋白质，但是应该用来制造它们中的哪一样呢？

要想获得新资源，一棵植物需要开展以下四项活动，分别是生长、修复、防御和繁殖。植物可以无限期地推迟做决策的时间，暂时把根和叶汲取到的东西贮存起来，留作备用，之后开展四种生命活动中的任何一项时再调动。植物选择开始哪一项活动到底会受到什么因素控制呢？其实，这些控制因素与人类面对新资源时的决策控制因素相同。我们的基因限制了我们的可能性；我们所处的环境让某些行为更加明智；我们中的一些人天生不舍得花钱，还有一些则喜欢赌钱；我们评估一项新的投资计划时，甚至要考虑自己的生育现状。

二氧化碳这种大气成分是植物生长的重要资源之一。五十多年来，地球大气中的二氧化碳含量由于人类燃烧化石燃料而急剧升高。如果把植物界看作一个经济体，二氧化碳升高就相当于给这个经济体注入了大量快钱和廉价信贷。二氧化碳是光合作用的流通货币，对如今的植物而言，它的供应量已经增长到了远超所需的地步。我们是带着以下问题开展萝卜实验的：对全世界的作物而言，大气中的二氧化碳含量上升，将对平衡植物地上部分和地下部分的投入产生什么影响？

几个月前，比尔为自己的电脑接了便宜的摄像头，这样我们就可以用它拍摄实验植物在育种箱里的生长情况。“你自己看。”他对着接了他的清晨叫醒电话后极速赶到的我说。

这是一段延时摄影，由每隔 20 秒拍摄的照片连续放映而成，把前一天的植物生长动态浓缩为时长 4 分钟的录像。屏幕上一开始黑黢黢的，这说明供植物生长用的时控灯还没打开。突然间，画面亮了起来，16 棵栽在花盆里的小植物出现了，它们的茎和叶都软绵绵地耷拉着。没过一会儿，光线增强，这些植物都醒了，向光伸展起叶片。

一棵紧贴育种箱内壁的萝卜苗很显眼：它扭曲着，蠕动着，不仅向上，还向外伸展肢体；它推开身边植株的叶片，为自己杀出一条生路，用最宽大的叶片粗鲁地抽打邻居，把它们的主干压在叶片之下。这棵植物的编号就是“C-6”，长出它的那粒种子和长出育种箱里其他植物的种子大小相同，都来自同一物种。但是不知道为什么，它的生长行为不同于其他植株。那时，我们看着录像，不得不相信自己所看到的现象。连续几个晚上，我们给 C-6 挪了几次窝，为它更换邻居，不停地测量比较，一次次录像，最后发现，C-6 的不同之处仅在于日出后的运动模式。其他植株向光伸展时动作流畅优雅，C-6 却会发狂似的抽动自己的小叶片，像是想把自己从土里连根拔起。

“我想它恨自己。”比尔说。

“我喜欢这个小家伙，它有种。”我发表了自己的看法。

“是啊，那啥，你可别爱上它。”比尔告诫我。

比尔把录像拷出来，重启摄像机，希望开始另一次实验。我又把录像看了七八遍。我喜欢播放到两分钟时出现的那招“一击必杀”，难以克制地喜欢；每次播放到那里，我和比尔都开始喝彩。

“我觉得它打出这拳后，做了个振臂一呼的手势。”我说。

“你喜欢它喜欢得发疯。”比尔表示赞同。

我们听见身后的生长灯打开了，这标志着育种箱里又开始了新的一天。我的办公桌上乱糟糟地摊着没改完的论文，我的目光又和它们撞了个正着。

“妈的，我们得熬熬它，”我开始发布命令，“别给 C-6 浇水，把光调亮。把它放到中间，紧靠着那棵特别壮的。录像不能停。”

“好好好，”比尔照我说的做，“这是现在唯一人道主义的做法了。”

那时，学生和博士后们才一个个进门，整个实验室变得闹哄哄的。我们听到身后的房间里传出巨大的喧哗声，有谁在低低地咒骂“啊呀糟了”，我和比尔交换了一个苦笑。

“这个实验室已经堪比一台上好了油的机器。”我用正儿八经的语调对比尔说，“你最好挪挪你的尊臀，回家睡个觉。”

“别，”比尔坐在椅子上往后一仰，“我想看看这该死的结果是怎么出来的。”

C-6 并不属于任何一项正式研究，但是它改变了一切。我因它而翻过智慧的山丘，看见了新的领域。我们本能地用一种新的语言对待它，断言它能够挑战成规。我们不满足于用“它”来称呼 C-6，我们给它起了一个真正的名字：扭叫叫（Twist and Shout，后来转变成 TS-C-6）。我们开始习惯早上一来就和它打招呼，看到它挺过了我们施加的折磨后，获得一点病态的满足感。不过它也没能活很久。比尔一次严重的偏头痛让它成了牺牲品。比尔以胎儿的姿势蜷缩在自己的办公桌下面，抱头躺了整整十小时。十小时没浇水、没施肥、没录像，结果就是我把 C-6 毫不讲究地抛进了垃圾箱。

我们对 C-6 的兴趣算不上是开展了什么真正“科学”的实验，我们并没有正式地“把它写出来”。然而，这株长在冰激凌盒里的植物对我产生的影响，远大于任何一本被翻烂的教科书教给我的。我必须这样总结道：C-6 一定做了什么，不仅因为它被设定为要做那些事，而且还基于一些它自己才知道的原因。它能够把自己的“手臂”从“身体”的一边舞到另一边；只不过是动作较慢而已，是我挥舞手臂速度的 1/22 000。它的生物钟永远不和我的同步，这是个简单的事实，正是它在我们之间划下了一道无法逾越的鸿沟。在做这做那、动个不停的我看来，它似乎消极被动，什么都没做。不过，也许于它而言，我才是在它身边嗡嗡乱飞到看不清身影的东西，就像原子里的电子，随机运动太多，根本算不上活物。

我站在后面，对着比尔和所有傻乎乎的本科生微笑。我很快乐，脑中灵光一闪，大脑开始快速运转，仿佛车子挤出拥堵路段后终于可以提速。我的精神为之一振，至少今天的工作会因此而变得愉快一些。它对我产生的这些鼓励作用，恐怕已经能让它位忝“科学成就”之列。

几小时后，我说服比尔稍事休息，先用午饭。我告诉他，饭钱由我出，但是我得出去一趟，到全食超市（Whole Foods）买点东西。他说：“我也去。”他接着解释道：“我要给我的手找找顺式疗法（homeopathic remedy）[1]需要的药。”

我俩钻进我的车，我驾着它穿越夏威夷岛。比尔从未好好逛过全食超市，我们一进门，他就被迷住了。他径直走到一个塑料袋前，那袋东西价值13美元，里面装着6个山柑果（capers），每个都有高尔夫球那么大。他拎着袋子朝我走来，问道：“有钱人真的吃这玩意儿？”

“没错，”我看都没看他想给我显摆的那袋东西，“他们最爱这些了。”

我说话时正把注意力放在货架上摆放着的7种青麦提取物上。当我最终选出最绿的那种时，我发现比尔已经逛到别处去了。在那之前，他已经把山柑果放进了我的小推车。我发现他正对着一大桶冰冻的法式软奶酪啧啧称奇。我立马想到一个计划。“把这些都拿上，”我说，“干吗不呢？”

“你是认真的吗？”比尔怀疑地眯缝起眼睛，但他绷紧的身体却表明他也想这么做。

“当然，”我说，“今天我们要像大老板那样大吃一顿。”

1　该理论认为：如果某种物质能在健康人身上引起某种疾病的症状，那么，只要把该物质用水或酒精反复稀释震荡后让患者服用，就可以治愈该疾病。现代医学研究表明，所谓的顺势疗法带来的正面感觉，一般是安慰剂效应或人体自然康复的结果。

我赚得比比尔多，在这一点上我总是心怀愧疚，毕竟我俩的工作量是对半开的。我喜欢不经规划地随便买东西，这个时候如果比尔在身边，我就能冠冕堂皇地把这种购买冲动称为“慷慨”。

比尔一边阅读着一块有机巧克力上的标签，一边说：“谢天谢地，他们把这些鬼东西全放在收银台旁边了。”这块巧克力里含有多米尼加共和国出产的冷榨可可，还夹有巴西莓。“我差点和它们失之交臂，一想到这个我就不寒而栗啊。”他含着满嘴的巧克力嘟囔道。

比尔一个人把我们价值200美元的午餐运到车上，我哪怕想帮他那么一下都会被他赶开。他对那4个“货真价实的厚牛皮纸”购物袋自有主张，在附近徘徊着不让人靠近。等他坐进车子的副驾座后，我发动引擎。他一边嘟囔着“希望这块也值那个价”，一边动手拆开第二块巧克力。这次是红毛丹口味的。

两小时后，我们坐在实验室里，开始享用“洛克菲勒热袋派”。这种食物其实就是一片伊比利亚火腿卷上一勺鳟鱼鱼子酱，吃之前要在微波炉里转十秒。“完蛋，”我看了看表，吓了一跳，“我得走了，不过晚上我会回来的。”

比尔捏着一块卡芒贝尔奶酪向我挥手道别。他那句“回头见”被他嘴里的法式长棍捂得模糊不清。

我急急忙忙跳进车去接儿子。我开得飞快，到达学校时正好是放学时分。我拿过他的背包，把泳衣和毛巾递给他，然后我们直接把车开到海滩。这是我们的老习惯。去海滩的路上，我问他进入三年级后感觉如何，他只是耸了耸肩。到达目的地后，我们把车停在卡皮欧拉尼公园（Kapiolani Park）对面那个常停的车位上。

我们步行穿过公园，走过一棵棵大榕树。当他摇晃着一些看上去像藤一样的东西时，我会站定等待。那些“藤”其实是从榕树上垂落下来的气生根。到达海滩后，我们把毛巾搁在鞋子上，一头扎进海水，假装自己是僧海豹，像它们那样扎猛子、翻跟头，一起玩闹了好一会儿。

游戏结束后，我们坐回沙滩上。我查看了身上的瘀青。“僧海豹宝宝比书里说得还要淘气啊，”我按压着自己颈椎处的老骨头想道，“真奇怪，它们都游得那么好了，怎么还喜欢骑在父母身上呢？”

我儿子正在挖沙子。“这儿真有我们看不见的小动物吗？”他指着一捧湿沙子问我，然后抛回浅滩。

“没错，”我确认道，“哪儿都有小动物。”

“有多少？”他很怀疑。

“很多，”我向他解释，“多得数不清。”

他想了一会儿，然后对我说：“我和老师说，小动物可以用身体里的磁石找到对方，但她说我说得不对。”

我一下子激动起来，用为他辩护的语气反驳道：“哼，她错了！我认识发现这件事的人。”我整个人已经进入了一种一触即发的战备状态。

但我儿子就像一个试图抢先阻止律师发难的法官，马上改变了话题。“好吧，不过也没什么关系，毕竟我以后只想当个棒球手，打打职业棒球联赛。”

“我保证去看你的每一场比赛。”然后，我问了那个我经常问的问题，“你能给我免费门票吗？”

他思考了一会儿，最终还是同意了：“有些场次可以吧。”

快六点了，我站起身，抖了抖毛巾，收拾好我们的东西，准备回家。

“今天吃什么甜品？”他问我。

“你的万圣节糖果。”我回答他，然后假装嫌弃他地“啧”了一声。

他笑了，朝我的胳膊捣了一拳。

我们回到家，我开始做晚饭，他则和家里的狗闹成一团。这条狗叫“可可”，是瑞芭的孩子，和瑞芭一样，也是一条切萨皮克海湾寻回犬。瑞芭活了近 15 个年头，它走的时候我们都很伤心。好在我发现，可可继承了它的所有优点。

可可勤勤恳恳，意志坚定。它冒雨出门时从不退缩，不管我们干什么它都会想办法帮忙。它喜欢睡硬邦邦的水泥地更胜于睡它自己的床铺。万一它在我们想起来喂它之前就肚子饿了，就会跑出门，咀嚼后院车道上的小石子。如果我往它前方抛出一颗椰子，并且要求它叼回来，它就会向前狂奔，纵身跳入两米高的巨浪——我们一家总是这样过周末。我们出去旅游时，它就会去比尔舅舅家。比尔最喜欢的一棵杧果树常闹鼠害，可可待在他家时就会狠狠地对付那些老鼠。

克林特下班回到家时，我正好做完晚饭。我们共进晚餐后，在附近遛了好一阵狗。九点整，我儿子成功地躺到床上，而在那之前，趁着他还没开始刷牙，我把一小管青麦汁递给他。

“先把这个喝了,”我要求他,“如果你有这个胆量。”

他把眼睛睁得大大的。“你做到啦!”他语带崇拜地喊起来,然后喝下青麦汁,小脸因为苦涩的味道皱作一团。

这几周,他一直央求我做一种魔法药水,好让他喝了变身成老虎。“在你的实验室里做,”他像模像样地指导我说,“用植物做。”

我把他塞进被窝,他脸上那种孩子特有的表情告诉我,他有什么重要的话想对我说。“我和比尔要在我们的树屋下盖个地下室。”他对我说。

“你们准备怎么做?”我问他,真心感兴趣。

“我们要先设计,”他开始为我说明,“要设计一大堆东西。我们先得做个模型。”

我进一步问他:“地下室建好了我能进去看看吗?”

“不行。”他拒绝了,但还是想了想,说道,“好吧,等它变得旧一点也许可以让你进。”他闭上嘴,合上眼。过了一小会儿,他问道:“我现在变成老虎了吗?”

我缓缓地上上下下打量了他一番,然后回答他:“没有。”

“为什么没有?”他问。

“因为这需要很长时间。”我回答道。

“为什么需要很长时间?”他穷追不舍。

“为什么呢?我不知道哇,”我先承认,接着补充道,“你得花很长时间,才能变成你想成为的那个样子。”

他看我的表情似乎表明他想再问几个问题,但他也明白,假装一些东西是真的,往往比知道它们是假的更有意思。

“但它会起作用的，是不是？”他问。

“会的，”我肯定地说，“以前它起过作用。”

“对谁起过作用？”他问道，好奇心被挑了起来。

“一种叫巨颅兽（*Hadrocodium*）[1]的小型哺乳动物，”我仔细地向他说明，“两亿年前，有个巨颅兽小男孩，它要花大部分时间躲避恐龙。因为啊，如果它稍微马虎一点点，就会被恐龙踩死。你还记得你一点点大时，我们住的那栋房子前面有棵木兰树吗？”我问他。

“房子外面的那棵树，是世界上第一朵花的曾曾曾曾曾孙，长得很像第一朵花。在巨颅兽还跑来跑去的年代，它还是一种全新的植物类型。有一天，巨颅兽吃了几片它的叶子，因为巨颅兽妈妈告诉它，这么做可以让它变得和恐龙一样强壮。没想到，这种植物反而把它变成了老虎。它花了整整 1.5 亿年才完成转变，中间经历了好多次试炼，犯了好多错误，但是巨颅兽小姑娘最后真的变成了老虎。”

我儿子腾地坐了起来：“‘小姑娘’？你开始说它是‘小男孩’。老虎是男生！”

“为什么老虎不能是女孩？”我问他。

我儿子认为这根本不值得解释：“因为它不是。”几秒钟后他问我：“今天晚上你还去实验室吗？”

“去，但我会在你睡醒前回来。”我向他保证。“爸爸就在客厅对面，可可会在你睡觉的时候守护你。这个家里到处都是爱

1　吴氏巨颅兽，发现于中国云南禄丰的早侏罗世哺乳动物化石，目前被视为已知最早的哺乳动物。

你的人。”我轻声安抚他，这样的交谈是他睡觉前的惯例。

他翻身转向墙壁，这说明他已经困到说不动话了。我走进厨房，泡了两杯速溶咖啡，然后看了看钟，估算出自己到达实验室时至少得十点半了。我拿起手机，准备发短信告诉比尔我在路上了，结果发现手机上已经有两条他的短信。第一条是“带上催吐剂”，第二条是一小时后发的“再多拿点吃的”。

我把第二杯咖啡端给克林特，对他说：“我走了。”我们俩都知道，他忙着推导的一页页等式对我来说就像天书。所以，当我说“嘿，如果你要我帮忙的话，可得让我知道”时，他大笑起来。

“实际上，”他说，“我想让你看看我今天作的一幅图。”

“不错不错，我喜欢它。”我埋头在钱包里找钥匙，压根没看他的图。

“这是幅新图，你还没看过呢。”他强调道。

“那就，不怎么样。Y 轴画歪了。”我说着举起一只手摆了摆。

他又笑了起来：“这是幅地图。”

我说：“那就，用错了颜色。宝贝，我要去折腾自己的研究了，没时间给你添乱。”然后无可奈何地加了一句，“猴子丛林可是座不夜城。”

“好吧，谢谢你的建议。”他对我说，我吻了吻他。

我回到儿子的房间，确定他已经入睡。我吻了吻他的额头，笑了笑，因为到他这个年龄，醒着时已经不会次次允许我亲他了。我吟诵了一遍主祷文，内心被填得满满的。可可趴在床尾，我摸了摸它，抱着它的脑袋悄声问道：“你会保护我的宝贝吗？”她用切萨皮克犬特有的忧郁大眼睛看着我，一如既往地给出了无声的肯定答案。

我又吻了吻我的丈夫，然后背上背包。出门，打开车棚，我推起自行车，抬头望向温暖的热带天空，极目宇宙寒冷的尽头，我看见那些许多年前射出的光，它们来自热得无法想象的烈焰，今天仍在星河的另一端燃烧。我戴上头盔，骑向实验室，准备用我另一半的心，度过剩下的夜晚。

36

当你面对植物时，很难说得清什么是开始，什么是结束。几乎所有植物被拦腰砍断后，其根系都还能生活数年。一棵树被砍倒后，树桩会试着再长成一棵树，并为此努力一年又一年。树干内部排列着许多随时准备萌发的休眠芽，它们的数量有时竟是外围可见芽的两倍。芽长成树干，树干长出侧枝，小枝长成大枝，大枝可以长存几十载，最终亭亭如盖，一如往昔。也许，它还会因为曾经被人砍倒而越发浓密。

每个动物都以自身为一个整体地运转生命，植物却不同，它们的结构是模块化的，整体严格等于各模块之和。一棵正常可活几百年的树，能够脱落所有部分，完全更换一遍。而且，在这几个世纪里，它必须一遍又一遍地这么做。最终，树会死去，因为活着的代价已经太过高昂。每当太阳升起，叶片就开始分解水分，补充气体，再把这一堆东西合成糖，以便于把它往下运到茎干中；运输到目的地之后，糖就能和根系辛辛苦苦抽取的营养溶液会师。植物就能把所有这些宝贝绑作一堆，生产新的木头，加固树干和树枝。

然而，树也有其他需求：脱去老叶，形成防感染的物质，开花结籽——它们需要相同的原料。“节流”从来都不是办法，只有向着外部和下方“开源”才能找到更多原料。最后，新生的枝条和根系已经伸不远也扎不深，它们所能获得的养分已经不足以维持自身所需。树的需求一旦超过环境的极限，它就活不下去了。这也是你想要护住一棵树就必须定期修枝的原因。因为——下面这句话最早由玛姬·皮尔希（Marge Piercy）[1] 说出口——生活和爱都像黄油一样难以保存：每天都得制造出新鲜的。

1 生于 1936 年，美国当代诗人、小说家、社会活动家。作品关注女权主义和社会问题。

37

植物生长实验的结果往往令人沮丧。我们种了许多拟南芥（*Arabidopsis thaliana*），这种植物个头矮小，即使长成成株，也可以用一个拳头包住。科学家只给寥寥几种生物做过全基因组测序，拟南芥就是其中之一。这意味着，如果你把拟南芥一个细胞中的 DNA 链打开、伸直，我们就能把组成这条 DNA 链的成分，也即 1.25 亿个碱基对的精确化学式，一条条地告诉你。

一旦把细胞内紧紧缠绕的螺旋解开，这条表达蛋白质的链条就能长达 5 厘米。拟南芥的每个细胞中都至少有这样一条链条，科学家们现在已经研究清楚了其中的全部化学式。其实我不喜欢想这些，毕竟它的数据量太过庞大，压得我喘不过气。这种感觉应该出现在一个科学家事业的开端，不应该工作到现在还出现这样的情况。但是我知道得越多，这条信息的分量就把我的膝盖压得越弯。

这是我生平第一次疲惫不堪。我如今还是满脑子的“那些年”——那些年，我周末可以连续奋战 48 小时；那些年，每个新的数据点都能让我为之一振，触发头脑风暴，激发出层出不穷的新点子。目前我仍能想出新点子，它们比过去的内容更丰富、更有深度，只有当我坐下时才会降临。与过去相比，这些点子更有实现的可能。因此，每天上午我都会采摘一抹绿，看着它，然后播撒更多的种子。我这么做是因为，这就是我知道的方式。

去年春天，我和比尔正在温室里检查已经结束的大型农业实验。我们一直在种甘薯，按照几百年后的预测值设置种植环境中的温室气体含量；如果人类社会对碳排放无所作为，那恐怕真的能看见它们达到预测值的那一天。二氧化碳含量增加后，甘薯的块头也变大了。这一点都不令人惊讶。但我们发现，这些大块头甘薯的营养价值降低了，不管我们施多少肥料，它们的蛋白质含量都远不如前。这倒令人惊讶。这可不是什么好消息，因为在最贫穷、最饥饿的国家，人们依靠食用甘薯摄入大部分蛋白质。这样看来，虽然未来甘薯会长得更大，填饱更多人的肚子，但与此同时，却会让食用甘薯的人们摄入更少的营养。我还无法解决这个矛盾。

几天前，一大组学生用整整三天时间把地里的甘薯收获完毕。带头的学生名叫马特（Matt），他即将毕业，是个特别坚定、特别聪明的年轻人。实验期间他成长了不少，可以说已经实现了领袖和专家的华丽转身。现在，他能站在吵吵闹闹的二十个人前面，言简意赅地给每个人分配任务，然后在接下去的几天里，马不停蹄地提供建议，检查大家的工作质量。他好像和这些植物大打了一架，一地狼藉的叶片和根茎就是他获得胜利的见证。我和比尔都觉得，是他给了我们“袖手旁观”的特权，不过，临到一名学生快毕业时，我们也必须放手。

但是现在一切都结束了。大家都回家休息了，除了我和比尔。这就像等你儿子出门求学后，你再进入他空空的房间——他的童年少年就这么被弃置一旁，与他无关，于你却如至宝。温室里弥漫着花盆土的气味，马特已经挖出了每一棵甘薯的块根，逐一拍过照、量过尺寸、描述过特征。这一切在刺眼的阳光下显得有些模糊，我感觉自己有必要回家休息一会儿，但是我又一次觉得，多待几小时也不会要我的命，所以就没有走。

我的手机嗡嗡作响，我看了眼记事本，发现又要错过乳房拍片检查了。我其实应该三年前就去做这个检查了，只是那个学期没时间，所以才改到今天。“哎呀烦死了，”我心里想着，“不会再改一次吧。”

温室大门大开，比尔走了进来。

“我们能不能自己帮自己开刀割肿瘤啊？”我问他，“我说，我们不是有一箱子刀具吗？”

比尔想都没想就回答道：“用电钻更好。”接着他还是想了想，说，“其实，你要那么做的话，我倒有个小窍门。”

他正在嚼一块干巴巴的冷比萨。这比萨还是昨天晚上订的，之前都已经丢掉了，又被他从一堆比萨盒里翻出来。都二十年了，我想，比尔还是宝刀未老。

比尔想的却是另一回事。他看着我问道：“上帝啊，我出去的这段时间你是不是老了五岁？”接着他又补了一刀，“你他妈看上去就像个海妖。”

“你被炒鱿鱼了，”我对他说，“下楼到人力资源办公室，找其他海妖签字滚蛋吧。”

“他们周六不上班。还有就是，来吧，你得出来透透气。”

我们用的这个温室是大学研究站数个温室中的一个。研究站坐落在山谷中，傍立于一条入海的小溪旁。其中每个温室都有体育场那么大，但是结构简单，不过就是巨大的不锈钢桁架盖上几块遮阳布而已。夏威夷群岛本身就和一串温室差不多：植物全年都能生长，每天来场急雨，不似风暴，反倒像例行的喷灌。

我看向比尔所指的地方，在雨林密布的大山之上，一条明亮的彩虹在天空中划出完美的半圆。它明亮而清晰，美丽而招摇。它的外面还罩着另一道彩虹，宽而朦胧，就像一圈柔和的光晕，与灼灼的内虹交相辉映。

“看，有两道彩虹！”我的话里满是惊叹。

“你说得太他妈对了，确实是两道彩虹。”比尔说。

“哎，这个很少见的。”我说，告诉他我这样并不叫没见过世面。

“是少见，”比尔表示同意，“大家一般都看不见第二道彩虹。但是它就在那儿，只不过没人能看见罢了。这道大彩虹恐怕以为自己没人做伴。”

我深深地看了他一眼。“你今天可真深刻，”我说，然后开始讲自己的看法，“两条彩虹其实是一条。一束光在坏天气里穿行，看上去就像两个不同的东西。”

比尔顿了顿，用轻快的语调说道：“好吧，彩虹都是些以自我为中心的王八蛋，它们不该那么自以为是。”

我觉得他说的这个目标近期内无法实现。

我们优哉游哉地往回走，到旧库房拿了两把折叠椅，然后重新走进温室。这间大房子的最里面一片狼藉，角落里摞着一排排肮脏的花盆，其中有个花盆被当作杂物桶使用，装有一大卷脏兮兮的卷尺。我们把折叠椅支到一个松松的土堆旁，坐到椅子上，赤脚伸进冰凉且潮湿的土里。温室的另一头还有其他人没做完的实验。那是个名副其实的长期实验，我们进来前它就在那儿了，恐怕到我们退休时都还在继续。

“你怎么能不喜欢它们？”我朝着一排排摆放得满满的兰花挥挥手臂，“闻闻看嘛。”

“我们在这儿还真挺好的，我必须承认这一点，”比尔说，“我从没想过我最后会来夏威夷。”

我很担心比尔。我担心他的过去，担心他错过太多。我担心他本该有妻子做伴、儿孙绕膝，是这么多年在我身边工作才耽误了他。比尔一直对我说，亚美尼亚人一般能活一百岁以上，而他现在连五十岁都不到，还没到约会的年纪。但是我还是担心他的未来。我担心当他遇到那个人时，她配不上他。比尔对此总是一笑置之。“我住在车里的时候，没条件谈女人，”他抱怨道，“但到了现在，女人和我在一起只是为了钱。”

比尔现在确实住得不错。他的房子立在高高的山岗上，可以俯瞰整个檀香山。他的花园美丽丰饶、四季花开，自家产的杧果称得上是花园至宝。比尔卖掉巴尔的摩的房子时意外地发了笔小财。他入手那幢房子时，里面的水管都生锈了，电路粗制滥造，连地基都不稳。为了把这些毛病都修好，他经常忙到深夜，最终凭一己之力把丑陋的大房子变成了靠近大学的黄金地段宜居房。

很多人还是不清楚我和比尔的关系。分不清我们是姐弟、灵魂伴侣、同志、见习伙伴，抑或是同谋。我们几乎每顿饭都一起吃，我们的钱不分开管，我们之间知无不言、言无不尽。我们一起旅行，一起工作，一个人说上句另一个人就能接下句，我们有着过命的交情。我的婚姻美满、家庭幸福，而比尔就是这些生活基础的先决条件，他是我的弟弟，我永远不会弃他不顾，他是我生命的一部分。但是我身边的人似乎还是想为我们的关系贴一个标签。就像我没有回答关于甘薯的事一样，这件事我也回答不了。我们如此相处，是因为这就是我所知道的属于我俩的相处之道。

我伸手拿起一把洒水壶，把水浇到覆盖我们双脚的泥土上。我们动了动脚趾，把泥土搅成一大摊泥浆，然后向后仰倒，在躺椅上坐了一会儿。最终还是比尔打破了沉默：“所以！我们现在该做什么？我们一直到 2016 年都能过得很自在吧？”

比尔指的是我们实验室的经费。一直到 2016 年夏天，我们都有充足的经费，有好几个联邦政府级的合同都在支持我们。但是自那之后，实验室仍有垮台的危险：有关环境科学的研究经费正在逐年缩减。我有终身职位，但是比尔没有，毕竟只有教授才能获得终身职位。我受不了我见过的最棒、最努力的科学家拿不到长期职位，这很大程度上还是我一手造成的，每每想到这里我都很恼怒。我能想到的唯一办法就是在我拿不到经费时，以自己即将辞职来威胁对方，但是这么做很可能会让我们两人都落得个睡大街的下场。身为做研究的科学家，我们不可能一辈子生活无虞、衣食无忧。

“嘿，振作起来，”比尔把手伸到我眼前拍了拍，“我们接下来该干什么？我们想干什么就干什么！”他搓了搓手，拍了拍大腿，站起身。比尔是对的，他和往常一样正确。我这小信的人呐！[1] 努力苦干的团队哪儿都不缺，他们研究的东西五花八门，可是又有谁能保证，他们的未来比我们更安稳呢？我决定了：我们会像野地里的百合花一样生长，只是我们会辛苦工作，会纺线，会播种，也会收割。

我站起来，迈步向前。“好吧，我们都有什么？”我环视四周，草草地清点了一遍四散的工具和设备。“我知道了，”我说，“让我们把这些东西全堆到一块儿，盯着这一大堆想一会儿。我会想出办法的。”

比尔朝我点点头，走到温室的另一头。他捧来许多植物生长灯[2]，把它们轻轻地放在我从另一边拖来的一团团接线板电线上。然后我们两个人一起，搬运斜截锯、没切割好的 2×4 英寸木条，以及一大桶颗粒板的边角料。我把几个工具箱拿过来，放在显眼的位置，其中一个的盖子已经打开，就像一只沉在海底的财宝箱。比尔把几袋花盆土推了过来，并且在每个袋子旁

1　作者对自己没有足够信心和信仰的感慨。本句及后面有关百合花的比喻，都语出《圣经·路加福音》第 12 章和《圣经·马太福音》第 6 章。耶稣训诫众人，叫他们不要忧虑吃穿，要把心献给神；乌鸦不种不收，百合花和野草不劳苦不纺线，神既然能养活它们，就能养活信仰神的人。

2　温室中常用的人造光源。

都放了一袋肥料。

接着，我按照种类把剩下的种子一袋袋地顺次摆好。做这件事时我抬了抬眼，竟然发现比尔正在把一卷细铁丝网往我这边拖。铁丝网锈迹斑斑，可能落在那个角落里有些年头了。我耸了耸鼻子，嫌弃地说："那都不是我们的。"

"现在是了。"比尔说道。我们俩都知道接下来会怎么样。我们蹑手蹑脚地潜入兰花实验的园地，拔下松脱的皮管和坏掉的夹子，用我们的T恤衫下摆把它们一把兜住，运回自己的那堆东西旁。

"哎哟老天。"比尔怪叫了一声，因为他在两棵兰花间发现了一把昂贵的无线电钻。比尔把它捡起来，和我对视了一眼。我们已经有至少五把这样的电钻了，比尔也知道，只要他想，我们想买多少就可以买多少。我们得到的资助很可能比这把电钻的主人多几倍。无论是从道德角度还是理性角度出发，我们都不应该偷这把电钻。不过，有一条理由可以让所有这些顾虑败下阵来：电钻的主人不在。

"喂，你知道他们怎么说地狱吗？"我一边说，一边把电钻丢进我们那堆东西里。"环境很糟，但是那里的同伴很不错。"比尔坐下身去，半躺在椅子上，开了罐百事可乐。我绕着那堆东西转了几圈，像装饰圣诞树那样，在它身上东一枝西一朵地插了几株兰花。

最后我们发现，电钻是坏的。它已经不能正常工作，我们也没能修好它。但是我们还是把它放在实验室的某个地方，因为我和比尔从没想过把它还回去，也没想过扔掉它。我永远都不会承认哪件工具是废物，也不会承认哪件工具是我不需要的。面对科学，无论我从它那儿获得多少，我永远都求之若渴。

那一天，我和比尔在温室里相对而坐，我们开始畅谈自己的愿望和目标，聊了聊植物会做些什么，以及我们可能让它们做什么。很快，我们有关"能做什么"的头脑风暴就不可避免地转向了"我们以前都做了什么"。又过了一会儿，我们开始告诉彼此记录在本书里的故事。我觉得很奇妙，因为我意识到，时至今日，这些故事已经跨越了20年的时光。

在这20年间，我们俩共拿到了3个学位，换了6份工作，在4个国家生活过，行走过16个以上的国家，有5次病倒进医院，拥有过8辆旧汽车，开过至少4万公里路，埋葬过1条忠犬，做过6.5万次碳同位素测量。这最后一项，是我们这些年里最为人所知的目标。在我们进行这些测量前，只有上帝和撒旦才知道数值，况且我们也怀疑他俩其实谁都不在乎。而现在，只要你有一张借书证，就能查到这些数值，因为我们把它们发表在40种杂志的70篇论文里。我们把它当作自己生命中的重大进展，毕竟从一无所知的条件下汲取全新的信息是一项极为艰巨的任务。在这条路上，我们试着一边慢慢成熟，一边保持孩童的天真。没有什么比我们那天一遍遍回忆的故事更能提醒我们这一点。

经过一段长长的沉默，比尔用严肃的语调低声地说了句让我吃惊的话："哪天把这些写到书里吧，就当帮我个忙。"

比尔知道我在写作。他知道我车子上的工具箱里塞着一纸纸诗作；他知道我的硬盘里存有许多以"下个故事.doc"为文件名的文件；他知道我有多喜欢花上好几小时翻阅同义词词典；他知道最让我痛快的事情就是找到一个正确的词，一针见血地指明心中所想。他知道大多数书我会看两遍以上，还会给作者寄去长长的信件，有时甚至能得到回音。他知道我有多需要写作。但是直到那一天，他才允许我写我们俩之间的故事。我点了点头，在心里发誓要写到最好。

我擅长科学，这是因为我不擅长听讲。有人说我聪明，也有人说我笨。有人说我想做的太多，也有人说我做成的全无价值。有人说因为我是个女人，所以我做不成想做的事；也有人说因为我是个女人，所以我才能做出现在的成绩。有人说我可以拥有永恒的生命，也有人说我会早早地过劳死去。有人因为我太女性化而规劝我，也有人因为我太男性化而不信任我。有人说我太过感性，也有人指责我冷酷无情。然而，关于现在和未来，所有说这些话的人都未必有我看得清楚。这些老生常谈让我接受了身为女性科学家的事实，没有人知道我到底是什么，而这份认知空白，也让我一路上随心所欲地塑造女性科学家的形象。我不盲从同事的建议，也不好为人师。当我遇到不顺的情况时，我会对自己说两句话：别把工作太当真。但必须当真时就得好好做。

我对该知道的事却不尽知已能安之若素，但我确实知道自己必须知晓的事情。我不知道如何把“我爱你”说出口，但我知道如何表达爱意。爱我的人亦然。

科学研究是一份工作，既没那么好，也没那么差。所以，我们会坚持做下去，迎来一次次日月交替、斗转星移。我能感受到灿烂阳光给予绿色大地的热度，但在我内心深处，我知道自己不是一棵植物。我更像一只蚂蚁，在天性的驱使下寻找凋落的松针，扛起来穿过整片森林，一趟趟地搬运，一根根地送到巨大的松针堆上。这堆松针如此庞大，以至于我只能想象出它的一角。

身为一名科学家，我确实只是一只小小的蚂蚁——力微任重，籍籍无名。但是我比我的外表更加强大，我还是一个庞然大物的一部分。我正和这巨物里的其他人一起，修建着让子子孙孙为之敬畏的工程，而在修建它的日日夜夜，我们都需要求助于先人前辈留下的拙朴说明。我是科学共同体的一部分，是其中微小鲜活的一部分。我在数不清的夜晚独坐到天明，燃烧钢铁之烛[1]，强忍心痛，洞见未知的幽冥。如同经年追寻后终悉秘密的人一样，我渴望把它说与你听。

1　作者此处指的是前文提及的实验工具——煤气喷灯。

尾　声

植物和我们不一样。它们和我们有着决定性、根本性的不同。当我逐条记录动植物的不同点时，这些差异所涉及的范围似乎在我眼前越铺越广，拓展速度快得让我跟不上。这让我意识到：也许研究植物几十年就是为了让我更深地赞美它们，明白它们是我们永远无法真正理解的存在。只有当我们开始领会这种差异时，我们才能确定，自己不会再把人类的所知所感套用在植物身上。最后，我们才会慢慢了解，它们身上到底在发生些什么。

我们的世界正在悄悄地分崩离析。植物这类4亿年高龄的生命形式，已经被人类文明转变成三样东西：食物、药品和木材。我们无尽地索取这些东西，着了魔似的想让它们变得更多、更有效、更多样。我们对植物生态的破坏程度，甚至已经严重到让4亿年来的所有自然灾害都自叹不如。公路像疯长的真菌四处延展，路两边连绵不断的沟渠就像粗陋的墓室，以“发展”

的名义埋葬了上百万种植物。在地球这颗行星上，苏斯博士[1]书里的世界几乎成真：从1990年起，我们每年都因砍伐树木而给地球新增800多万个树桩。而我的工作就是留下些证据，证明这个世界上真有人在乎这个时代正在发生的巨大悲剧。

在全世界的所有语言中，“绿”（green）这个形容词几乎都来源于动词“生长”（to grow）。在进行有关自由联想的心理学研究时，参与实验者会把“绿”与自然、宁静、和平、积极等概念联系起来。研究表明，在执行简单任务的间隙，瞄一眼绿色就可以极大地提高人们的创造力。从太空俯瞰，我们星球上的绿色正在逐年减少。心情不好的日子里，我会觉得，仿佛自我出生开始，全世界的麻烦事就在不断地增加，我心中的恐惧挥之不去，也难以挣脱，我担心百年之后，我们的孩子被徒留在瓦砾堆中受苦，不仅像曾经的我们那样饥饿病弱、饱受战祸，就连看看绿色、养眼怡情的权利都遭到剥夺。但是，心情好的日子里，我会觉得，我可以做点什么来改变这些。

每一年都有一棵树因你而惨遭砍伐。因此，我以个人的名义请求你：如果你拥有自己的土地，请每年植一棵树。如果你租的住处有个院子，请栽下一棵树。如果你的房东介意，请努力说服他，并保证你会把树留在院子里，不会移栽。你可以再说些好话，告诉他如果把树留下，那么他就是在关心环境问题，并且为此做出了杰出贡献。如果他被说服了，那就再栽一棵。在树的脚下拦上铁丝网，在细细的树干上挂个简陋的人造鸟窝，

1 希奥多·苏斯·盖索（Theodor Seuss Geisel），笔名苏斯博士，美国著名作家及漫画家，以儿童绘本最为出名。

让这棵树更像此地的“常驻民”。做完这些，你再心怀最好的希望搬家。

仅就北美地区而言，可供你成功种植的树种就超过1 000种。你可能想种果树，因为它们长得快，开出的花也漂亮，但是只要风稍大些，这些树种就承受不住，即使长成大树也依旧弱不禁风。老奸巨猾的植树机构会强卖一两棵豆梨（Bradford pear）给你，因为这种树一年就能长成，还能开花，虽然你开心不了几天，但这段愉快期足以让你同意他们卷走你的钱。为什么你开心不了几天呢？因为豆梨的树杈非常脆弱，经历一场暴风雨就会被劈成两半。选择树种时必须保持头脑清醒，睁大双眼。种树好比结婚，你挑选的是一位伴侣，而不是一件装饰品。

那么，种棵栎树如何？栎树一共有200多种，其中肯定有一种适合你家中的一角。在新英格兰，沼生栎欣欣向荣，其叶片前端收束成尖尖的刺状，很像它四季常青的老邻居冬青树。苦栎能够半没于密西西比的沼泽中生长，它的叶片柔软得好似婴儿的皮肤。强生栎可以在加州中部最热的山岗上顽强生长，它的叶片呈深绿色，山坡上的草叶却呈金黄色，两者形成鲜明对比。我最中意大果栎，它长得最慢，却最强悍，就连它的果实都全副武装，时刻准备和差劲的土壤大干一场。

种树的花费恐怕不用你担心：北美不少州和地方机构都在推行植树造林工程，他们会免费发放或以低价出售树苗。比如纽约还林工程就旨在协助纽约市居民在其辖下五个区内新植和照料100万棵新苗，他们正为实现这个目标而提供树苗。科罗拉多州立森林服务中心已经把自己的苗圃对外开放，任何拥有一英亩以上本地土地的居民都可以共享他们的服务。北美的每所州立大学都有一个或多个名为“对外服务部”（Extension Unit）的大型机构，里面全是训练有素的专家，为园丁、树木拥有者、自然爱好者等提供建议。请广而告之以下信息：这些研究人员有义务为民众提供免费咨询，如果你关心你的树和堆肥，或者对爬得到处都是的毒葛束手无策，都可以询问他们。

一旦你把小树苗种进土里，你就得每天看它一眼，因为树苗的前三年至关重要。请记住，在这个充满恶意的世界里，你是它唯一的朋友。如果你栽树的这块地正归属你本人所有，还请你去银行开个户，每个月往里面存 5 美元，这样，当你的树长到二十几岁不幸患病时（到那时它确实会生病），你就有钱请一个树医，帮它治病，避免“砍掉它”的惨剧。每次给它治完病，你的户头恐怕都会空空如也，那么还得请你从头再存，因为你的树不会永远健康。树的头十年是它一生中最风雨飘摇的阶段，而这十年又是你生命中的哪个阶段呢？请你每过半年就把你的孩子带到树下，在树皮上刻下横线，标出他们的身高。这样，当你的小不点长大成人出去看世界时，即使他们把你的半颗心都带走了，你也可以倚着这棵树，追忆他们成长的点滴。对你来说，这棵树是活着的记录，是情感的慰藉；对它自己来说，漫长丰富的童年经历也在它身上刻下了道道印迹。

树下的你，能不能在它身上也刻下比尔的名字？他已经对我说过一百遍了，说他永远不会看这本书，因为毫无意义。他说如果他真的对自己的事感兴趣，他可以好好地坐下来回想这二十年来发生过的所有事，完全不需要我帮忙。这句话我无从反驳，但是我愿意想象，比尔身上的好些东西即使被我抛撒在风中，也一定归属于这世上的某个地方。而且这么多年来，我们已经懂得：要想给什么东西一个家，最好的办法就是让它成为一棵树的一部分。既然我的名字能刻到我们实验室的仪器上，那么，为什么比尔的名字不能刻到树上呢？

完成所有这些工作后，你就会拥有一棵树，这棵树也会拥有你。你可以每个月测量它的身体数据，绘制它的生长曲线。每天你都可以看着你的树，观察它在做什么，尝试从它的角度看世界。请你展开想象的翅膀，直到想不出来为止：你的树想干什么？它的愿望是什么？它关心什么？请你猜猜看。然后大声说出来。告诉你的朋友有关它的事，告诉你的邻居，问问他们你猜得对不对。一天后你再回到树下，重新思考。先拍张照片，然后数数树叶。再猜一回。大声说出来。接着用笔记下来。把你的答案告诉在咖啡馆碰见的人，告诉你的老板。

再过一天，再回到树下。如此反复。不停地谈它，不停地分享它的隐秘故事。当人们翻翻白眼温柔地说“你魔怔了”时，你就可以满意地大笑。而如果你恰好是一名科学家，这意味着你找对了路。

致 谢

写《实验室女孩》是我迄今为止做过的最快乐的工作，我要对所有帮助我、支持我的人表示感谢。感谢克诺普夫出版社的各位，特别要感谢我的编辑罗宾·德瑟（Robin Desser），正是因为她的精心付出，本书才变得更好，我的写作也才更上一层楼。蒂娜·本内特（Tina Bennett）远不止是我的代理，正是她教会我杂事散记和真正的“书”之间有何差别。她予我良多，而这些写作技巧也将成为我最宝贵的财富。在我为这本书的文体苦思冥想的那些年里，斯韦特兰娜·卡茨（Svetlana Katz）都像我的救命稻草，正是因为她一直相信我，我才能坚持初衷。如果一位有名望的作家能率先阅读一位新人的作品并给她鼓励，那么这位新人对她的感谢定当无以言表。对我来说，就有这么一位作家，她就是阿德里安·尼科尔·勒布朗（Adrian Nicole LeBlanc）。还有些朋友自我少时就已相识，他们与我的友谊深重到无与伦比。感谢你，康妮·卢曼（Connie Luhmann），每当我需要的时候，你都能变成我的眼睛。我还要感谢希瑟·施密特（Heather Schmidt）、丹·肖尔（Dan Shore）、安迪·埃尔比（Andy Elby）。感谢你们每次读完我的一部分手稿后都会返回来对我说，你们想读更多。

尾 注

每本有关植物的书都是个未终结的故事。每个我写给你们看的事实背后，都有两个以上的谜团让我倍感挫败、头痛无解。大树能认出它们自己的树苗吗？其他行星上有植物吗？最早的花会让恐龙打喷嚏吗？要回答所有这些问题尚需时日。但是在这里，对于本书中的内容是怎么想出来的，以及又是如何呈现的，我还是禁不住想说得更详细些。

本书中关于植物的大量数据都来自计算。二十多年的教学生涯已经让我养成了计算的习惯，这样才能把科学事实刻进学生心里。以第 91 页的一个句子为例："单以美国而论，如果把过去二十年砍伐的木材连接起来，其长度足以搭建一道从地球跨到火星的天桥。"这句话中使用了一个简单的比较，分别调用了美国商务部报告的木材消耗量统计数据（从 1995 至 2010 年共消耗 8.05×10^{11} 板英尺木材，约合 19 亿立方米），和美国航空航天局报告的地球与火星间的平均距离（7.39×10^{11} 英尺，约合 2.25 亿千米）。我在本书其他地方选用的同类数据来自美国人口普查局、美国国家森林局、美国农业部、美国国家健康统计中心和联合国粮食及农业组织。

本书涉及计算的部分当然很复杂，因为在与不同物种的其他植物相比时，某特定植物的任何一个可测量属性都会呈现出巨大的差异。举例来说，为了计算本书提及正在生长的植物和未萌发种子的数量比，我要想象自己立于落叶林中，此时可以估算出我的每个脚印下面都埋有500粒休眠中的种子。可若我想象自己走在草原上，那么我每踩一脚，下面就有5 000多粒种子。这是因为草籽要比树籽小太多，它们的尺寸存在着巨大差异。因此，在写作本书的途中，我一直贯彻如下方针：每当我面临此类选择时，我都会挑选数值更小、更不起眼的那一个。也正因为如此，我想请读者记住，我口中每一个有关植物的“事实”，即使有些看上去已经很令人吃惊，也还是“偏向”更容易让人接受的那一边。

我在第16章中谈到过一棵“矮小的、不起眼的树”，它在现实世界中是有原型对照的。我很熟悉这棵树，也很喜欢它。那是一棵幼小的石栗树（*Aleurites moluccanus*），外形和功能都和红枫非常类似。这棵石栗树就长在夏威夷大学的我的实验室外的院子里。很多年来，我都在教授“陆地地球生物学”课程，每堂课结束后，我便会和学生走出教室，看看这棵树，以它为例复习当天的内容。这门课有一项家庭作业，我和学生们需要测量它的一些属性（比如高度、叶密度、碳含量等），并据此计算出它在各个生长季需要多少水分、糖和营养。我在书的第145～146页使用了这些计算结果。

我在第145～150页提及了美国的“好奇心导向型研究”。其中的数据引用自美国2013年财政报告，因为在众多政府机关提供的资料中，这一数据似乎是最新最全的。不过，我选择哪个年份其实无关紧要，毕竟十多年来，美国联邦政府拨给国家科学基金的经费几乎没有增长。同样，我在第148页有关“美国每年用于非国防类研究的预算毫无变化”的说法基于的是美国科学促进会（American Association for the Advancement of Science）的数据汇编。该数据显示，自1983年起，每年用于科学研究的总支出都仅占美国联邦财政预算的3%。

在研究植物的道路上，我很幸运地能在一个人才济济、成果繁多的圈子里工作，也很享受自己阅读同事论文的时光。我把我心目中的“前三名”研究成果放到了本书中，而在这里，我想请出实验背后的科学家们：

出现在第204～205页的锡特卡柳实验，最早由D. F. 罗兹（D. F. Rhoades）发表于1983年。直到2004年，也就是二十多年后，有村源一郎（Genichiro Arimura）和他的共同作者才发现一棵植物产生的挥发性有机化合物，是如何在接触另一棵植物后影响其基因表达的。也正是这项发现，才真正阐明了锡特卡柳之间的“对话”机制。

被科学家称为“水力提升作用”的现象，即我在第285页所述的“上涌后再排出”，最早由道森（Dawson，1993）发现于糖枫树（*Acer saccharum*）中。

我在第286页中谈到云杉“记得自己寒冷的童年”，此事由克瓦伦和约翰森（Kvaalen and Johnsen，2008）发现，他们通过比较在不同温度下进行胚胎发育但在相同温室中生长数年的树苗证明了这一点。

最后，我要向愿意多了解身边绿色植物的读者推荐P. A. 托马斯（P. A. Thomas）的《树：它们的自然志》（*Trees: Their*

Natural History, 2000)。这本入门书条理清晰，引人入胜。每当有人告诉我他们有兴趣了解更多有关去森林化、全球变化等概念时，我都会向他们推荐图文并茂的“生命体征”丛书。这套书是世界观察研究所（Worldwatch Institute：www.worldwatch.org）出品的年刊。世界观察研究所是建立于1974年的非政府组织及独立研究所，专门分析时势变化、未来趋势和全球格局，每年从包括美国能源信息署、国际能源署、世界卫生组织、世界银行，联合国开发计划署、联合国粮食与农业组织以及许多其他机构采集数据进行分析。

译后记

着手翻译本书时，我刚从英国访学归来。我立志做一名科学家，然而十年来，却仿佛一直团团乱转，迈不进科学的门槛。

母亲让我陪她拜访老友。那位长辈对我说："你现在只剩下一个任务——找个好人家嫁了。"我眨眨眼，第一次心平气和地想，也许，这也不失为一种正确的人生观。

我的父母是第一代城市移民。他们于20世纪70年代末参加高考，深信"知识就是力量""一分耕耘，一分收获"。他们也和那个时代千千万万的中国父母一样，响应独生子女政策，只拥有我这么一个女儿。接受"女"这个性别，对我来说就像吃饭喝水般容易，我并未像本书的作者洁伦·霍普那样，从小就认定自己的"外表被伪装成女孩"，从小就因为对科学的兴趣质疑性别。我喜欢裙子和头花，喜欢啃图书馆里厚厚的科普书，喜欢摘下草籽和树叶数上面的纹路。我想知道植物为什么这样千奇百怪。

直到我开始上大学。

我学的是古植物学，研究的对象是化石。采集化石需要长时间的野外劳作，山路不是问题，但我缺乏方向感、辨别地层的能力和挖化石的力气。化石采回后需要实验处理，然而我从小手工极差，因此对实验室工作总有些畏缩。

霍普是实验室之女，实验室是她的安心之所，她应该是个特殊的女人吧？我想。而我呢？我是被身边美丽的植物指引来？被中学看过的科普书吸引来？还是被父亲对“数理化”的尊崇教导来？野外和实验室，似乎都不能让我心安。周围的人开始重新“定义”我。我也会想，我的文字确实比逻辑更优秀，我就是个典型的女孩子，应该选择世人口中“女人适合做”的工作才对吧？

可我不甘心。

心里有股气，支撑我继续上研究生、拿学位、申请研究项目。可是工作并没有变得顺遂。申请经费、出野外、做实验、参加学术会议、写文章、发文章……这其中的每个环节似乎都有瓶颈在等着我。我当初到底是为什么要做科学家呢？

霍普在本书的序言里说：“人家可能会告诉你，要当科学家你就得懂数学，或者懂物理、懂化学。他们错了……问题才是一切的开端，提问了，你就走上了这条路。而那些知识并不像别人说得那么有作用。”此所谓“道”与“术”。

因术之所困迷失道心，甚至在霍普这样坚定的人身上也发生过。女性常常因为性别而在某些岗位上遭受更大的非议。但道与术的拮抗，其实发生在所有研究者身上，所有追梦者身上，甚至，所有内心哪怕有过一丁点儿坚持的人身上。

十年前的炎夏，金陵城大雨滂沱。我蹚过没膝深的积水，去中山植物园看标本。明城墙的砖隙中涌出千道飞瀑，如一道巨大的水幕，衬得我愈发渺小。如今十年已过，又读罢霍普半生，始知人如病梅，风吹雨打也好，斫正删密也罢，终能穷己光阴以自疗。即使逻辑不优秀、技能有缺点，我依然可以从当年的断点试着走下去。

与霍普不同，我从来不知道自己应该长成什么样儿。我相信人比植物更自由，每个人在任何时候，都是一颗未知品种的种子。心愿和疑问是发芽的动力。他人的“定义”和耗费的光阴终将化为养料，让人不断调整，成长为更好的自己。

感谢本书编辑费艳夏一直以来的指导和包容，感谢北京李凤阳先生为译稿提供大量建设性建议。

感谢生我养我的父母，愿和我同担风雨的金虎，多年来鼓励并陪伴我的友人。感谢中国科学院南京地质古生物研究所和南京大学的师长同道。你们眼中的我加上我心中的我，才是完整的。

蒋　青

2019 年初夏于南京

出版后记

行进在科研路上的千军万马由无数的个体组成，每一个人只要讲述出自己的故事，通常都不难使听者从中根据共鸣提炼出情绪。而一部带有自传色彩的记录，更有可能让读者习惯遵循这样一条阅读路径。统计数据从观察社会现象的角度入手，呈现的是科研局中人所经历的焦虑、挫败、有所失也有所得；而以科研为志业或工作，都是人类的一种生存处境，其中的茫然无所依、面对未来不知道何去何从的不确定感，都使科研事业不仅限于科研领域，而可以拓展到由一个个从业者编织起来的各行各业。单看一本小书是自传，放诸更广阔的书海之中，传记也是人间故事集中的一个微小子集。

《实验室女孩》正是这样一本书。读者朋友也许可以读出个体经历背后所反映出来的行业、社会、文化现象，也大可以跟着作者一同踏上囧事不断的公路之旅，有哭有笑，尴尬又不自如地应对各种偶发状况。这不是一本写给科研从业者的求学工作指南，但各种经历出乎意料的走向，却也可以使人读到另一种生存可能。

服务热线：133-6631-2326　188-1142-1266

读者信箱：reader@hinabook.com

后浪出版公司

2019 年 11 月

图书在版编目（CIP）数据

实验室女孩 / (美) 霍普·洁伦著 ; 蒋青译. -- 北京 : 北京联合出版公司, 2019.12（2024.9重印）

ISBN 978-7-5596-3589-1

Ⅰ. ①实… Ⅱ. ①霍… ②蒋… Ⅲ. ①植物—普及读物 Ⅳ. ①Q94-49

中国版本图书馆CIP数据核字(2019)第262970号

实验室女孩

著　　者：［美］霍普·洁伦
译　　者：蒋　青
出 品 人：赵红仕
选题策划：后浪出版公司
出版统筹：吴兴元
编辑统筹：费艳夏
责任编辑：李　红　徐　樟
特约编辑：费艳夏
营销推广：ONEBOOK
装帧制造：墨白空间·曾艺豪

北京联合出版公司出版
（北京市西城区德外大街83号楼9层　100088）
后浪出版咨询（北京）有限责任公司发行
天津雅图印刷有限公司印刷　新华书店经销
字数253千字　889毫米×1194毫米　1/32　11.75印张　插页8
2019年12月第1版　2024年9月第3次印刷
ISBN 978-7-5596-3589-1
定价：68.00元